复变函数

肖艳萍　郭精军　主编

科学出版社

北京

内 容 简 介

本书主要介绍复变函数的基本原理和方法，包括复数与复平面、解析函数、复变函数的积分、复变函数的级数、留数、共形映射共六章内容．每章的开头部分介绍研究对象的起源，结尾部分提供数学家的相关事迹，使读者可以方便地了解每章主要研究对象的演变历程及应用．

本书可作为高等学校各专业的本科生或研究生的教材，也可作为相关专业人员学习研究时的参考用书．

图书在版编目（CIP）数据

复变函数 / 肖艳萍，郭精军主编．-- 北京 : 科学出版社，2025. 3.

ISBN 978-7-03-080242-2

Ⅰ. O174. 5

中国国家版本馆 CIP 数据核字第 20247BC901 号

责任编辑：徐仕达 袁星星 / 责任校对：王万红

责任印制：吕春珉 / 封面设计：东方人华平面设计部

科学出版社出版

北京东黄城根北街 16 号

邮政编码：100717

http://www.sciencep.com

三河市骏杰印刷有限公司印刷

科学出版社发行 各地新华书店经销

*

2025 年 3 月第 一 版 开本：787×1092 1/16

2025 年 7 月第二次印刷 印张：12 1/2

字数：289 000

定价：50.00 元

（如有印装质量问题，我社负责调换）

销售部电话 010-62136230 编辑部电话 010-62135120-2047

前　言

复变函数是一门基础学科，也是“数学分析”的后继课程，学习该课程既可以为后继课程的学习奠定基础，又能够扩大数学研究的知识面，拓展思维的广度和深度. 复变函数没有“数学分析”鲜明的具体物理意义的支撑，只是一些抽象的概念与结论的描述，其本身就是处理复杂问题的先进方法. 编者在编写本书时，基于复变函数抽象的特点，结合多年教学的实践经验，以读者为中心，在内容上力求深入浅出、通俗易懂、过渡自然.

在编写过程中，编者重点突出了以下特点：

（1）数学背景和应用有助于读者整体把握该课程，从而激发读者的学习兴趣. 在每章开始部分，首先介绍本章主题的历史起源，这不仅使读者对本章内容的发展历程有清楚的了解，而且使读者意识到，我们今天所学习的看似简单的知识点都是前人经过长达数年、数十年乃至数百年的潜心钻研，是很多不同的思想火花碰撞的殊途同归的结果. 因此，每个人在各自领域的微小思考与创新，都是构建该领域的重要基石，对整个学科乃至整个社会的进步都有着重要的推动作用。因此，所有的持续尝试和多元声音都应当受到鼓励.

（2）复变函数是实变函数的延伸与推广，虽然内容抽象，但部分内容与“数学分析”的相关知识点类似，通过类比思考，关注二者之间的异同点是学习这门课程的关键. 在编写本书的过程中，编者很注重问题的引入方式，逐渐由数学分析的知识点引导至复变函数的相关概念，使读者更易理解和接受.

（3）重视读者的能力培养和思维创新，同时注重读者的认知层次，以问题为导向，使读者带着问题去思考和学习；新概念的引入或定理的推导过程条理清楚自然，循序渐进.

（4）每章的最后设置了“数学家那些事儿”小模块，主要介绍相关人物传记.

本书由西北民族大学肖艳萍和兰州财经大学郭精军担任主编，其中肖艳萍负责全书的统稿工作，并编写第 1～6 章的内容；郭精军负责全书习题的采集、整理、校对及全书内容的审阅.

本书的出版得到了甘肃省高等学校一流课程经费资助，也得到了西北民族大学和兰州财经大学各位领导和科学出版社的大力支持，在此一并表示感谢！

由于编者水平有限，书中不妥之处在所难免，恳请专家、同行及广大读者批评指正！

目　录

绪 论

1. 复变函数的历史发展

18 世纪，源于数学理论自身的发展，复变函数理论诞生了．人们在求解平方根时，发现实数范围不足以解决负数的开方根问题．面对这类问题，莱布尼茨（G.Leibniz）认为：“取负数的平方根，就会产生不可能的数或虚数，虽然这个数的性质很奇妙，但它有用，不可忽视．”为了求解负数的平方根问题，数学家们开始扩大数系，引入了虚数 i，从而建立了复数．18 世纪的数学家如达朗贝尔（d’Alembert）和欧拉（L.Euler）等在他们的工作中大量地使用了复数和复变量，并由此发现了复数的一些重要性质．18 世纪末，高斯（J.Gauss）不仅将复数看成平面上的点，还将复数与平面上的向量对应起来，通过复数与向量的一一对应关系，研究了复数的加法和乘法在几何上的表示．但是，即便如此，直到 19 世纪初，复数仍是一个未被大家接受的问题．

能否像微积分一样建立一套复变函数的理论体系呢？在复变函数理论方面，欧拉、达朗贝尔做了大量的早期工作，法国数学家拉普拉斯（D.Laplace）在复变函数积分方面取得了一定的进展，他们都是创建复变函数理论的先驱者．复变函数的奠基性理论是包括以柯西（A.Cauchy）为代表的学者们建立的复变函数的积分理论、以德国数学家魏尔斯特拉斯（K.Weierstrass）为代表的学者们研究的复变函数级数理论，以及以黎曼（G.Riemann）为代表的学者们研究的在复变函数的几何方面的理论．19 世纪，复变函数这个新兴的分支得到了空前发展．复变函数被称为是抽象科学中较和谐的理论之一，它为一些学科的发展提供动力，也为一些实际问题的解决提供有力工具．鉴于复变函数的基础性，它已经成为理工科很多专业的必修课程．现在，复变函数中仍存在不少未解之谜，亟待大家挖掘并将其广泛应用．

2. 复变函数的应用

复变函数的应用涉及面很广，某些复杂的计算需借助复变函数来解决，比如，在弹性力学、复杂积分、数学理论的深入研究、绕流问题等方面，复变函数都起到了非常重要的作用．

1）在弹性力学中的应用

采用复变函数解法处理弹性力学问题已有长足发展，该方法可以有效解决条件受力构件中的瞬变动力问题、平面弹性体中的动力周期性问题、球的运动及共动问题、复杂界面问题及延性律的快速求解问题等．相比于常规数值求解时烦琐耗时的过程，复变函数解法的优点在于节省时间，可以快速捕获特定情况下的瞬态变化，并能准确地描绘和表达瞬态变化，运算结果可靠可信．

2）在积分变换中的应用

积分变换是研究问题的重要工具之一，用途非常广泛. 随着计算机技术的飞速发展，语音、图像等信号的处理中，傅里叶（Fourier）变换被广泛应用于频谱分析，而在频域分析中则运用积分变换处理问题比较方便. 以积分变换为基础的小波分析，其应用领域十分广泛，如信号分析和图像处理、语音识别与合成、医学成像与诊断、地质勘探与地震预报等. 拉普拉斯变换应用于控制系统中，在该系统中，传递函数是输入量的拉普拉斯变换与输出量的拉普拉斯变换之比. z 变换应用于离散控制系统中. 复变函数理论是积分变换（拉普拉斯变换、傅里叶变换、z 变换）的重要基础，在处理积分变换时通常用留数定理求解反常积分，使得积分问题更易于解决. 复变函数与积分变换的计算可以使用专门为科学和工程计算设计的软件，在无损检测、弹性波散射等方面有广泛的应用.

3）在计算绕流问题中的应用

复变函数在绕流问题中最著名的应用是计算飞机机翼剖面压力，研究机翼的造型问题. 俄国的茹柯夫斯基（Н.Жуковский）在设计飞机时，采用复变函数理论解决了飞机机翼的结构问题，他在运用复变函数论解决流体力学和航空力学方面的问题上也做出了贡献. 俄国数学家李雅普诺夫（A.M.Lyapunov）在研究天体运动问题时以复变函数为工具，获得了天体运动的稳定性概念，从此奠定了微分方程稳定性理论的基础，直至今日稳定性理论仍然是微分方程领域的一个研究热点.

4）在数学理论中的应用

复变函数论不仅广泛地应用于其他学科，而且应用于数学领域的许多分支. 复变函数理论源于计算某些复杂的实函数的积分，它已经深入到微分方程、积分方程、概率论和数论等学科中，对这些学科的发展有很大的影响. 阿达马（J.Hadamard）说：“实域中两个真理之间的最短路程是通过复域.”从柯西算起，复变函数理论已有 170 多年的历史，它以其完美的理论与精湛的技巧成为数学的一个重要组成部分.

通过介绍复变函数的广泛用途，我们发现，这门神秘、抽象、缥缈的数学学科在社会发展中占有重要的地位，需要不断地进行深入研究并灵活运用.

3. 实函数与复变函数性质的异同点

1）二者中函数的可导性不同

实函数 $y=f(x)$ 的导数定义形式为

$$f'(x_0)=\lim_{\Delta x\to 0}\frac{f(x_0+\Delta x)-f(x_0)}{\Delta x}=\lim_{\Delta x\to 0}\frac{\Delta y}{\Delta x}.$$

复变函数 $w=f(z)$ 的导数定义形式为

$$f'(z_0)=\lim_{\Delta z\to 0}\frac{f(z_0+\Delta z)-f(z_0)}{\Delta z}=\lim_{\Delta z\to 0}\frac{\Delta w}{\Delta z}.$$

两者虽然定义形式一致，但本质不同. 例如，

$$f(x)=\begin{cases}x^2\sin\dfrac{1}{x}, & x\neq 0,\\ 0, & x=0\end{cases}$$

根据定义可知，函数 $f(x)$ 在点 $x=0$ 处可导；但复变函数

$$f(z)=\begin{cases} z^2\sin\dfrac{1}{z}, & z\neq 0, \\ 0, & z=0 \end{cases}$$

在点 $z=0$ 处不可导，因为

$$f'(z_0)=\lim_{\Delta z\to 0}\frac{\Delta z^2\sin\dfrac{1}{\Delta z}}{\Delta z}=\lim_{\Delta z\to 0}\Delta z\sin\frac{1}{\Delta z},$$

注意到 $\sin\dfrac{1}{\Delta z}$ 在 $\Delta z\to 0$ 时是无界函数，因此，$\lim\limits_{\Delta z\to 0}\Delta z\sin\dfrac{1}{\Delta z}$ 不存在.

另外，从几何意义的角度理解，实函数中 $f'(0)$ 表示函数 $f(x)$ 在点 $x=0$ 处的切线的斜率，复变函数中 $f'(0)$ 不再表示斜率，需要从角度和模长两方面解释（参见第 2 章）.

2）二者中可导函数的构造不同

实函数中的一阶可导函数不一定具有二阶导数，二阶可导的函数不一定三阶可导，并且构造可导函数不是易事；而复变函数中区域上的可导函数具有任意阶导数，可以任意次求导，并且复变函数的可导函数很容易构造.

3）二者中级数之间的关系

在实函数中，$f(x)=\dfrac{1}{1+x^2}$ 的定义域是 $(-\infty,+\infty)$，但该函数只能在自变量满足 $|x|<1$ 的范围内展开成幂级数，即

$$f(x)=\frac{1}{1+x^2}=\sum_{n=0}^{\infty}(-1)^n x^{2n}, \quad |x|<1.$$

这是为什么呢？对比复变函数 $f(z)=\dfrac{1}{1+z^2}$，因为

$$f(z)=\frac{1}{1+z^2}=\sum_{n=0}^{\infty}(-1)^n z^{2n}, \quad |z|<1,$$

当 $z=\mathrm{i}$ 或 $z=-\mathrm{i}$ 时，$1+z^2=0$，函数 $f(z)=\dfrac{1}{1+z^2}$ 无意义，所以复级数的最大收敛圆周是 $|z|<1$. 因为实函数是复变函数的特殊情形，所以我们可以从复变函数的角度解释为什么实函数 $f(x)=\dfrac{1}{1+x^2}$ 只能在 $|x|<1$ 时展开成幂级数.

又如，

$$f(x)=\cot x=\sum_{k=0}^{n}\frac{f^{(k)}\left(\dfrac{\pi}{2}\right)}{k!}\left(x-\frac{\pi}{2}\right)^n+R_n(x),$$

其中，$R_n(x)=\dfrac{f^{(n+1)}(\xi)}{(n+1)!}\left(x-\dfrac{\pi}{2}\right)^{n+1}$. 为了证明该函数能展开成泰勒级数，只需证明当 $n\to\infty$ 时，余项 $R_n(x)\to 0$ 即可，但 $\cot x$ 高阶导数的计算很复杂，没有规律可循. 于是我们仍从复变函数的角度来解释：因为复变函数在解析区域内具有任意阶导数，从而

$$f(z)=\cot z=\sum_{k=0}^{\infty}\frac{f^{(k)}\left(\frac{\pi}{2}\right)}{k!}\left(z-\frac{\pi}{2}\right)^{n},\quad \left|z-\frac{\pi}{2}\right|<\frac{\pi}{2},$$

所以作为特殊情形，在实函数中下式一定成立：

$$f(x)=\cot x=\sum_{k=0}^{\infty}\frac{f^{(k)}\left(\frac{\pi}{2}\right)}{k!}\left(x-\frac{\pi}{2}\right)^{n},\quad \left|x-\frac{\pi}{2}\right|<\frac{\pi}{2}.$$

4）二者中的初等函数

实函数中的基本初等函数，如对数函数 $y=\log_a x$ 和指数函数 $y=a^x$ 是一对反函数，幂函数、三角函数等都是各自独立的函数；而复变函数中的初等函数具有统一的整体性，如指数函数 $e^z=e^x(\cos y+i\sin y)$ 与对数函数 $y=\ln z$ 构成一对反函数；借助指数函数 e^z 可以定义三角函数 $\cos z=\dfrac{e^{iz}+e^{-iz}}{2}$，$\sin z=\dfrac{e^{iz}-e^{-iz}}{2i}$，进而得到反三角函数；而 e^{α} 与 $\ln z$ 复合可得到一般幂函数 $z^{\alpha}=e^{\alpha\ln z}$. 由此可见，复变函数中的初等函数是相互关联的整体.

4. 如何学好这门课程

美国数学家波利亚（G.Polya）认为："一个大学生如果不熟悉复数，那么代数、三角函数、积分学、常微分方程与偏微分方程理论的大部分内容都无法学懂." 复变函数是实函数的延伸，既继承了实函数的特性，又具有自身的特征. 读者在学习过程中需通过类比的方法关注异同点，从形式与本质两方面入手讨论，便能更深刻地理解和掌握该学科，从而达到灵活运用的目的.

阅读的最大理由是想摆脱平庸，早一天就多一份人生的精彩；迟一天就多一天平庸的困扰.

——余秋雨

第 1 章　复数与复平面

➢　复数的起源

1. 复数的萌芽

复数出现于 16 世纪，意大利米兰学者卡尔达诺（G.Cardano）在研究三次方程根的公式时，发现 13 种不同类型的公式中都含有 $\sqrt[3]{A\pm\sqrt{B\pm C}}$（其中 A,B,C 都是正数），当 $B\geqslant C$ 时公式自然有意义，但当 $B<C$ 时就出现了负数开平方根的问题，即遇到了虚数的情形. 现代理论已经证明，如果用根式表示三次方程的根，不可能不用虚数，这种情形称为不可约的三次方程. 为了解释负数开平方根的现象，卡尔达诺专门研究了这类数. 例如，将 40 分解成 $5+\sqrt{-15}$ 与 $5-\sqrt{-15}$ 的乘积，他没有给这种数命名，只是称它为“一个负数的平方根”，并首次用这种形式进行运算. 1637 年，法国数学家笛卡儿（R.Descarte）在《几何学》中首次提出了方程的复根为“虚根”，使“虚的数”与“实的数”对应起来，自此，虚数才流传起来. 1748 年，欧拉发现了关系式 $\mathrm{e}^{\mathrm{i}\theta}=\cos\theta+\mathrm{i}\sin\theta$，1777 年，他在论文《微分公式》中首次把 $\sqrt{-1}$ 用字母 i 表示，并且用字母 i 表示虚数的单位. 1801 年，高斯再次用字母 i 表示 $\sqrt{-1}$. 经两位大数学家的使用，i 在数学界流行起来，成为表示虚数单位的标准符号. 那么，为什么选择 i 作为虚数单位的符号呢，在西文中，i 是虚构的、想象的、臆造的等词（如拉丁文 Imāginārius、法文 Imaginaire、德文 Imaginär、英文 Imaginary、意大利文 Immaginàrio）的首字母，它与表示数的词结合就构成虚数，这反映了当时人们对复数的认识心态.

2. 复数几何表示的萌芽

复数的几何表示是人们表示虚数最直接、最有影响力的方法. 英国数学家科茨（R.Cotes）是较早尝试研究方程复根的几何意义的数学家，他讨论了方程 $x^n-1=0$ 的复根，并将这些复根看作正 n 边形的顶点，该结果在 1722 年发表于《和谐度量》上，受到学者们的高度赞扬；英国数学家棣莫弗（A.De Moivre）证明了解方程 $x^n-1=0$ 相当于把圆周分成 n 等份；欧拉和范德蒙德（V.der Monde）也讨论了 $\cos\dfrac{2k\pi}{n}+\mathrm{i}\sin\dfrac{2k\pi}{n}$ 的意义；欧拉把 x 与 y 想象成平面上的点，用 $x+\mathrm{i}y$ 代替 x,y，然后将 $x+\mathrm{i}y$ 表示为 $r(\cos\theta+\mathrm{i}\sin\theta)$，再将 r 和 θ 作为极坐标画出来. 以上这些都是复数几何表示的前奏.

1797 年，挪威出生的丹麦测量员韦塞尔（C.Wessel）第一次引入一根虚轴，用 $\sqrt{-1}$

表示虚单位并用符号“∈”表示．用+1表示从原点出发的正方向，用+∈表示从原点出发且与正方向+1垂直的正方向，规定$(+\in)(+\in)=-1$，即$\sqrt{-1}=\in$．把复数看作平面上的向量，得到与向量平行四边形法则一致的结论．由于该结论原文是丹麦文，所以没引起人们的重视，直到一个世纪后的1897年被学者译成法文时才引起人们的瞩目．1806年，瑞士数学家阿尔冈（J.Argand）从复数的旋转角度讨论了复数的几何意义，即若记原点与点P的长为r，$\overrightarrow{OP}$与x轴正向的夹角为θ，则$\overrightarrow{OP}$可以用$r(\cos\theta+\mathrm{i}\sin\theta)$进行表示，这种表示方法更直观、更易于接受．阿尔冈将该理论运用于几何学、代数学及三角学的研究，消除了人们对复数的神秘感．1799年，高斯在第一次证明代数基本定理时假定了直角坐标平面上的点与复平面上的点具有一一对应关系，1811年又明确$a+ib$可以用点(a,b)表示，并且阐述了复数的几何加法和乘法．该结论成功地将复数的几何表示与已知的直角坐标平面联系起来，使人们对虚数有了全新的认识，进一步引入了“复数”一词，以区别于虚数．

3. 复数代数表示的萌芽

如今，人们普遍接受了复数的描述性定义($z=a+ib$)．事实上，要严密地叙述复数的概念必须从代数的观点出发，1837年，英国数学家汉密尔顿（W.Hamilton）从代数角度出发，将复数$a+\mathrm{i}b$看作一个整体，表示有序实数对(a,b)，并对有序实数对规定了四则运算：

$$(a,b)\pm(c,d)=(a\pm c,b\pm d),$$
$$(a,b)(c,d)=(ac-bd,ad+bc),$$
$$\frac{(a,b)}{(c,d)}=\left(\frac{ac+bd}{c^2+d^2},\frac{bc-ad}{c^2+d^2}\right),$$

于是得到$(0,1)(0,1)=(-1,0)$（即$\mathrm{i}^2=-1$），这便是汉密尔顿从严格的代数角度构建的复数概念．

了解复数的起源使人们认识到复数的诞生是经过漫长的推导、质疑、多角度研究的殊途同归的过程，我们当今学习的理论是学者们多年呕心沥血、百花齐放、百家争鸣的结果．

复变函数在工程技术、流体力学、数学物理方程等方面有着非常重要的作用，是重要的研究工具．为了研究复变函数的一系列性质，需要引入复变函数的基础——复数与复平面，本章首先介绍复数的代数形式和几何形式，进而得到复数的重要性质，然后介绍复平面上的点集与曲线，为研究复变函数做好铺垫．

1.1 复数与复数的代数运算

考虑方程$x^2+1=0$，该方程在实数范围内无根，为了使该方程有根，引入“i”使$\mathrm{i}^2+1=0$，也就是说，在实数系$\mathbf{R}$的基础之引入“i”，扩大的数系称为复数系，复数系既保持了原有数系的性质又提供了解决新问题的途径.

1. 复数的定义

定义 1.1　引入虚单位 i（满足 $\mathrm{i}^2+1=0$），对任意实数 x,y，称 $x+\mathrm{i}y$ 或 $x+y\mathrm{i}$ 为复数，记作 z，即 $z=x+\mathrm{i}y$ 或 $z=x+y\mathrm{i}$．称 x 为复数 z 的实部，记作 $\mathrm{Re}\,z=x$，y 为复数 z 的虚部，记作 $\mathrm{Im}\,z=y$.

注　Re 是 real 的缩写，Im 是 imagine 的缩写.

全体复数构成的集合用 $\mathbf{C}$ 表示.

当 $x=0$，$y\neq 0$ 时，称 $z=\mathrm{i}y$ 为纯虚数，当 $x,y\in\mathbf{R}$，$y\neq 0$ 时，称 $z=x+\mathrm{i}y$ 为虚数．于是，

$$\text{复数 } z=x+\mathrm{i}y=\begin{cases} x(\text{实数}), & y=0,\ x\neq 0 \\ \mathrm{i}y(\text{纯虚数}), & y\neq 0,\ x=0. \\ x+\mathrm{i}y(\text{虚数}), & y\neq 0,\ x\neq 0 \end{cases}$$

2. 复数的线性运算

实数是复数的特殊情形，复数中引入的新概念必须符合实数的基本法则．下面讨论复数的四则运算，定义复数的加法和乘法.

设 $z_1=x_1+\mathrm{i}y_1$，$z_2=x_2+\mathrm{i}y_2$，$z=x+y\mathrm{i}$，$x,y,x_1,y_1,x_2,y_2\in\mathbf{R}$，定义加法

$$z_1+z_2=(x_1+\mathrm{i}y_1)+(x_2+\mathrm{i}y_2)=(x_1+x_2)+\mathrm{i}(y_1+y_2),$$

定义乘法

$$z_1\cdot z_2=(x_1+\mathrm{i}y_1)\cdot(x_2+\mathrm{i}y_2)=(x_1x_2-y_1y_2)+\mathrm{i}(x_1y_2+x_2y_1).$$

若满足 $z_2=z_1+z$，则称 z 为 z_2 与 z_1 的差，记作 $z=z_2-z_1$．因为 $z_2=z_1+z$，即

$$x_2+\mathrm{i}y_2=(x_1+\mathrm{i}y_1)+(x+\mathrm{i}y)=(x_1+x)+\mathrm{i}(y_1+y),$$

所以

$$x_2=x_1+x,\quad y_2=y_1+y,$$

所以

$$x=x_2-x_1,\quad y=y_2-y_1.$$

于是

$$z_2-z_1=(x_2+\mathrm{i}y_2)-(x_1+\mathrm{i}y_1)=(x_2-x_1)+\mathrm{i}(y_2-y_1).$$

若满足 $z_1=z_2z$，则称 z 为 z_1 与 z_2 的商，记作 $z=\dfrac{z_1}{z_2}$．因为

$$x_1+\mathrm{i}y_1=(x_2+\mathrm{i}y_2)(x+\mathrm{i}y)=(xx_2-yy_2)+\mathrm{i}(x_2y+xy_2),$$

所以

$$x_1=xx_2-yy_2,\quad y_1=x_2y+xy_2,$$

进而得到

$$x=\frac{x_1x_2+y_1y_2}{x_2^2+y_2^2},\quad y=\frac{x_2y_1-x_1y_2}{x_2^2+y_2^2}.$$

因此

$$\frac{z_1}{z_2}=\frac{x_1+\mathrm{i}y_1}{x_2+\mathrm{i}y_2}=\frac{(x_1x_2+y_1y_2)+\mathrm{i}(x_2y_1-x_1y_2)}{x_2^2+y_2^2}\quad (z_2\neq 0).$$

注意到复数的四则运算仍是复数，故

$$\mathrm{Re}(z_1\pm z_2)=\mathrm{Re}\,z_1\pm \mathrm{Re}\,z_2,\quad \mathrm{Im}\,(z_1\pm z_2)=\mathrm{Im}\,z_1\pm \mathrm{Im}\,z_2.$$

复数仍满足交换律、结合律和分配律，即对任意实数 z_1, z_2, z_3，有

$$z_1+z_2=z_2+z_1,\quad z_1\cdot z_2=z_2\cdot z_1,$$

$$(z_1+z_2)z_3=z_1z_3+z_2z_3,\quad (z_1\ z_2)z_3=z_1(\ z_2z_3).$$

3. 复数的相等

设 $z_1=x_1+\mathrm{i}y_1$，$z_2=x_2+\mathrm{i}y_2\,(x_1, y_1, x_2, y_2\in\mathbf{R})$，如果 $x_1=x_2$ 且 $y_1=y_2$，则称 $z_1=z_2$.

注 实数可以比较大小，但复数不能比较大小. 例如，选取最简单的复数 i，若 $\mathrm{i}>0$，则 $\mathrm{i}\cdot\mathrm{i}>0\cdot\mathrm{i}=0$，即 $-1>0$ 矛盾；若 $\mathrm{i}<0$，则 $\mathrm{i}\cdot\mathrm{i}>0\cdot\mathrm{i}=0$，即 $-1>0$ 矛盾.

1.2 复数的几何意义

本节从复数的几何角度讨论复数，把复数与向量对应起来，借助向量的模与角度研究复数的性质.

给定 $x, y\in\mathbf{R}$，对应平面上的点 (x, y)，建立复数 $z=x+\mathrm{i}y$，于是点 (x, y) 就与复数 $z=x+\mathrm{i}y$ 对应；反过来，给定复数 $z=x+\mathrm{i}y$，也就确定了实部 x 与虚部 y，即确定了点 (x, y). 于是点 (x, y) 与复数 $z=x+\mathrm{i}y$ 构成一一对应的关系. 由点构成的平面也是复数构成的平面，称该平面为复平面或 z 平面，也就是说，复平面是由所有复数构成的平面. 在复平面上建立坐标系，把 x 轴称为实轴，把除去 0 的 y 轴称为虚轴，把 $(0,0)$ 称为复平面的坐标原点 $z=0$，如图 1.1 所示. 根据复平面的坐标系，可以将所有复数在复平面上进行表示.

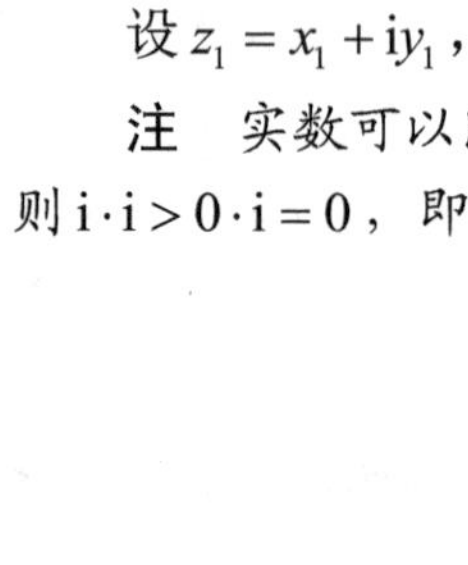

虚轴

P (x,y)

O 实轴

图 1.1

易见，平面上的点 (x, y) 唯一对应平面上的向量 $\overrightarrow{OP}$（起点在原点 O，终点在 P 的向量），由点与复数的对应关系可知，向量 $\overrightarrow{OP}$ 也与复数 $z=x+\mathrm{i}y$ 一一对应，于是

$$点\,(x, y)\xrightarrow[对应]{一一}复数\ z=x+\mathrm{i}y\xrightarrow[对应]{一一}向量\ \overrightarrow{OP}.$$

因此，在后文的描述中可以将点 (x, y)、向量 $\overrightarrow{OP}$ 和复数 $z=x+\mathrm{i}y$ 看成一致的，这样就提供了新的视角——用向量的模与角度表示复数. 对于自由向量，总是将其平移使起点与坐标原点重合再进行考虑.

1.2.1 复数的模与辐角

给定向量 $\overrightarrow{OP}$，将 $\overrightarrow{OP}$ 向 x 轴作投影得到 x，向 y 轴作投影得到 y，从而向量 $\overrightarrow{OP}$ 便与复数 $z=x+\mathrm{i}y\,(x, y\in\mathbf{R})$ 一一对应，如图 1.2 所示. 把向量 $\overrightarrow{OP}$ 的长 r 称为复数 z 的模

或绝对值，记作 $|z|$，即 $|z|=\sqrt{x^2+y^2}$.

注　若无特别说明，在 $z=x+\mathrm{i}y$ 中，x,y 均为实数，不再一一说明.

明显地，z 的模有如下性质：

（1）$|z|\geqslant 0$；

（2）$|x|\leqslant|z|$，$|y|\leqslant|z|$；

（3）$|z|\leqslant|x|+|y|$.

图 1.2

类似于向量的平行四边形法则，给定复数 z_1 和 z_2，则 z_1+z_2 与 z_2-z_1 分别对应于平行四边形的两条对角线，如图 1.3 所示. 因此

$$|z_1+z_2|<|z_1|+|z_2|,\quad ||z_1|-|z_2||<|z_1-z_2|,$$

当 z_1 与 z_2 共线时 "=" 成立.

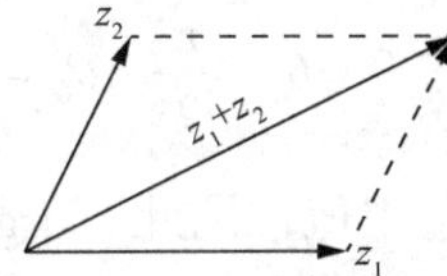

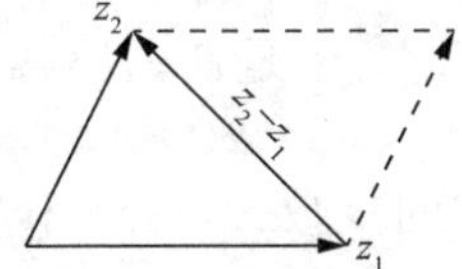

图 1.3

两复数 z_1 与 z_2 之间的距离

$$|z_2-z_1|=|(x_2+\mathrm{i}y_2)-(x_1+\mathrm{i}y_1)|=\sqrt{(x_2-x_1)^2+(y_2-y_1)^2}$$

恰好是两点 (x_1,y_1) 与 (x_2,y_2) 间的距离公式.

向量 $\overrightarrow{OP}$ 与 x 轴正方向的夹角 θ 称为复数 z 的辐角（Argument），记作 $\mathrm{Arg}z=\theta$. 一个复数的辐角有无穷多值，即 $\theta=\theta_0+2k\pi(k=0,\pm1,\pm2,\cdots)$，其中 $-\pi<\theta_0\leqslant\pi$，当 k 取正值时，θ_0 按逆时针方向旋转相应的圈数，当 k 取负值时，θ_0 按顺时针方向旋转相应的圈数. 当 $k=0$ 时，$\theta=\theta_0$ 为单值，这时称 θ_0 为复数 z 的辐角主值，记作 $\arg z=\theta_0$，如图 1.4 所示. 于是

$$\mathrm{Arg}z=\arg z+2k\pi(k=0,\pm1,\pm2,\cdots).$$

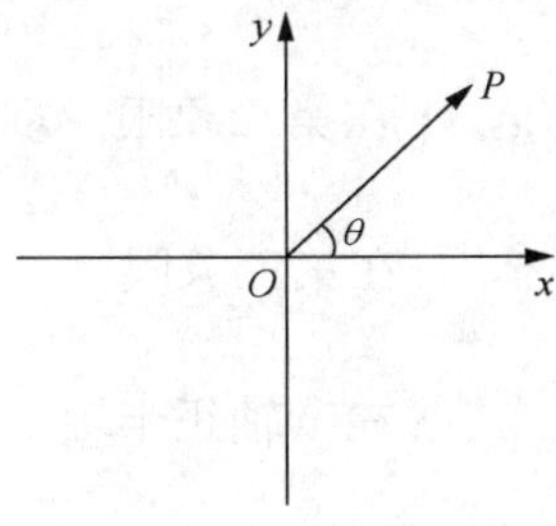

图 1.4

注　当 $z=0$ 时，θ_0 不确定，故此时的辐角 $\mathrm{Arg}z$ 无意义.

下面考虑辐角主值 $\arg z$ 的计算方法，讨论它与反正切函数

$$\arctan\frac{y}{x}\left(-\frac{\pi}{2}<\arctan\frac{y}{x}<\frac{\pi}{2}\right)$$

之间的关系.

当复数 $z=x+\mathrm{i}y$ 在第一象限时[图 1.5(a)]，$\arg z=\arctan\dfrac{y}{x}$. 同理，当复数 $z=x+\mathrm{i}y$ 在第四象限时，也有 $\arg z=\arctan\dfrac{y}{x}$.

当复数 $z=x+\mathrm{i}y$ 在第二象限时[图 1.5(b)]，辐角主值 θ 超出了反正切函数的范围，此时，作复数 z 关于原点对称的复数 z_1，则 $\theta=\theta_0+\pi$，其中 $-\dfrac{\pi}{2}<\theta_0<0$，$\theta_0=\arg z_1=\arctan\dfrac{-y}{-x}=\arctan\dfrac{y}{x}$ 是复数 $z_1=-x-\mathrm{i}y$ 的辐角主值. 因此 $\arg z=\arctan\dfrac{y}{x}+\pi$.

当复数 $z=x+\mathrm{i}y$ 在第三象限时［图 1.5（c)]，与第二象限的情形类似，辐角主值 θ 超出了反正切函数的范围，于是 $\theta=\theta_0-\pi$，其中 $0<\theta_0<\dfrac{\pi}{2}$，$\theta_0=\arctan\dfrac{-y}{-x}=\arctan\dfrac{y}{x}$ 是 $z=x+\mathrm{i}y$ 关于原点对称的复数 $z_1=-x-\mathrm{i}y$ 的辐角主值. 因此，$\arg z=\arctan\dfrac{y}{x}-\pi$.

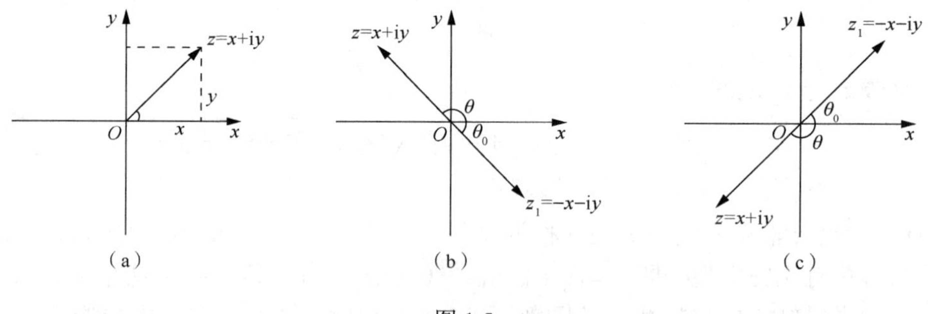

图 1.5

因此，辐角主值 $\arg z(z\neq 0)$ 与反正切函数 $\arctan\dfrac{y}{x}$ 有如下关系：

$$\arg z=\begin{cases}\arctan\dfrac{y}{x}, & z\text{ 在第一、四象限及 } x \text{ 轴正半轴}\\ \arctan\dfrac{y}{x}+\pi, & z\text{ 在第二象限}\\ \arctan\dfrac{y}{x}-\pi, & z\text{ 在第三象限}\\ \dfrac{\pi}{2}, & z\text{ 在 } y \text{ 轴正半轴}\\ -\dfrac{\pi}{2}, & z\text{ 在 } y \text{ 轴负半轴}\end{cases}.$$

例 1.1　求复数 $3\mathrm{i}, -1+4\mathrm{i}, -3, 2$ 的辐角及辐角主值.

解　因为复数 $3\mathrm{i}$ 落在 y 轴正半轴，所以

$$\arg 3\mathrm{i} = \frac{\pi}{2}, \quad \mathrm{Arg}\, 3\mathrm{i} = \frac{\pi}{2} + 2k\pi, \quad k = 0, \pm 1, \pm 2, \cdots;$$

因为 $-1+4\mathrm{i}$ 落在第二象限，所以

$$\arg(-1+4\mathrm{i}) = \arctan\frac{4}{-1} + \pi = -\arctan 4 + \pi,$$

$$\mathrm{Arg}(-1+4\mathrm{i}) = -\arctan 4 + \pi + 2k\pi = -\arctan 4 + \pi(1+2k), \quad k = 0, \pm 1, \pm 2, \cdots;$$

因为 -3 落在 x 轴负半轴，所以

$$\arg(-3) = \pi, \quad \mathrm{Arg}(-3) = \pi + 2k\pi = \pi(1+2k), \quad k = 0, \pm 1, \pm 2, \cdots;$$

因为 2 落在 x 轴正半轴，所以

$$\arg 2 = \arctan\frac{0}{2} = 0, \quad \mathrm{Arg}\, 2 = 0 + 2k\pi = 2k\pi, \quad k = 0, \pm 1, \pm 2, \cdots.$$

1.2.2　复数的表示

1. 复数的表示形式

设 $z = x + \mathrm{i}y$，$|z| = r$，复数 z 与 x 轴正方向的夹角为 θ，如图 1.6 所示，则

$$x = r\cos\theta, \quad y = r\sin\theta,$$

于是

$$z = r(\cos\theta + \mathrm{i}\sin\theta). \tag{1-1}$$

称式（1-1）为复数的**三角形式**，其中，$r = |z|$，θ 为复数 z 的辐角或辐角主值.

运用欧拉公式 $\mathrm{e}^{\mathrm{i}\theta} = \cos\theta + \mathrm{i}\sin\theta$，则 $z = r\mathrm{e}^{\mathrm{i}\theta}$，称这种形式为复数的**指数形式**，其中，$r = |z|$，$\theta$ 为复数 z 的辐角或辐角主值.

称 $z = x + \mathrm{i}y$ 为复数的**代数形式**.

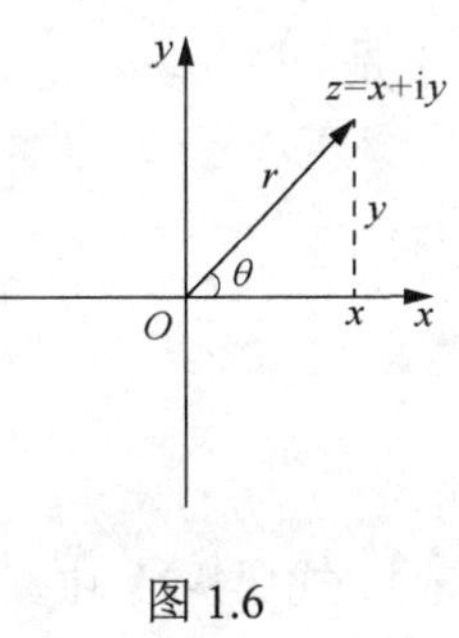

图 1.6

例 1.2　写出下列复数的三角形式与指数形式.

（1）i；（2）-3；（3）$-1+2\mathrm{i}$；（4）$\sin\phi + \mathrm{i}\cos\phi \left(0 < \phi < \dfrac{\pi}{2}\right)$.

解　（1）$|\mathrm{i}| = 1$，$\arg \mathrm{i} = \dfrac{\pi}{2}$，于是

$$\mathrm{i} = \cos\frac{\pi}{2} + \mathrm{i}\sin\frac{\pi}{2} = \mathrm{e}^{\mathrm{i}\frac{\pi}{2}},$$

也可以表示为

$$\mathrm{i} = \cos\left(\frac{\pi}{2} + 2k\pi\right) + \mathrm{i}\sin\left(\frac{\pi}{2} + 2k\pi\right) = \mathrm{e}^{\mathrm{i}\left(\frac{\pi}{2} + 2k\pi\right)}, \quad k = 0, \pm 1, \pm 2, \cdots.$$

（2）$|-3| = 3$，$\arg(-3) = \pi$，于是

$$-3 = 3(\cos\pi + \mathrm{i}\sin\pi) = 3\mathrm{e}^{\mathrm{i}\pi},$$

也可以表示为

$$-3=3[\cos(\pi+2k\pi)+\mathrm{i}\sin(\pi+2k\pi)]=3\mathrm{e}^{\mathrm{i}(\pi+2k\pi)}, \quad k=0,\pm1,\pm2,\cdots.$$

（3）$|-1+2\mathrm{i}|=\sqrt{5}$，$\arg(-1+2\mathrm{i})=-\arctan 2+\pi$，于是

$$-1+2\mathrm{i}=\sqrt{5}[\cos(\pi-\arctan 2)+\mathrm{i}\sin(\pi-\arctan 2)]=\sqrt{5}\,\mathrm{e}^{\mathrm{i}(\pi-\arctan 2)},$$

也可以表示为

$$-1+2\mathrm{i}=\sqrt{5}(\cos\theta+\mathrm{i}\sin\theta)=\sqrt{5}\mathrm{e}^{\mathrm{i}\theta},$$

其中，$\theta=(1+2k)\pi-\arctan 2$，$k=0,\pm1,\pm2,\cdots$.

（4）$|\sin\phi+\mathrm{i}\cos\phi|=1$，而

$$\sin\phi+\mathrm{i}\cos\phi=\cos\left(\frac{\pi}{2}-\phi\right)+\mathrm{i}\sin\left(\frac{\pi}{2}-\phi\right)=\mathrm{e}^{\mathrm{i}\left(\frac{\pi}{2}-\phi\right)},$$

也可以表示为

$$\sin\phi+\mathrm{i}\cos\phi=\cos\left(\frac{\pi}{2}-\phi+2k\pi\right)+\mathrm{i}\sin\left(\frac{\pi}{2}-\phi+2k\pi\right)=\mathrm{e}^{\mathrm{i}\left(\frac{\pi}{2}-\phi+2k\pi\right)}, \quad k=0,\pm1,\pm2,\cdots.$$

注 复数的三种表示形式适合于不同情形，在实际问题的研究中选取恰当的形式可以简化计算.

2. 复数的指数形式

1）复数指数形式的性质

令 $z_1=r_1\mathrm{e}^{\mathrm{i}\theta_1}$，$z_2=r_2\mathrm{e}^{\mathrm{i}\theta_2}$，则

$$z_1z_2=r_1r_2\,\mathrm{e}^{\mathrm{i}(\theta_1+\theta_2)}, \quad \frac{z_1}{z_2}=\frac{r_1}{r_2}\mathrm{e}^{\mathrm{i}(\theta_1-\theta_2)},$$

于是

$$|z_1z_2|=r_1r_2=|z_1||z_2|, \quad \left|\frac{z_1}{z_2}\right|=\frac{r_1}{r_2}=\frac{|z_1|}{|z_2|},$$

$$\begin{cases}\mathrm{Arg}(z_1z_2)=\theta_1+\theta_2=\mathrm{Arg}z_1+\mathrm{Arg}z_2\\ \mathrm{Arg}\left(\dfrac{z_1}{z_2}\right)=\theta_1-\theta_2=\mathrm{Arg}z_1-\mathrm{Arg}z_2\end{cases}. \tag{1-2}$$

式（1-2）中，“=”两侧的相等指集合的相等. 值得注意的是，式（1-2）是辐角的重要性质，但辐角主值不一定有相似的性质. 例如，

$$\arg(-3-3\mathrm{i})=-\frac{3\pi}{4}, \quad \arg(-3)+\arg(1+\mathrm{i})=\pi+\frac{\pi}{4}=\frac{5\pi}{4},$$

即

$$\arg(-3-3\mathrm{i})\neq\arg(-3)+\arg(1+\mathrm{i}).$$

2）复数指数形式的积商的几何意义

设 $z_1=r_1\mathrm{e}^{\mathrm{i}\theta_1}$，$z_2=r_2\mathrm{e}^{\mathrm{i}\theta_2}$，则 z_1z_2 表示对 z_1 的模 r_1 伸缩 r_2 倍（$r_2>1$ 伸长，$r_2<1$ 缩短），对 z_1 的角度 θ_1 旋转 θ_2（$\theta_2>0$ 逆时针旋转，$\theta_2<0$ 顺时针旋转）；$\dfrac{z_1}{z_2}$ 表示对 z_1 的模 r_1 伸缩 r_2 倍（$r_2>1$ 缩短，$r_2<1$ 伸长），对 z_1 的角度 θ_1 旋转 θ_2（$\theta_2>0$ 顺时针旋转，$\theta_2<0$ 逆

时针旋转).

例如 $z_1=3\mathrm{e}^{\mathrm{i}\frac{\pi}{4}}$，则 $z_1\cdot\mathrm{i}$ 表示将 z_1 的角度 $\frac{\pi}{4}$ 逆时针旋转 $\frac{\pi}{2}$，而模不变，得到

$$z_1\cdot\mathrm{i}=3\mathrm{e}^{\mathrm{i}\left(\frac{\pi}{4}+\frac{\pi}{2}\right)}=3\mathrm{e}^{\mathrm{i}\frac{3\pi}{4}}.$$

1.2.3　共轭复数

若 $z=x+\mathrm{i}y$，则称 $x-\mathrm{i}y$ 为复数 z 的共轭复数，记作 $\overline{z}=x-\mathrm{i}y$，也即 $\overline{x+\mathrm{i}y}=x-\mathrm{i}y$，这里的共轭关系是互为共轭的关系，即 $\overline{z}$ 是 z 的共轭复数，z 也是 $\overline{z}$ 的共轭复数.

共轭复数有下面的性质：

(1) $\overline{\overline{z}}=z$；

(2) $\overline{z_1\pm z_2}=\overline{z_1}\pm\overline{z_2}$；

(3) $\overline{z_1\cdot z_2}=\overline{z_1}\cdot\overline{z_2}$；

(4) $\overline{\left(\dfrac{z_1}{z_2}\right)}=\dfrac{\overline{z_1}}{\overline{z_2}}\ (z_2\neq 0)$；

(5) $z\cdot\overline{z}=|z|^2$；

(6) $|z|=|\overline{z}|$.

例 1.3　(1) 计算 $(1+2\mathrm{i})\overline{(1+2\mathrm{i})}-(3+4\mathrm{i})^2$ 的值；

(2) 求 $w=\dfrac{1+z}{1-z}(z\neq 1)$ 的实部和虚部.

解　(1)

$$\begin{aligned}(1+2\mathrm{i})\overline{(1+2\mathrm{i})}-(3+4\mathrm{i})^2&=|1+2\mathrm{i}|^2-(9-16+24\mathrm{i})\\&=12-24\mathrm{i}.\end{aligned}$$

(2) 因为

$$\begin{aligned}w&=\frac{(1+z)\overline{(1-z)}}{(1-z)\overline{(1-z)}}=\frac{(1+z)(1-\overline{z})}{|1-z|^2}\\&=\frac{1-z\overline{z}+z-\overline{z}}{|1-z|^2}=\frac{1-|z|^2+2\mathrm{i}\,\mathrm{Im}\,z}{|1-z|^2},\end{aligned}$$

所以

$$\mathrm{Re}\,w=\frac{1-|z|^2}{|1-z|^2},\quad \mathrm{Im}\,w=\frac{2\,\mathrm{Im}\,z}{|1-z|^2}.$$

例 1.4　证明 $|z_1+z_2|^2+|z_1-z_2|^2=2(|z_1|^2+|z_2|^2)$ 成立，并说明其几何意义.

解　运用性质 $z\cdot\overline{z}=|z|^2$，可知

$$\begin{aligned}|z_1+z_2|^2&=(z_1+z_2)\overline{(z_1+z_2)}=(z_1+z_2)(\overline{z}_1+\overline{z}_2)\\&=z_1\overline{z}_1+z_1\overline{z}_2+z_2\overline{z}_1+z_2\overline{z}_2=|z_1|^2+z_1\overline{z}_2+z_2\overline{z}_1+|z_2|^2,\\|z_1-z_2|^2&=(z_1-z_2)\overline{(z_1-z_2)}=(z_1-z_2)(\overline{z}_1-\overline{z}_2)\\&=z_1\overline{z}_1-z_1\overline{z}_2-z_2\overline{z}_1+z_2\overline{z}_2=|z_1|^2-z_1\overline{z}_2-z_2\overline{z}_1+|z_2|^2,\end{aligned}$$

于是

$$|z_1+z_2|^2+|z_1-z_2|^2=2(|z_1|^2+|z_2|^2).$$

该结论表明：平行四边形对角线的平方之和与平行四边形各边长的平方之和相等.

例 1.5　用共轭复数的性质证明$|z_1+z_2|\leqslant|z_1|+|z_2|$.

证明　因为

$$z+\overline{z}=2\operatorname{Re}z，|z|=|\overline{z}|，$$

$$\begin{aligned}|z_1+z_2|^2&=(z_1+z_2)\overline{(z_1+z_2)}\\&=(z_1+z_2)(\overline{z}_1+\overline{z}_2)\\&=z_1\overline{z}_1+z_1\overline{z}_2+z_2\overline{z}_1+z_2\overline{z}_2\\&=|z_1|^2+\overline{\overline{z}_1z_2}+z_2\overline{z}_1+|z_2|^2\\&=|z_1|^2+2\operatorname{Re}(z_2\overline{z}_1)+|z_2|^2\\&\leqslant|z_1|^2+2|z_2\overline{z}_1|+|z_2|^2\\&=(|z_1|+|z_2|)^2，\end{aligned}$$

所以

$$|z_1+z_2|\leqslant|z_1|+|z_2|.$$

证毕.

1.3　乘幂与方根

思考　在复数的极限、级数运算过程中都需要分离出复数的实部和虚部，那么如何给出高次幂复数的实部与虚部呢？例如，复数$(2+\mathrm{i}\sqrt{3})^{100}$的实部和虚部各是什么？能不能快速得到实部与虚部呢？

1. 乘幂

下面讨论复数的乘幂，正好可以解决复数的高次幂问题.

定义 1.2　称$z^n=\underbrace{z\cdot z\cdots z}_{n个}$（$z\neq0$，$n\geqslant2$且$n\in\mathbf{Z}$）为复数$z$的乘幂.

令$z=r\mathrm{e}^{\mathrm{i}\theta}$，则

$$z^n=r^n\mathrm{e}^{\mathrm{i}n\theta}=r^n(\cos n\theta+\mathrm{i}\sin n\theta),\tag{1-3}$$

而

$$z=r\mathrm{e}^{\mathrm{i}\theta}=r(\cos\theta+\mathrm{i}\sin\theta),$$

于是

$$z^n=r^n(\cos\theta+\mathrm{i}\sin\theta)^n,\tag{1-4}$$

联立式（1-3）和式（1-4），得

$$(\cos\theta+\mathrm{i}\sin\theta)^n=\cos n\theta+\mathrm{i}\sin n\theta.\tag{1-5}$$

式（1-5）称为**棣莫弗公式**.

棣莫弗公式能够将高次幂的复数转化成一次幂复数，也是将高次幂复数分出实部、虚部的重要工具.

例 1.6　找出下列复数的实部与虚部.

（1）$(1+\sqrt{3}\mathrm{i})^{10}$；（2）$\dfrac{\mathrm{i}^n}{n}$；（3）$\dfrac{1}{\left(1-\dfrac{\sqrt{3}}{3}\mathrm{i}\right)^{20}}$.

解　（1）因为 $|1+\sqrt{3}\mathrm{i}|=2$，$\theta=\arg(1+\sqrt{3}\mathrm{i})=\dfrac{\pi}{3}$，所以

$$(1+\sqrt{3}\mathrm{i})^{10}=2^{10}\left(\cos\frac{\pi}{3}+\mathrm{i}\sin\frac{\pi}{3}\right)^{10}=2^{10}\left(\cos\frac{10\pi}{3}+\mathrm{i}\sin\frac{10\pi}{3}\right),$$

于是

$$\mathrm{Re}[(1+\sqrt{3}\mathrm{i})^{10}]=2^{10}\cos\frac{10\pi}{3},\quad \mathrm{Im}[(1+\sqrt{3}\mathrm{i})^{10}]=2^{10}\sin\frac{10\pi}{3}.$$

（2）因为 $|\mathrm{i}|=1$，$\arg\mathrm{i}=\dfrac{\pi}{2}$，所以

$$\frac{\mathrm{i}^n}{n}=\frac{1}{n}\left(\cos\frac{\pi}{2}+\mathrm{i}\sin\frac{\pi}{2}\right)^n=\frac{1}{n}\left(\cos\frac{n\pi}{2}+\mathrm{i}\sin\frac{n\pi}{2}\right),$$

于是

$$\mathrm{Re}\left(\frac{\mathrm{i}^n}{n}\right)=\frac{1}{n}\cos\frac{n\pi}{2},\quad \mathrm{Im}\left(\frac{\mathrm{i}^n}{n}\right)=\frac{1}{n}\sin\frac{n\pi}{2}.$$

（3）因为 $\dfrac{1}{1-\dfrac{\sqrt{3}}{3}\mathrm{i}}=\dfrac{3+\mathrm{i}\sqrt{3}}{4}$，而 $\left|\dfrac{3+\mathrm{i}\sqrt{3}}{4}\right|=\dfrac{\sqrt{3}}{2}$，$\arg\left(\dfrac{3+\mathrm{i}\sqrt{3}}{4}\right)=\dfrac{\pi}{6}$，所以

$$\begin{aligned}\frac{1}{\left(1-\frac{\sqrt{3}}{3}\mathrm{i}\right)^{20}}&=\left(\frac{3+\mathrm{i}\sqrt{3}}{4}\right)^{20}=\left(\frac{\sqrt{3}}{2}\right)^{20}\left(\cos\frac{\pi}{6}+\mathrm{i}\sin\frac{\pi}{6}\right)^{20}\\&=\left(\frac{\sqrt{3}}{2}\right)^{20}\left(\cos\frac{20\pi}{6}+\mathrm{i}\sin\frac{20\pi}{6}\right)\\&=\left(\frac{\sqrt{3}}{2}\right)^{20}\left(-\frac{1}{2}-\mathrm{i}\frac{\sqrt{3}}{2}\right).\end{aligned}$$

因此

$$\mathrm{Re}\left[\frac{1}{\left(1-\frac{\sqrt{3}}{3}\mathrm{i}\right)^{20}}\right]=-\frac{\sqrt{3^{20}}}{2^{21}},\quad \mathrm{Im}\left[\frac{1}{\left(1-\frac{\sqrt{3}}{3}\mathrm{i}\right)^{20}}\right]=-\left(\frac{\sqrt{3}}{2}\right)^{21}.$$

思考　$w=\sqrt[3]{-8}$ 在实数范围内等于 -2，那么，在复数范围内等于什么？$w=\sqrt[4]{1+\mathrm{i}}$ 又如何计算呢？现在来探讨此类问题.

2. 方根

定义 1.3　若 $w^n = z$（$z \neq 0$，$n \geqslant 2$ 且 $n \in \mathbf{Z}$），则称 $w = \sqrt[n]{z}$ 为复数 z 的 n 次方根.

下面探讨任一非零复数的方根如何计算.

令 $z = r\mathrm{e}^{\mathrm{i}\theta}$，$w = \rho\mathrm{e}^{\mathrm{i}\phi}$，则 $w^n = \rho^n\mathrm{e}^{\mathrm{i}n\phi} = r\mathrm{e}^{\mathrm{i}(\theta+2k\pi)}$，其中，$\theta$ 为辐角主值，ϕ 为辐角，于是

$$\begin{cases} \rho^n = r \\ n\phi = \theta + 2k\pi \ \ (k = 0, \pm 1, \cdots) \end{cases},$$

进一步，有

$$\begin{cases} \rho = \sqrt[n]{r} \\ \phi = \dfrac{\theta + 2k\pi}{n} \ \ (k = 0, \pm 1, \cdots) \end{cases}.$$

因此

$$\begin{aligned} w &= \rho\mathrm{e}^{\mathrm{i}\phi} = \rho(\cos\phi + \mathrm{i}\sin\phi) \\ &= \sqrt[n]{r}\left(\cos\frac{\theta + 2k\pi}{n} + \mathrm{i}\sin\frac{\theta + 2k\pi}{n}\right) \quad (k = 0, \pm 1, \cdots). \end{aligned}$$

因为 $r = |z|$，$\theta = \arg z$，所以

$$\sqrt[n]{z} = \sqrt[n]{|z|}\left(\cos\frac{\theta + 2k\pi}{n} + \mathrm{i}\sin\frac{\theta + 2k\pi}{n}\right),$$

而

$$\sqrt[n]{z} = \sqrt[n]{|z|}\mathrm{e}^{\frac{\theta+2k\pi}{n}\mathrm{i}} = \sqrt[n]{|z|}\mathrm{e}^{\frac{\theta}{n}\mathrm{i}}\,\mathrm{e}^{\frac{2k\pi}{n}\mathrm{i}} = \varphi\mathrm{e}^{\frac{2k\pi}{n}\mathrm{i}},$$

其中，$\varphi = \sqrt[n]{|z|}\mathrm{e}^{\frac{\theta}{n}\mathrm{i}}$ 为单值；$\mathrm{e}^{\frac{2k\pi}{n}\mathrm{i}}$ 随 k 发生变化，当 $k = 0, 1, \cdots, n-1$ 时，$\mathrm{e}^{\frac{2k\pi}{n}\mathrm{i}}$ 对应 n 个不同的值，当 k 取其余值时，$\mathrm{e}^{\frac{2k\pi}{n}\mathrm{i}}$ 与这 n 个不同值重合. 因此，$\sqrt[n]{z}$ 有 n 个不同值.

从几何意义上看，当 $k = 0, 1, \cdots, n-1$ 时，$\sqrt[n]{z}$ 对应的 n 个不同值是圆内接正 n 边形的 n 个顶点. 为了便于理解，现举例说明.

例 1.7　求下列式子的值.

（1）$\sqrt[3]{-8}$；（2）$\sqrt[4]{1+i}$；（3）$\sqrt[10]{1}$.

解　（1）因为 $|-8| = 8$，$\arg(-8) = \pi$，且

$$\sqrt[3]{-8} = \sqrt[3]{8}\left(\cos\frac{\pi + 2k\pi}{3} + \mathrm{i}\sin\frac{\pi + 2k\pi}{3}\right),$$

所以当 $k = 0$ 时，

$$w_0 = 2\left(\cos\frac{\pi}{3} + \mathrm{i}\sin\frac{\pi}{3}\right) = 1 + \mathrm{i}\sqrt{3},$$

当 $k = 1$ 时，

$$w_1 = 2(\cos\pi + \mathrm{i}\sin\pi) = -2,$$

当 $k = 2$ 时，

$$w_2=2\left(\cos\frac{5\pi}{3}+\mathrm{i}\sin\frac{5\pi}{3}\right)=1-\mathrm{i}\sqrt{3}\ ,$$

依次类推，

$$w_3=w_0\ ,\quad w_4=w_1\ ,\quad w_5=w_2\ ,\quad \cdots .$$

因此，当 $k=0,1,2$ 时，$\sqrt[3]{-8}$ 有三个不同的值，它们分别是以 2 为半径的圆内接正三边形的三个顶点，如图 1.7 所示.

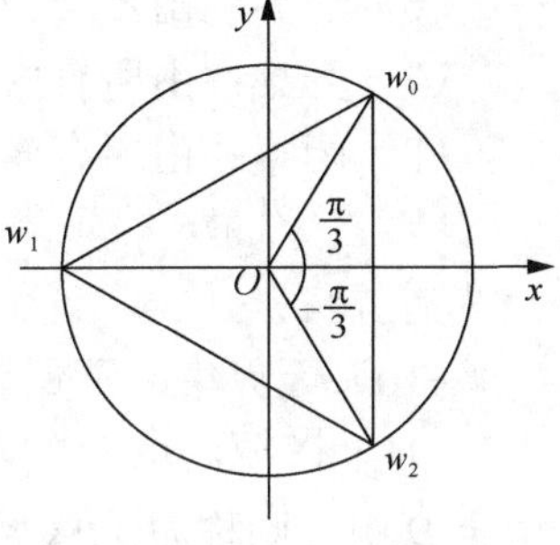

图 1.7

注　在实数范围内 $\sqrt[3]{-8}$ 只有一个值 -2，但在复数范围内 $\sqrt[3]{-8}$ 有三个不同的值，这是数域扩大后的不同之处.

（2）因为 $|1+\mathrm{i}|=\sqrt{2}$ ，$\arg(1+\mathrm{i})=\dfrac{\pi}{4}$，所以

$$\sqrt[4]{1+\mathrm{i}}=2^{\frac{1}{8}}\left(\cos\frac{\frac{\pi}{4}+2k\pi}{4}+\mathrm{i}\sin\frac{\frac{\pi}{4}+2k\pi}{4}\right),$$

当 $k=0,1,2,3$ 时，$\sqrt[4]{1+\mathrm{i}}$ 对应四个不同的值，它们是圆内接正四边形的四个顶点，虽然四个值不是特殊值，但根据模和辐角可以固定它们在圆上的位置.

（3）因为 $\arg 1=0$ ，所以

$$\sqrt[10]{1}=\cos\frac{2k\pi}{10}+\mathrm{i}\sin\frac{2k\pi}{10}=\cos\frac{k\pi}{5}+\mathrm{i}\sin\frac{k\pi}{5}\ ,$$

当 $k=0,1,2,\cdots,9$ 时，$\sqrt[10]{1}$ 对应 10 个不同的值，它们是单位圆内接正十边形的十个顶点，每两个相邻复数的夹角为 $\dfrac{\pi}{5}$.

1.4　平面点集与曲线

为了便于研究复变函数，本节给出平面上的点集及平面曲线的定义.

1.4.1　平面点集

下面先介绍几个常见的概念.

（1）邻域：给定复数 a ，实数 $\rho>0$ ，满足 $|z-a|<\rho$ 的全体 z 构成的集合称为 a 的邻域，记作 $N_\rho(a)$，即

$$N_\rho(a)=\{z\,|\,|z-a|<\rho\}\ .$$

（2）去心邻域：满足 $0<|z-a|<\rho$ 的全体 z 构成的集合称为 a 的去心邻域，记作 $\mathring{N}_\rho(a)$ ，即

$$\mathring{N}_\rho(a)=\{z\,|\,0<|z-a|<\rho\}\ .$$

（3）内点：给定平面上的集合 D ，对 $\forall a\in D$ ，若存在 $\rho>0$ ，使得 $N_\rho(a)\subset D$ ，则

称 a 为集合 D 的内点.

（4）外点：若存在 $\rho>0$，使得 $N_\rho(a)\cap D=\varnothing$，则称 a 为集合 D 的外点.

（5）边界点：对任意 $\rho>0$，若 $N_\rho(a)$ 中既含有 D 中的点又含有 D 外的点，则称 a 为集合 D 的边界点.

注 边界点既可以属于集合 D，也可以不属于集合 D，如图 1.8 所示.

（6）边界：由集合 D 的所有边界点构成的集合称为集合 D 的边界，记作 ∂D.

（7）开集：由所有内点构成的集合称为开集.

（8）闭集：由所有属于集合 D 的边界点和内点构成的集合称为闭集，记作 $\bar{D}$.

（9）有界集：给定集合 D，若存在 $M>0$，对任意 $z\in D$，都有 $|z|\leqslant M$，则称集合 D 为有界集.

（10）无界集：不是有界集的集合称为无界集.

（11）区域：设 D 为开集，对任意两点 $z_1,z_2\in D$，若连接 z_1,z_2 的任意折线完全含于集合 D 中，则称 D 为区域，也称为开区域，如图 1.9 所示. 简单地讲，区域就是连成一片的开集.

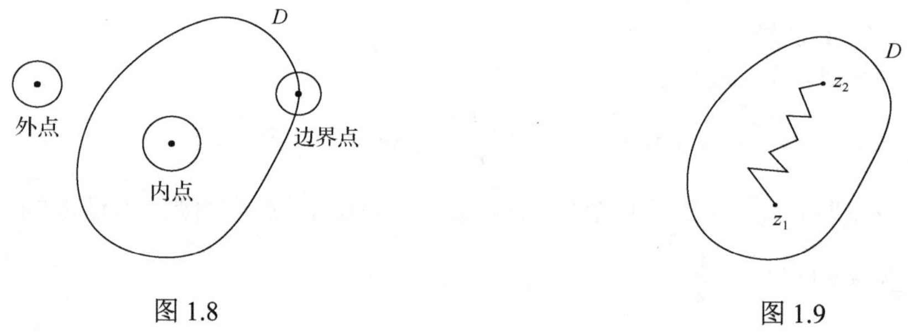

图 1.8　　　　图 1.9

（12）闭区域：区域 D 及边界 ∂D 构成的集合称为闭区域.

例 1.8 若 $0<\arg z<\dfrac{\pi}{6}$，则由 z 构成的集合是区域吗？是有界区域还是无界区域？若 $0<\arg z\leqslant\dfrac{\pi}{6}$ 呢？

解 满足 $0<\arg z<\dfrac{\pi}{6}$ 的集合是角形区域，是无界区域；

满足 $0<\arg z\leqslant\dfrac{\pi}{6}$ 的集合不是区域，是无界集，如图 1.10 所示.

例 1.9 若 $1<\operatorname{Im} z<2$，则由 z 构成的集合是有界区域还是无界区域？若 $1<|z|<2$，结果如何呢？

解 满足 $1<\operatorname{Im} z<2$ 的集合是无界区域，如图 1.11 所示；

满足 $1<|z|<2$ 的集合是有界区域，如图 1.12 所示.

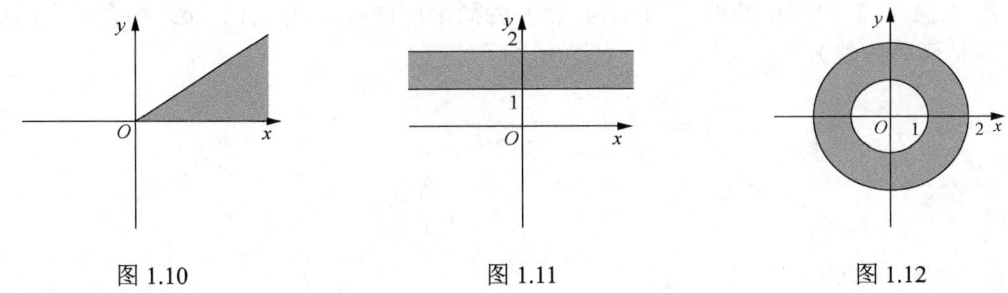

图 1.10　　图 1.11　　图 1.12

例 1.10　以 a 为圆心，r 为半径的圆周表示为 $|z-a|=r$，那么 $|z-a|<r$ 及 $|z-a|>r$ 分别表示什么？是区域吗？

解　$|z-a|<r$ 表示以 a 为圆心，r 为半径的圆的圆内部分，是有界区域，如图 1.13（a）所示；$|z-a|>r$ 表示以 a 为圆心，r 为半径的圆的圆外部分，是无界区域，如图 1.13（b）所示.

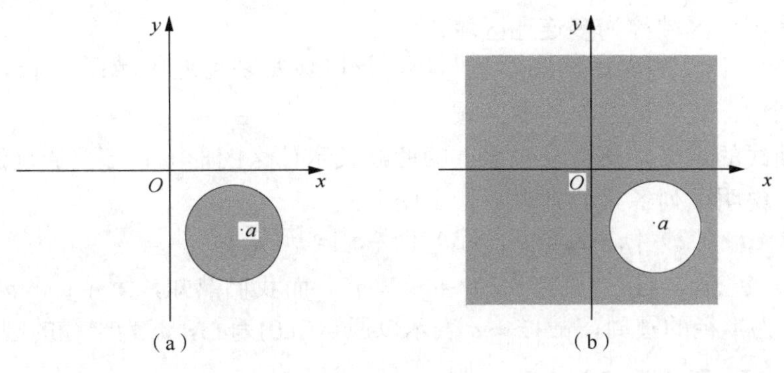

图 1.13

1.4.2　平面曲线

先看以下平面曲线的几个概念.

（1）曲线：由 $z(t)=x(t)+\mathrm{i}y(t)$，$t\in[\alpha,\beta]$ 构成的集合 C 称为曲线，其中，$x(t),y(t)$ 是关于 t 的实函数.

（2）连续曲线：设曲线 $C:z(t)=x(t)+\mathrm{i}y(t)$，$t\in[\alpha,\beta]$，若 $x(t),y(t)$ 是定义在 $[\alpha,\beta]$ 上的连续函数，则称该曲线 C 为连续曲线，$z(\alpha)$ 为曲线的起点，$z(\beta)$ 为曲线的终点.

（3）光滑曲线：已知曲线 $C:z(t)=x(t)+\mathrm{i}y(t)$，$t\in[\alpha,\beta]$，若 $x'(t),y'(t)$ 在 $[\alpha,\beta]$ 上连续且 $x'^2(t)+y'^2(t)\neq 0$，则称曲线 C 为光滑曲线.

（4）逐段光滑曲线：由几段光滑曲线依次首尾衔接而成的曲线称为逐段光滑曲线.

（5）有重点的曲线：自己与自己相交的连续曲线.

（6）简单曲线：若曲线 $C:z(t)=x(t)+\mathrm{i}y(t)$，$t\in[\alpha,\beta]$ 是连续曲线且 $t_1\neq t_2$ 时 $z(t_1)\neq z(t_2)$，其中 $t_1,t_2\in(\alpha,\beta)$，则称曲线 C 为简单曲线，也称为若尔当（Jardan）曲线. 简单地讲，简单曲线就是自己与自己不相交的连续曲线（即无重点的连续曲线）.

（7）简单闭曲线：首尾相连的简单曲线称为简单闭曲线.

图 1.14（a）为简单曲线，图 1.14（b）为简单闭曲线，图 1.14（c）为有重点的曲线（不是简单曲线）.

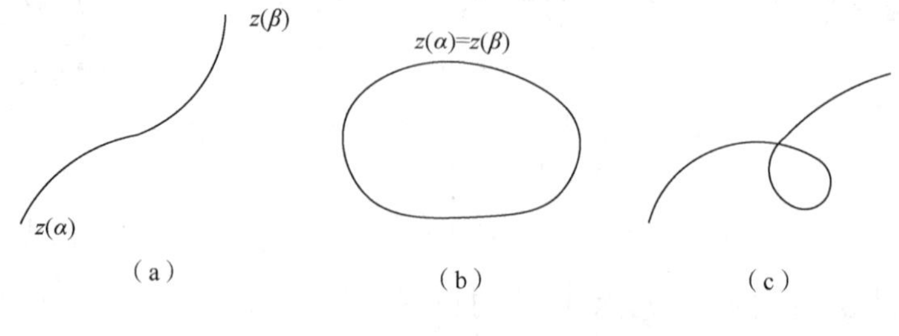

图 1.14

（8）单连通区域：若区域 D 内任一简单闭曲线所围内部仍属于 D，则称区域 D 为单连通区域．简单地讲，单连通区域就是“无洞”区域.

（9）多连通区域：区域 D 内的简单闭曲线所围内部有不属于区域 D 的点、曲线、小区域等的“有洞”区域称为多连通区域.

例如，$1<|z|<2$ 所表示的图形是圆环，该区域是多连通区域；而 $|z|<1$ 所表示的图形是单位圆域，该区域是单连通区域.

熟悉了曲线的定义，那么复平面上的曲线表示什么图形呢？下面通过例子来说明.

例 1.11 说明下列各式分别表示什么图形.

（1）$|z|=a$；（2）$|z-z_0|=a$；（3）$|z-z_1|=|z-z_2|$.

解 （1）令 $z=x+\mathrm{i}y$，则 $|z|^2=x^2+y^2=a^2$，而我们熟知，$x^2+y^2=a^2$ 表示以原点 $(0,0)$ 为心，a 为半径的圆周，故 $|z|=a$ 表示以原点 $(0,0)$ 为心，a 为半径的圆周.

（2）令 $z=x+\mathrm{i}y$，$z_0=x_0+\mathrm{i}y_0$，则

$$|z-z_0|^2=(x-x_0)^2+(y-y_0)^2=a^2,$$

表示以点 (x_0,y_0) 为圆心，a 为半径的圆周，所以 $|z-z_0|=a$ 表示以点 z_0 为圆心，a 为半径的圆周．也可以从几何意义的角度理解，与定点距离等于定长的点的集合是圆周，定点 z_0 是圆心，定长 a 是圆的半径.

（3）$|z-z_1|=|z-z_2|$ 表示与定点 z_1,z_2 距离相等的点的集合，即表示线段 z_1z_2 的垂直平分线.

本 章 小 结

本章首先从代数和几何角度介绍了复数，给出了复数的三种表示形式；然后基于复数的指数形式与三角形式得到了复数的乘幂与方根；最后介绍了复平面上的集合与曲线.

1. 复数的定义

引入虚单位 i（满足 $i^2+1=0$），对任意实数 x, y，称 $x+iy$ 或 $x+yi$ 为复数，记作 z，即 $z=x+iy$ 或 $z=x+yi$.

$$\text{复数 } z=x+iy=\begin{cases} x\text{（实数）}, & y=0,\ x\neq 0 \\ iy\text{（纯虚数）}, & y\neq 0,\ x=0 \\ x+iy\text{（虚数）}, & y\neq 0,\ x\neq 0 \end{cases}.$$

2. 复数的四则运算

设 $z_1=x_1+iy_1$， $z_2=x_2+iy_2$，则

$$z_1+z_2=(x_1+iy_1)+(x_2+iy_2)=(x_1+x_2)+i(y_1+y_2);$$

$$z_1-z_2=(x_1+iy_1)-(x_2+iy_2)=(x_1-x_2)+i(y_1-y_2);$$

$$z_1\cdot z_2=(x_1+iy_1)\cdot(x_2+iy_2)=(x_1x_2-y_1y_2)+i(x_1y_2+x_2y_1);$$

$$\frac{z_1}{z_2}=\frac{x_1+iy_1}{x_2+iy_2}=\frac{(x_1+iy_1)(x_2-iy_2)}{(x_2+iy_2)(x_2-iy_2)}=\frac{(x_1x_2+y_1y_2)+i(x_2y_1-x_1y_2)}{x_2^2+y_2^2}\quad (z_2\neq 0).$$

3. 复数的三种表示形式

（1）代数形式： $z=x+iy$；

（2）三角形式： $z=r(\cos\theta+i\sin\theta)$，其中， $r=|z|$， θ 为复数 z 的辐角或辐角主值；

（3）指数形式： $z=re^{i\theta}$，其中， $r=|z|$， θ 为复数 z 的辐角或辐角主值.

4. 辐角主值的计算

$$\arg z=\begin{cases} \arctan\dfrac{y}{x}, & z\text{在第一、四象限及}x\text{轴正半轴} \\ \arctan\dfrac{y}{x}+\pi, & z\text{在第二象限} \\ \arctan\dfrac{y}{x}-\pi, & z\text{在第三象限} \\ \dfrac{\pi}{2}, & z\text{在}y\text{轴正半轴} \\ -\dfrac{\pi}{2}, & z\text{在}y\text{轴负半轴} \end{cases}.$$

5. 辐角的重要性质

$$\begin{cases} \operatorname{Arg}(z_1z_2)=\operatorname{Arg}z_1+\operatorname{Arg}z_2 \\ \operatorname{Arg}\left(\dfrac{z_1}{z_2}\right)=\operatorname{Arg}z_1-\operatorname{Arg}z_2 \end{cases}.$$

6. 棣莫弗公式

$$(\cos\theta + \mathrm{i}\sin\theta)^n = \cos n\theta + \mathrm{i}\sin n\theta, \quad n \in \mathbf{R}.$$

7. 方根

$$\sqrt[n]{z} = \sqrt[n]{|z|}\left(\cos\frac{\theta+2k\pi}{n} + \mathrm{i}\sin\frac{\theta+2k\pi}{n}\right),$$

当 $k = 0,1,\cdots,n-1$ 时，$\sqrt[n]{z}$ 对应 n 个不同的值，在图形上对应于圆内接正 n 边形的 n 个顶点.

8. 常用的集合

（1）有界集：给定集合 D，若存在 $M > 0$，对任意 $z \in D$，都有 $|z| \leqslant M$，则称集合 D 为有界集.

（2）无界集：不是有界集的集合称为无界集.

（3）区域：设 D 为开集，对任意两点 $z_1, z_2 \in D$，若连接 z_1, z_2 的任意折线完全含于集合 D 中，则称 D 为区域，也称为开区域．简单地讲，区域就是连成一片的开集.

（4）闭区域：由区域 D 及边界 ∂D 构成的集合称为闭区域.

9. 常用的曲线

（1）简单曲线：没有重点的连续曲线称为简单曲线.

（2）简单闭曲线：首尾相连的简单曲线称为简单闭曲线.

（3）光滑曲线：若 $x'(t), y'(t)$ 在 $[\alpha, \beta]$ 上连续且 $x'^2(t) + y'^2(t) \neq 0$，则称曲线 C 为光滑曲线.

（4）逐段光滑曲线：由几段光滑曲线依次首尾衔接而成的曲线称为逐段光滑曲线.

【数学家那些事儿】

华罗庚，1910 年出生于江苏省金坛县（现为金坛市），幼时爱动脑筋，1924 年，华罗庚从当时的金坛县立初级中学毕业后进入上海中华职业学校就读，因拿不出学费而中途退学．自此，便开始了他每天 10 个小时以上的自学旅程，5 年时间，他学完了高中和大学低年级的全部数学课程．1930 年春，华罗庚在上海《科学》杂志上发表的《苏家驹之代数的五次方程式解法不能成立之理由》轰动了数学界，得到清华大学数学系主任熊庆来的青睐，并受邀于清华大学工作．工作之余，他自学完成数学系的全部课程并自学了英、法、德、日等语言，又在国外杂志上发表了 3 篇论文．1936 年，经数学家诺伯特·维纳（Norbert Wiener）极力推荐，华罗庚前往英国剑桥大学度过了关键性的两年，其间他对华林问题的研究有了突破性的进展．在英国的哈代–李特伍德学派的影响下，在剑桥大学期间他至少发表论文 15 篇．1938 年，访英回国后，他写出了著名的《堆垒素数论》．1946 年，应纽约普林斯顿大学邀请去美国讲学，并于 1948 年被美国伊利诺依大学聘为终身教授．虽然国外提供的条件十分优越，但仍阻挡不了华罗庚强我中华的决心，数学没有国界，但数学家有自己的祖国. 1950 年，华罗庚毅然回国，并给留美的中国学生写了一封公开信:“朋友们！梁园虽好，非久居之乡. 归去来兮……为了国家民族，我们应当回去……”回国后，华罗庚连续做出了许多令世界瞩目的成果，并且培养了一批优秀的数学人才，其中陈景润、万哲元、陆启铿、王元、潘承洞、段学复等人就是在他的悉心培育下成长起来的优秀学者.

华罗庚在进行理论研究的同时也会努力尝试将数学中的统筹法和优选法应用于实践中，将数学方法与工农业生产相结合，提高工作效率，改变工作管理面貌，从而改善了经济效益.

华罗庚是中国数学巨星，硕果颇丰，是中国解析数论、典型群、矩阵几何学、自守函数论与多复变函数论等研究的创始人与开拓者，在偏微分方程、高维数值积分等领域也有深入研究，在解决高斯完整三角和的估计难题、华林和塔里问题改进、一维射影几何基本定理证明、近代数论方法应用研究等方面有显著成果. 他创立了华氏定理、华-王方法，代表论著为《堆垒素数论》《多复变数函数论中的典型域的调和分析》. 华罗庚当选为中国科学院院士、美国科学院外籍院士、第三世界科学院院士、德国巴伐利亚科学院院士. 1956 年荣获首届国家自然科学奖一等奖，1990 年和王元共同获得陈嘉庚物质科学奖.

1985 年 6 月 12 日，华罗庚因心脏病突发不幸逝世.

习题 1

1. 求下列复数的模和辐角主值.

（1）$3+2i$；　（2）$\dfrac{1}{3+2i}$；　（3）$i^8-4i^{21}+i$；　（4）$-3+3i$；

（5）$-1-3i$.

2. 假设 $\dfrac{a+1+i(b-3)}{5+3i}=1+i$ 成立，试求实数 a,b 的值.

3. 将下列复数的三种形式相互转化.

（1）-1；　（2）$1-i\sqrt{3}$；　（3）$2i$；　（4）$1-\cos\phi+i\sin\phi$；

（5）$\cos\dfrac{\pi}{2}+i\sin\dfrac{\pi}{2}$；　（6）$3\left(\cos\dfrac{\pi}{4}+i\sin\dfrac{\pi}{4}\right)$；

（7）$3e^{\frac{3\pi i}{4}}$.

4. 求下列复数的实部与虚部.

（1）i^{10}；　（2）$(\sqrt{3}-i)^5$；　（3）$(1+i)^6$.

5. 求下列复数的值.

（1）$\sqrt[6]{-1}$；　（2）$(-27i)^{\frac{1}{3}}$；　（3）$\sqrt[2]{1}$.

6. 若 $(1+i)^n=(1-i)^n$，试求 n 的值.

7．证明.

（1）$\overline{z_1 \pm z_2} = \overline{z_1} \pm \overline{z_2}$；（2）$|z|^2 = z \cdot \overline{z}$；

（3）$\overline{z_1 \cdot z_2} = \overline{z_1} \cdot \overline{z_2}$；（4）$\overline{\left(\dfrac{z_1}{z_2}\right)} = \dfrac{\overline{z_1}}{\overline{z_2}} (z_2 \neq 0)$；

（5）$\overline{\overline{z}} = z$；（6）$\mathrm{Re}\, z = \dfrac{z + \overline{z}}{2}$，$\mathrm{Im}\, z = \dfrac{z - \overline{z}}{2\mathrm{i}}$.

8．已知 $z^3 + 8 = 0$，求 z 的值.

9．试求满足下列条件的点集所表示的图形.

（1）$\mathrm{Im}\, z < 3$；（2）$\left|\dfrac{z-1}{z+1}\right| \leqslant 1$；

（3）$0 < \arg z < \pi$；（4）$0 < \arg\left(z - \dfrac{1}{2}\right) < \dfrac{\pi}{4}$.

10．确定满足下列条件的图形，并指出图形是区域还是闭区域，是有界区域还是无界区域，以及是单连通区域还是多连通区域.

（1）$-1 < \arg z < -1 + \pi$；（2）$2 \leqslant |z - \mathrm{i}| \leqslant 3$；

（3）$|z-1| + |z+2| \leqslant 5$；（4）$|z-1| < 2|z+1|$；

（5）$|z+2| \leqslant 3$；（6）$\mathrm{Re}\, z \geqslant 2$；

（7）$2 < \mathrm{Im}\, z < 3$；（8）$|z + \mathrm{i}| = |z - \mathrm{i}|$.

11. 已知 z_1, z_2, z_3 满足 $z_1 + z_2 + z_3 = 0$ 且 $|z_1| = |z_2| = |z_3| = 1$，证明：$z_1, z_2, z_3$ 是圆 $|z| = 1$ 内接正三边形的三个顶点.

12．证明：$z\overline{z} + \overline{a}z + a\overline{z} + c = 0$（$a$ 为复常数，c 为实常数）表示复平面内的圆周.

13．证明：$a\overline{z} - \overline{a}z + c = 0$（$a$ 为复常数，c 为实常数）表示复平面内的直线.

14．已知 $z_1 = 1 + \mathrm{i}(a-1)$，$z_2 = b + \mathrm{i}(b-2)$，$|z_1| = |z_2|$ 且 $\arg\left(\dfrac{z_2}{z_1}\right) = \dfrac{\pi}{2}$，求实数 a, b 的值.

15．求下列方程表示的曲线，t 为参数.

（1）$z = (1+\mathrm{i})t$；（2）$z = t + \dfrac{1}{t}\mathrm{i}$；

（3）$z = t^2 + \dfrac{1}{t^2}\mathrm{i}$；（4）$z = a\cos t + \mathrm{i} b \sin t$（$a, b$ 为实常数）.

时间就像海绵里的水，只要愿挤，总还是有的.

——鲁迅

第2章 解析函数

➢ 复变函数的起源

复变函数论始于18世纪欧拉、达朗贝尔及拉普拉斯的研究工作. 他们在复数与平面向量一一对应［源于高斯、韦塞尔、阿尔冈的贡献］的基础上，分别讨论函数 $f(x+\mathrm{i}y)$ 的实部与虚部，从而对单复变函数理论进行了探讨. 19世纪复变函数论全面兴起，柯西、黎曼、魏尔斯特拉斯是复变函数论的三个主要奠基人.

在复变函数中有着重要作用的关系式

$$\frac{\partial u}{\partial x}=\frac{\partial v}{\partial y}, \quad \frac{\partial u}{\partial y}=-\frac{\partial v}{\partial x} \tag{2-1}$$

是学者们在不同背景下得到的结论. 1752年，在《流体阻尼的一种新理论》中，达朗贝尔考虑了平面上的点 (x,y) 趋于某一定点时复值函数 $u(x,y)+\mathrm{i}v(x,y)$ 导数存在的前提条件. 他注意到所研究的流体的移动路径是任意的，故所求的导数应该与流动路径无关，于是得到 $f(z)=u(x,y)+\mathrm{i}v(x,y)$ 在区域 D 内可导的充要条件是函数的实部 $u(x,y)$ 与虚部 $v(x,y)$ 在区域 D 内可微，并且满足式（2-1）. 达朗贝尔从

$$\mathrm{d}v=M\mathrm{d}x+N\mathrm{d}y, \quad \mathrm{d}u=N\mathrm{d}x-M\mathrm{d}y$$

中导出关系式（2-1），并求出了 u 与 v . 1777年，欧拉在研究复变函数积分 $\int_C f(z)\mathrm{d}z$ 时也得到了关系式（2-1），于是有人称式（2-1）为“达朗贝尔-欧拉条件”.

1814年，柯西在巴黎科学院宣读了《关于定积分理论的报告》，这是他的第一篇有关复变函数的重要论文，在该论文中，以式（2-1）为基础建立了从实函数到复变函数的理论. 1846年，黎曼第一个提出了

$$\frac{\mathrm{d}f}{\mathrm{d}z}=\lim_{\Delta z\to 0}\frac{f(z+\Delta z)-f(z)}{\Delta z}$$

与 Δz 趋于零的方式无关，从而也得到了式（2-1）. 1851年，基于式（2-1）又定义了单值解析函数，并用它们阐明了解析函数的内在特征. 于是，式（2-1）又被称为柯西-黎曼条件或柯西-黎曼方程，简称C-R条件或C-R方程.

1714年，英国数学家科茨在《对数计算》中给出了一个复数定理，用现代符号表示即 $\mathrm{i}v=\ln(\cos v+\mathrm{i}\sin v)$. 1748年，欧拉重新发现了该结果，并改写成 $\mathrm{e}^{\pm\mathrm{i}v}=\cos v\pm\mathrm{i}\sin v$ 的形式. 该等式充分揭示了三角函数与指数函数的密切关系. 欧拉还由此导出了公式

$$(\cos v+\mathrm{i}\sin v)^n=\cos nv+\mathrm{i}\sin nv,$$

该式最早是由法国数学家棣莫弗于1722年发现的（但并未写出最终结果），称为棣莫弗公式. 欧拉最初讨论 n 为整数的棣莫弗公式，后又推广到 n 为任意实数. 1728年，欧拉

还发现了集数学内在统一和数学美于一身的欧拉公式：$e^{i\pi}=-1$，后人将其改写成 $e^{i\pi}+1=0$，该公式兼容了数学中最重要的五个常数和两个运算符号.

柯西在 1846 年曾研究过多值函数，虽然引入了分支切割的概念和其他新的术语，给出了关于复变函数性质的一些更谨慎的叙述，但对极点与支点的区别仍然是混淆的. 德国数学家黎曼澄清了多值函数的概念，建立了多值函数的宽广理论，开创了反函数理论新的发展时期. 他继承并极大地发展了柯西的思想，抓住了解析函数是黎曼面上的函数这个观点（把多值函数的各个分支在 z 平面上的解析区域看作按照某种方式黏合起来的叶片，称为这个函数的黎曼面. 黎曼面的构造因函数的不同而异，并且需要相当的技巧）. 黎曼在柯西研究的基础上，做出了卓有成效的探讨. 他在高斯指导下完成的博士论文《单复变函数的一般理论基础》（1851 年）是复变函数论的一篇基本论文. 在这篇论文中他创造了黎曼面来代替通常的 z 平面，使黎曼面上的 w 值与 z 值一一对应，这样就可以把熟知的单值解析函数的性质推广到黎曼面上，这种方法不仅提供了描绘多值函数的一种途径，使多值函数的定义、分支、支点、支割线等概念有了明显的几何表示和说明，而且有效地使多值函数在黎曼面上成为单值函数. 于是，单值函数的有关定理可以直接推广到多值函数的对应情形.

解析函数是复变函数的主要研究对象，用途广泛，可以运用解析函数的无穷可导性研究控制论或微分方程中的优化；借助解析函数的幂级数展开，对截断函数进行估计；借助解析函数在平面上的解析性，解决信号处理中的复杂积分；等等. 本章首先介绍复变函数的极限、连续及导数，再从复变函数的导数入手介绍解析函数的概念及判定方法，最后介绍几种初等函数及其对应的解析性.

2.1　复变函数的极限与连续

2.1.1　复变函数的定义

自变量为复数的函数称为复变数函数，简称复变函数（自变量为实数的函数称为实变数函数，也就是我们通常说的函数）. 那么，复变函数是如何表示的呢？

给定对应法则 f，对任意 $z\in D$，总有 $w\in F$ 与之对应，即

$$f:D\to F,$$
$$z\to w,$$

记 $w=f(z)$，称 $w=f(z)$ 为对应法则 f 关于自变量 z 的函数，集合 D 为函数的定义域，由 z 对应的所有 w 构成的集合 $\{w\,|\,w=f(z)\}$ 为函数的值域.

若对任意 $z\in D$，存在唯一的 $w\in F$，使得 $w=f(z)$，则称 $w=f(z)$ 为单值函数. 例如，$w=|z|$，$w=z^2$，$w=\arg z$，$w=\dfrac{1}{z^n}$ 都是单值函数.

若对任意 $z\in D$，存在多个 $w\in F$，使得 $w=f(z)$，则称 $w=f(z)$ 为多值函数，如 $w=\mathrm{Arg}\,z$ 有无穷多值，$w=\sqrt[3]{z}$ 有三个不同的值.

若对任意 $w\in F$，总存在 $z\in D$，使得 $w=f(z)$ 成立，则称 z 为 w 的反函数，记作

$z = f^{-1}(w)$．例如，$z = \sqrt[3]{w}$ 为 $w = z^3$ 的反函数．习惯上用 z 表示自变量，所以 $w = f^{-1}(z)$ 表示 $w = f(z)$ 的反函数．例如，$w = \sqrt[3]{z}$ 是 $w = z^3$ 的反函数．

若函数 $w = f(z)$ 与反函数 $z = f^{-1}(w)$ 都是单值函数，则称 $w = f(z)$ 为 1-1 对应函数．

注　（1）这里的反函数与原函数互为反函数．

（2）实函数中的反函数要求 1-1 对应，而复变函数中的反函数不必是 1-1 对应函数．

2.1.2　复变函数的几何意义

我们熟知一元函数的图像在二维空间中的表示，二元函数的图像在三维空间中的表示，那么复变函数是几元函数呢？图像应该如何表示呢？

例如，对于 $w = z^2$，$z = x + \mathrm{i}y$，有

$$w = (x + \mathrm{i}y)^2 = x^2 - y^2 + \mathrm{i}2xy,$$

若记

$$u(x, y) = x^2 - y^2,\quad v(x, y) = 2xy,$$

那么

$$w = z^2 = u(x, y) + \mathrm{i}v(x, y).$$

又如，对于 $w = |z| = \sqrt{x^2 + y^2}$，有 $u(x, y) = \sqrt{x^2 + y^2}$，$v(x, y) = 0$，于是

$$w = |z| = u(x, y) + \mathrm{i}v(x, y).$$

通过上述例子可以看出，$u(x, y), v(x, y)$ 是以 x, y 为自变量的二元函数，而不同的对应法则下的 $u(x, y), v(x, y)$ 也是不同的，故 $w = u(x, y) + \mathrm{i}v(x, y)$ 是两对变量 x, y 与 u, v 之间的关系，无法在同一个平面直接表示．那么，如何直观地表示复变函数的图像呢？在复变函数中，需借助两个复平面表示图像，一个是自变量所在的平面，另一个是因变量所在的平面，通过对应法则，将自变量所表示的图形映射成因变量所表示的图形．

下面通过举例来理解复变函数的几何意义．

例 2.1　试画出函数 $w = z^2$ 的图像，其中，自变量满足以下条件．

（1）z 在第一象限的单位圆周上；

（2）z 在仰角为 $\dfrac{\pi}{3}$ 的直线上；

（3）z 满足 $x^2 - y^2 = 9$ 的双曲线．

解　（1）令 $z = \mathrm{e}^{\mathrm{i}\theta}$，$0 \leqslant \theta \leqslant \dfrac{\pi}{2}$，则 $w = \mathrm{e}^{\mathrm{i}2\theta}$，$0 \leqslant 2\theta \leqslant \pi$，其图像是以原点为圆心的上半单位圆周，如图 2.1 所示．

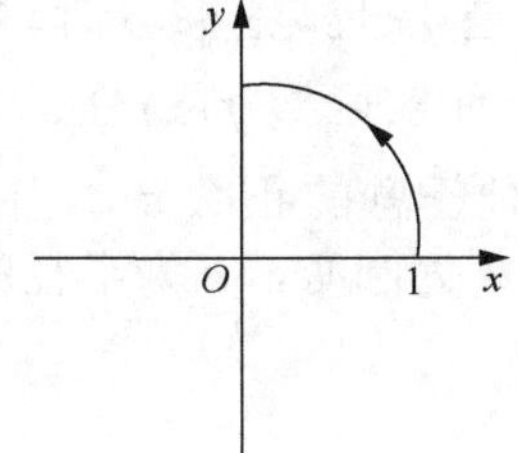

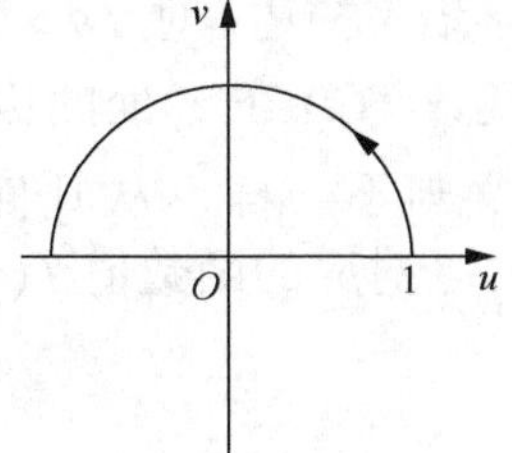

图 2.1

（2）将直线看成两条射线，令$z_1 = r_1 \mathrm{e}^{\mathrm{i}\theta_1}$，$\theta_1 = \dfrac{\pi}{3}$及$z_2 = r_2 \mathrm{e}^{\mathrm{i}\theta_2}$，$\theta_2 = \dfrac{4\pi}{3}$，则$w_1 = r_1^2 \mathrm{e}^{\mathrm{i}2\theta_1}$，$2\theta_1 = \dfrac{2\pi}{3}$，$w_2 = r_2^2 \mathrm{e}^{\mathrm{i}2\theta_2}$，$2\theta_2 = \dfrac{8\pi}{3}$，其图像都是倾角为$\dfrac{2\pi}{3}$的射线，如图 2.2 所示.

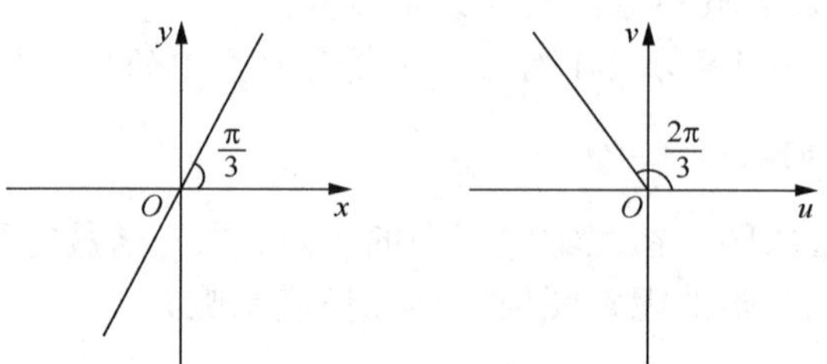

图 2.2

（3）令$z = x + \mathrm{i}y$，则

$$w = z^2 = x^2 - y^2 + \mathrm{i}2xy = 9 + \mathrm{i}2xy,$$

令$u = 9$，$v = 2xy$，其图像是过$u = 9$且垂直于u轴的直线，如图 2.3 所示.

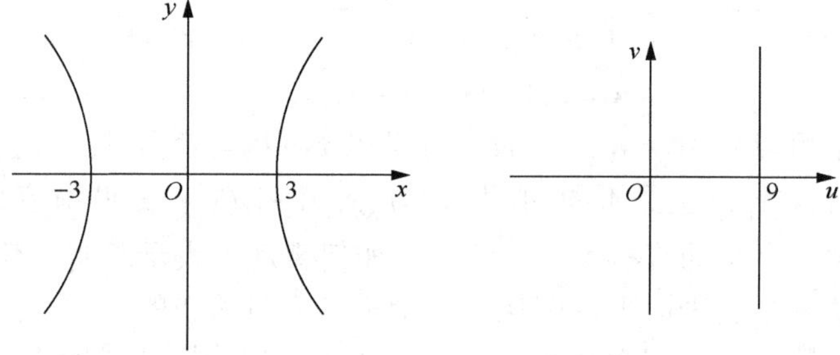

图 2.3

2.1.3　复变函数的极限

正如实函数的极限在数学发展中的重要奠基性地位，复变函数的极限在其性质的研究中也有着重要地位，它是解析函数的基础.

定义 2.1　设函数$f(z)$在z_0的某去心邻域$\mathring{N}_\rho(z_0): 0 < |z - z_0| < \rho$内有定义，如果存在确定的数$A$，对任意$\varepsilon > 0$，总存在$\delta > 0$，当$0 < |z - z_0| < \delta < \rho$时，有$|f(z) - A| < \varepsilon$成立，则称$A$为$z$趋于$z_0$时函数$f(z)$的极限，记作$\lim\limits_{z \to z_0} f(z) = A$或$f(z) \to A$，$z \to z_0$.

“极限”的数学语言描述：对$\forall \varepsilon > 0$，$\exists \delta > 0$，当$0 < |z - z_0| < \delta$时，有$|f(z) - A| < \varepsilon$.

注意到复变函数$f(z)$在z_0处的极限定义与一元实函数$f(x)$在x_0处的极限定义一致，但表示的意义却不一样. 从几何意义上，对任意的正数ε，当z落在去心邻域$0 < |z - z_0| < \delta$内时，对应的函数值$f(z)$都落在以A为圆心，ε为半径的圆内，如图 2.4 所示.

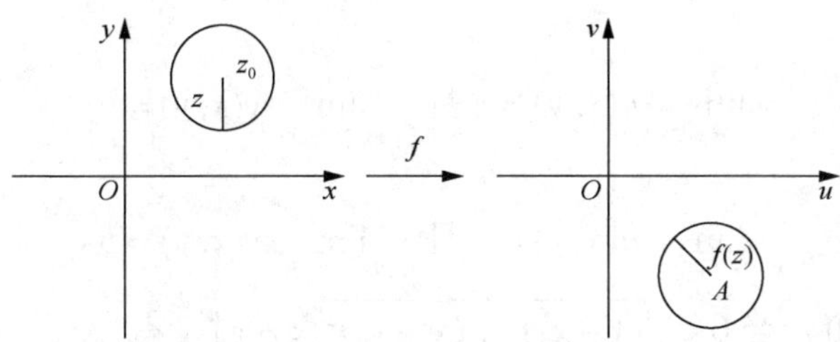

图 2.4

注 这里 $z \to z_0$ 是指 z 沿任意路径趋于 z_0，从数对角度理解 $z \to z_0$ 即 $(x, y) \to (x_0, y_0)$.

极限的定义在证明过程中发挥着重要作用，同时在证明极限不存在方面也有很好的应用.

例 2.2 证明：当 $z \to 0$ 时 $f(z) = \dfrac{\operatorname{Im} z}{z}$ 的极限不存在.

证明 令 $z = x + \mathrm{i}y$，则

$$\frac{\operatorname{Im} z}{z} = \frac{y}{x + \mathrm{i}y} = \frac{xy}{x^2 + y^2} + \mathrm{i}\frac{-y^2}{x^2 + y^2}.$$

于是

$$\lim_{z \to 0}\frac{\operatorname{Im} z}{z} = \lim_{(x,y)\to(0,0)}\frac{y}{x + \mathrm{i}y} = \lim_{\substack{x \to 0 \\ y = kx}}\frac{kx^2}{x^2 + k^2x^2} + \mathrm{i}\frac{-k^2x^2}{x^2 + k^2x^2} = \frac{k}{1 + k^2} + \mathrm{i}\frac{-k^2}{1 + k^2}.$$

当 k 取不同值时极限不唯一，故当 $z \to 0$ 时，$f(z) = \dfrac{\operatorname{Im} z}{z}$ 的极限不存在.

例 2.3 证明：辐角主值 $\arg z\ (-\pi < \arg z \leqslant \pi)$ 在负实轴上的极限不存在.

证明 在负实轴上任取 z_0，当 z 从负实轴下方趋于 z_0 时，$\arg z \to -\pi$；当 z 从负实轴上方趋于 z_0 时，$\arg z \to \pi$. 因 z 在 z_0 的去心邻域内沿不同路径时函数极限不唯一，故 $\lim\limits_{z \to z_0}\arg z$ 不存在，由 z_0 的任意性可知，辐角主值 $\arg z(-\pi < \arg z \leqslant \pi)$ 在负实轴上的极限不存在.

下面给出复变函数求极限的方法.

定理 2.1 $\lim\limits_{z \to z_0} f(z) = A$ 的充要条件为 $\lim\limits_{(x,y)\to(x_0,y_0)} u(x, y) = a$ 且 $\lim\limits_{(x,y)\to(x_0,y_0)} v(x, y) = b$，其中，$f(z) = u(x, y) + \mathrm{i}v(x, y)$，$A = a + \mathrm{i}b$，$z = x + \mathrm{i}y$，$z_0 = x_0 + \mathrm{i}y_0$.

证明 **必要性** 已知 $\lim\limits_{z \to z_0} f(z) = A$，即对 $\forall \varepsilon > 0$，$\exists \delta > 0$，当 $0 < |z - z_0| < \delta$ 时，有 $|f(z) - A| < \varepsilon$，而

$$|f(z) - A| = |[u(x, y) - a] + \mathrm{i}[v(x, y) - b]|,$$

所以

$$|u(x, y) - a| \leqslant |f(z) - A| < \varepsilon，\quad |v(x, y) - b| \leqslant |f(z) - A| < \varepsilon,$$

也就是说，对 $\forall \varepsilon > 0$，$\exists \delta > 0$，当 $0 < |z - z_0| = \sqrt{(x - x_0)^2 + (y - y_0)^2} < \delta$ 时，有

$$|u(x, y) - a| < \varepsilon，\quad |v(x, y) - b| < \varepsilon,$$

即

$$\lim_{(x,y)\to(x_0,y_0)} u(x,y)=a \text{ 且 } \lim_{(x,y)\to(x_0,y_0)} v(x,y)=b .$$

充分性 因为

$$\lim_{(x,y)\to(x_0,y_0)} u(x,y)=a \text{ 且 } \lim_{(x,y)\to(x_0,y_0)} v(x,y)=b ,$$

即对 $\forall\varepsilon>0$ ，$\exists\delta>0$ ，当 $0<\sqrt{(x-x_0)^2+(y-y_0)^2}<\delta$ 时，有

$$|u(x,y)-a|<\frac{\varepsilon}{2}，\quad |v(x,y)-b|<\frac{\varepsilon}{2},$$

那么

$$\begin{aligned}|f(z)-A|&=|[u(x,y)-a]+\mathrm{i}[v(x,y)-b]|\\&\leqslant|u(x,y)-a|+|v(x,y)-b|<\varepsilon,\end{aligned}$$

也就是说，对 $\forall\varepsilon>0$ ，$\exists\delta>0$ ，当 $0<|z-z_0|=\sqrt{(x-x_0)^2+(y-y_0)^2}<\delta$ 时，有

$$|f(z)-A|<\varepsilon ,$$

即

$$\lim_{z\to z_0} f(z)-A .$$

证毕.

定理 2.1 给出了求复变函数极限的方法，只要求出实部、虚部的极限 a 和 b ，则 $a+\mathrm{i}b$ 就是复变函数的极限值.

例 2.4 计算：（1）$\lim\limits_{z\to \mathrm{i}} z^2$ ；（2）$\lim\limits_{z\to 1+\mathrm{i}} \mathrm{e}^x(\cos y+\mathrm{i}\sin y)$.

解 （1）因为

$$z^2=(x+\mathrm{i}y)^2=x^2-y^2+\mathrm{i}2xy ,$$

$$\lim_{(x,y)\to(0,1)} x^2-y^2=-1，\quad \lim_{(x,y)\to(0,1)} 2xy=0 ,$$

所以

$$\lim_{z\to \mathrm{i}} z^2=-1+\mathrm{i}0=-1 .$$

（2）因为

$$\lim_{(x,y)\to(1,1)} \mathrm{e}^x\cos y=\mathrm{e}\cos 1，\quad \lim_{(x,y)\to(1,1)} \mathrm{e}^x\sin y=\mathrm{e}\sin 1 ,$$

所以

$$\lim_{z\to 1+\mathrm{i}} \mathrm{e}^x(\cos y+\mathrm{i}\sin y)=\mathrm{e}(\cos 1+\mathrm{i}\sin 1)=\mathrm{e}^{1+\mathrm{i}} .$$

定理 2.2 若 $\lim\limits_{z\to z_0} f(z)=A$ ，$\lim\limits_{z\to z_0} g(z)=B$ ，则

（1）$\lim\limits_{z\to z_0}[f(z)\pm g(z)]=\lim\limits_{z\to z_0} f(z)\pm\lim\limits_{z\to z_0} g(z)=A\pm B$ ；

（2）$\lim\limits_{z\to z_0} f(z)\cdot g(z)=\lim\limits_{z\to z_0} f(z)\cdot\lim\limits_{z\to z_0} g(z)=A\cdot B$ ；

（3）$\lim\limits_{z\to z_0}\dfrac{f(z)}{g(z)}=\dfrac{\lim\limits_{z\to z_0} f(z)}{\lim\limits_{z\to z_0} g(z)}=\dfrac{A}{B}$ ，$B\neq 0$.

2.1.4 复变函数的连续

设函数 $f(z)$ 在 z_0 的某邻域 $|z-z_0|<\rho$ 内有定义，如果对任意 $\varepsilon>0$，总存在 $\delta>0$，当 $|z-z_0|<\delta<\rho$ 时，有 $|f(z)-f(z_0)|<\varepsilon$ 成立，则称 $f(z)$ 在 z_0 处连续，记作 $\lim\limits_{z\to z_0} f(z)=f(z_0)$ 或 $f(z)\to f(z_0)$，$z\to z_0$.

“连续”的数学语言描述：对 $\forall\varepsilon>0$，$\exists\delta>0$，当 $|z-z_0|<\delta$ 时，有 $|f(z)-f(z_0)|<\varepsilon$.

注 与实函数中连续的定义一致，极限要求函数在 z_0 的去心邻域内有定义，A 为确定的值，而连续要求函数在 z_0 的邻域内有定义，极限值必须是 $f(z_0)$.

下面的定理给出复变函数连续与实部、虚部连续的关系.

定理 2.3 函数 $f(z)$ 在 z_0 处连续的充要条件是 $f(z)$ 的实部、虚部都在 (x_0,y_0) 处连续. 若 $f(z)$ 在区域 D 内每点都连续，则称 $f(z)$ 在区域 D 内连续；若 $f(z)$ 在区域 D 及边界 ∂D 上的每点都连续，则称 $f(z)$ 在闭区域 $\bar{D}$ 上连续.

例 2.5 求 $\lim\limits_{z\to \mathrm{i}} z^2$.

解 因为

$$z^2=(x+\mathrm{i}y)^2=x^2-y^2+\mathrm{i}2xy,$$

并且 $u(x,y)=x^2-y^2$ 与 $v(x,y)=2xy$ 都在(0,1)内连续，所以

$$\lim_{z\to \mathrm{i}} z^2=\mathrm{i}^2=-1.$$

定理 2.4 若 $f(z),g(z)$ 在区域 D 内连续，则

（1）$f(z)\pm g(z)$ 在区域 D 内连续；

（2）$f(z)\cdot g(z)$ 在区域 D 内连续；

（3）$\dfrac{f(z)}{g(z)}$ 在区域 D 内除去分母为零的点外连续.

定理 2.5 若 $w=f(\eta)$ 在 η_0 处连续，$\eta=g(z)$ 在 z_0 处连续，$\eta_0=\lim\limits_{z\to z_0} g(z)$，则复合函数 $w=f[g(z)]$ 在 z_0 处连续.

显然，多项式函数 $P(z)=a_0z^n+a_1z^{n-1}+a_2z^{n-2}+\cdots+a_n$ 在整个复平面内连续；有理分式 $\dfrac{P(z)}{Q(z)}$ [$P(z),Q(z)$ 是互质的多项式函数] 在除去分母为零的点外连续. 若 $f(z)$ 在闭区域 $\bar{D}$ 上连续，则 $f(z)$ 在 $\bar{D}$ 上有界.

例 2.6 求 $\lim\limits_{z\to 1+\mathrm{i}} \dfrac{z^2}{z^2+1-z}$.

解 因为 z^2 与 z^2+1-z 在 $1+\mathrm{i}$ 处连续，所以

$$\lim_{z\to 1+\mathrm{i}} \frac{z^2}{z^2+1-z}=\frac{\lim\limits_{z\to 1+\mathrm{i}} z^2}{\lim\limits_{z\to 1+\mathrm{i}}(z^2+1-z)}=\frac{(1+\mathrm{i})^2}{(1+\mathrm{i})^2+1-(1+\mathrm{i})}=2.$$

2.2　复变函数的导数

复变函数的导数与一元函数导数的定义形式相似，但复变函数的导数要比一元函数的导数严格得多，具有更深刻的意义．本节从导数的定义出发，引出可导的必要条件——柯西-黎曼方程，为判别函数的可导性及解析性做好铺垫，并讨论复变函数导数的几何意义．

2.2.1　导数的定义及运算

设函数 $w=f(z)$ 在区域 D 内有定义，对 $\forall z_0\in D$，$z_0+\Delta z\in D$（Δz 是 z_0 的增量），若

$$\lim_{\Delta z\to 0}\frac{\Delta w}{\Delta z}=\lim_{\Delta z\to 0}\frac{f(z_0+\Delta z)-f(z_0)}{\Delta z}$$

存在且为常值 A，则称 $w=f(z)$ 在 z_0 处可导，称 A 为 $f(z)$ 在 z_0 处的导数，记作

$$\left.\frac{\mathrm{d}f}{\mathrm{d}z}\right|_{z=z_0}=f'(z_0)=A,$$

即

$$f'(z_0)=\lim_{\Delta z\to 0}\frac{\Delta w}{\Delta z}=\lim_{\Delta z\to 0}\frac{f(z_0+\Delta z)-f(z_0)}{\Delta z}.$$

若 $z=z_0+\Delta z$，则

$$f'(z_0)=\lim_{z\to z_0}\frac{f(z)-f(z_0)}{z-z_0}.$$

注　在一元函数的导数中，$\Delta x\to 0$ 是指 Δx 在 0 的左右两侧沿着 x 轴趋于 0 时，函数 $\dfrac{\Delta y}{\Delta x}$ 极限存在且相等；而在复变函数的导数中，$\Delta z\to 0$ 是指 Δz 在以 0 为圆心的去心圆域内以任意方式趋于 0 时，函数 $\dfrac{\Delta w}{\Delta z}$ 极限存在且相等．二者虽然形式一致，但本质不同．

一元函数中可导必连续，连续不一定可导，那么复变函数中可导与连续是否也有相似的结论呢？

若函数 $w=f(z)$ 在 z_0 处可导，则

$$\begin{aligned}&\lim_{z\to z_0}f(z)-f(z_0)\\&=\lim_{z\to z_0}\frac{f(z)-f(z_0)}{z-z_0}(z-z_0)\\&=\lim_{z\to z_0}\frac{f(z)-f(z_0)}{z-z_0}\lim_{z\to z_0}(z-z_0)\\&=f'(z_0)\cdot 0=0.\end{aligned}$$

于是 $\lim\limits_{z\to z_0}f(z)=f(z_0)$，函数 $f(z)$ 在 z_0 处连续．

反过来，函数 $w=f(z)$ 在 z_0 处连续，则 $f(z)$ 在 z_0 处不一定可导．复变函数中连续

但不可导的例子有很多.

例 2.7 讨论 $f(z)=\overline{z}$ 在整个平面内是否连续，以及是否可导.

解 设 $z=x+\mathrm{i}y$，则 $\overline{z}=x-\mathrm{i}y$，函数的实部、虚部都是平面内的连续函数，故 $f(z)=\overline{z}$ 在整个平面内连续. 对平面上任一点 z_0，$\Delta z=z-z_0=\Delta x+\mathrm{i}\Delta y$，$\Delta w=\overline{z}-\overline{z}_0=\overline{z-z_0}=\overline{\Delta z}$，于是

$$f'(z_0)=\lim_{\Delta z\to 0}\frac{\Delta w}{\Delta z}=\lim_{\Delta z\to 0}\frac{\overline{\Delta z}}{\Delta z}=\begin{cases}\lim\limits_{\Delta z\to 0}\dfrac{\Delta x}{\Delta x}=1, & \Delta z\text{沿}x\text{轴趋于}0\\ \lim\limits_{\Delta z\to 0}\dfrac{-\mathrm{i}\Delta y}{\mathrm{i}\Delta y}=-1, & \Delta z\text{沿}y\text{轴趋于}0\end{cases},$$

极限不唯一，故 $f(z)=\overline{z}$ 在 z_0 处不可导. 由 z_0 的任意性可知，$f(z)$ 在平面内处处不可导.

例 2.8 讨论 $f(z)=\mathrm{Re}\,z$ 在复平面内的连续性与可导性.

解 设 $z=x+\mathrm{i}y$，则 $\mathrm{Re}\,z=x$，故 $\mathrm{Re}\,z$ 在整个平面内连续. 对平面上任一点 z_0，有

$$\lim_{z\to z_0}\frac{\mathrm{Re}\,z-\mathrm{Re}\,z_0}{z-z_0}=\lim_{\substack{x\to x_0\\ y=kx}}\frac{x-x_0}{(x-x_0)+\mathrm{i}(y-y_0)}=\frac{1}{1+\mathrm{i}k},$$

当 k 取不同值时，$\dfrac{1}{1+\mathrm{i}k}$ 对应不同的值，故极限不唯一. 于是 $f(z)=\mathrm{Re}\,z$ 在 z_0 处不可导. 由 z_0 的任意性可知，$f(z)=\mathrm{Re}\,z$ 在整个平面内处处不可导.

因此，在复变函数中，仍满足可导必连续，连续不一定可导.

下面讨论可导与可微的关系.

因为 $f'(z_0)=\lim\limits_{\Delta z\to 0}\dfrac{\Delta w}{\Delta z}$，所以 $\dfrac{\Delta w}{\Delta z}=f'(z_0)+\eta_1$，其中，$\lim\limits_{\Delta z\to 0}\eta_1=0$，即

$$\Delta w=f'(z_0)\Delta z+\eta,$$

这里 $\eta=\eta_1\Delta z$，$|\eta|=|\eta_1||\Delta z|$ 是比 $|\Delta z|$ 高阶的无穷小，称函数 $w=f(z)$ 在 z_0 处可微，$f'(z_0)\Delta z$ 为 $f(z)$ 在 z_0 处的微分，记作 $\mathrm{d}w=f'(z_0)\Delta z$.

一般地，记 $\mathrm{d}z=\Delta z$，则

$$\mathrm{d}w=f'(z_0)\mathrm{d}z,$$

进一步得到 $\dfrac{\mathrm{d}w}{\mathrm{d}z}=f'(z_0)$，即导数就是微分与微分的商，简称微商. 由此可见，复变函数可导与可微等价.

函数 $f(z)$ 连续但不可微的例子很容易构造，如 $\overline{z},\mathrm{Im}\,z,|z|$ 等，但在实函数中要构造一个这样的函数并非易事.

例 2.9 试证函数 $f(z)=z^n$（n 为正整数）在 z 平面内处处可微，且 $(z^n)'=nz^{n-1}$.

证明 在平面上任取定一点 z，有

$$\begin{aligned}f'(z)&=\lim_{\Delta z\to 0}\frac{(z+\Delta z)^n-z^n}{\Delta z}\\&=\lim_{\Delta z\to 0}\left[nz^{n-1}+\frac{n(n-1)}{2}z^{n-2}\Delta z+\cdots+(\Delta z)^{n-1}\right]\\&=nz^{n-1},\end{aligned}$$

由 z 的任意性可知，$f(z)=z^n$ 在复平面内处处可微.

若函数 $f(z)$ 在区域 D 内处处可导，则称 $f(z)$ 在区域 D 内可导．显然，区域 D 内的可导与可微等价.

注意到复变函数的导数定义与实函数中的导数定义形式一致，实函数的求导法则基于导数的定义，这里不加证明地得到复变函数导数的运算法则.

定理 2.6　若 $f(z),g(z)$ 在区域 D 内可导，则

（1）$[f(z)\pm g(z)]'=f'(z)\pm g'(z)$；

（2）$[f(z)\cdot g(z)]'=f'(z)g(z)+f(z)g'(z)$；

（3）$\left[\dfrac{f(z)}{g(z)}\right]'=\dfrac{f'(z)g(z)-f(z)g'(z)}{g^2(z)}[g(z)\neq 0]$；

（4）$\{f[g(z)]\}'=f'[g(z)]\cdot g'(z)$；

（5）$f'(z)=\dfrac{1}{\phi'(w)}$，其中，$w=f(z)$ 与 $z=\phi(w)$ 互为反函数，$z=\phi(w)$ 是可导的单值函数且 $\phi'(w)\neq 0$.

（6）若函数 $f(z)$ 与 $g(z)$ 在 z_0 处可导，且 $f(z_0)=g(z_0)=0$，$g'(z_0)\neq 0$，则

$$\lim_{z\to z_0}\frac{f(z)}{g(z)}=\frac{f'(z_0)}{g'(z_0)}.$$

例 2.10　已知 $f(z)=\dfrac{2z}{(z-1)^2}$，求 $f(z)$ 在 $z=2$ 处的导数.

解　因为

$$f'(z)=\frac{2(z-1)^2-4z(z-1)}{(z-1)^4}=\frac{2-2z^2}{(z-1)^4},$$

所以

$$f'(2)=\left.\frac{2-2z^2}{(z-1)^4}\right|_{z=2}=-6.$$

例 2.11　求 $\lim\limits_{z\to 1}\dfrac{(z-1)^2}{z^2+z-2}$.

解　因为 $f(z)=(z-1)^2$ 与 $g(z)=z^2+z-2$ 在 $z=1$ 处解析，且 $f(1)=g(1)=0$，$g'(1)=3$，所以

$$\lim_{z\to 1}\frac{(z-1)^2}{z^2+z-2}=\left.\frac{2z-2}{2z+1}\right|_{z=1}=0.$$

2.2.2　可导的必要条件

设 $f(z)=u(x,y)+\mathrm{i}v(x,y)$，$z=x+\mathrm{i}y$，$z_0=x_0+\mathrm{i}y_0$，若函数 $w=f(z)$ 在 z_0 处可导，则

$$\begin{aligned}f'(z_0)&=\lim_{z\to z_0}\frac{f(z)-f(z_0)}{z-z_0}\\&=\lim_{z\to z_0}\frac{[u(x,y)-u(x_0,y_0)]+\mathrm{i}[v(x,y)-v(x_0,y_0)]}{(x-x_0)+\mathrm{i}(y-y_0)},\end{aligned}$$

当 z 沿着平行于 x 轴的方向趋于 z_0 时，有

$$f'(z_0)=\lim_{z\to z_0}\frac{[u(x,y_0)-u(x_0,y_0)]+\mathrm{i}[v(x,y_0)-v(x_0,y_0)]}{(x-x_0)+\mathrm{i}(y_0-y_0)}$$
$$=u_x(x_0,y_0)+\mathrm{i}v_x(x_0,y_0)\,,\tag{2-2}$$

当 z 沿着平行于 y 轴的方向趋于 z_0 时，有

$$f'(z_0)=\lim_{z\to z_0}\frac{[u(x_0,y)-u(x_0,y_0)]+\mathrm{i}[v(x_0,y)-v(x_0,y_0)]}{(x_0-x_0)+\mathrm{i}(y-y_0)}$$
$$=v_y(x_0,y_0)+\frac{1}{\mathrm{i}}u_y(x_0,y_0)$$
$$=v_y(x_0,y_0)-\mathrm{i}u_y(x_0,y_0)\,,\tag{2-3}$$

结合式（2-2）和式（2-3），可知

$$u_x(x_0,y_0)+\mathrm{i}v_x(x_0,y_0)=v_y(x_0,y_0)-\mathrm{i}u_y(x_0,y_0)\,,$$

因此

$$\begin{cases}u_x(x_0,y_0)=v_y(x_0,y_0)\\ u_y(x_0,y_0)=-v_x(x_0,y_0)\end{cases}.\tag{2-4}$$

式（2-4）揭示了可导函数的实部与虚部之间的关系．这个关系是由柯西和黎曼在研究流体力学时发现的，故称式（2-4）为**柯西-黎曼方程**或**柯西-黎曼条件**，简记 C-R 方程或 C-R 条件．

于是，得到如下结论．

定理 2.7（必要条件）　设函数 $f(z)=u(x,y)+\mathrm{i}v(x,y)$ 在区域 D 内有定义，在 z_0 $(z_0\in D)$ 处可导，那么

（1）偏导数 $\frac{\partial u}{\partial x},\frac{\partial u}{\partial y},\frac{\partial v}{\partial x},\frac{\partial v}{\partial y}$ 在点 (x_0,y_0) 处存在；

（2）$u(x,y)\,,v(x,y)$ 在点 (x_0,y_0) 处满足柯西-黎曼方程：$\begin{cases}u_x(x_0,y_0)=v_y(x_0,y_0)\\ u_y(x_0,y_0)=-v_x(x_0,y_0)\end{cases}$.

定理 2.7 是否也是充分条件呢？先看一个例子．

考虑 $f(z)=\sqrt{|xy|}$ 在 $z=0$ 处的可导性．因为 $u(x,y)=\sqrt{|xy|}$，$v(x,y)=0$，

$$u_x(0,0)=\lim_{\Delta x\to 0}\frac{u(0+\Delta x,0)-u(0,0)}{\Delta x}=0=v_y(0,0)\,,$$
$$u_y(0,0)=\lim_{\Delta x\to 0}\frac{u(0,0+\Delta y)-u(0,0)}{\Delta y}=0=-v_x(0,0)\,,$$

但是

$$\lim_{\Delta z\to 0}\frac{f(0+\Delta z)-f(0)}{\Delta z}=\lim_{\substack{\Delta x\to 0\\ \Delta y=k\Delta x}}\frac{\sqrt{|\Delta x\Delta y|}}{\Delta x+\mathrm{i}\Delta y}=\frac{\sqrt{|k|}}{1+\mathrm{i}k}\,,$$

$\frac{\sqrt{|k|}}{1+\mathrm{i}k}$ 随 k 的变化而变化，极限不唯一，所以函数 $f(z)=\sqrt{|xy|}$ 在 $z=0$ 处不可导．该例表明偏导数存在且满足柯西-黎曼方程的条件较弱，需要适当加强条件，才可得到可导

的充分条件.

定理 2.8（**充分条件**）　若二元函数 $u(x,y)$, $v(x,y)$ 在点 (x_0,y_0) 处可微，且在点 (x_0,y_0) 处满足柯西-黎曼方程，则函数 $f(z)$ 在 z_0 处可导.

证明　因为 $u(x,y)$, $v(x,y)$ 在点 (x_0,y_0) 处可微，根据可微的定义，有

$$\Delta u(x,y)=u_x(x_0,y_0)\Delta x+u_y(x_0,y_0)\Delta y+\rho_1,$$

$$\Delta v(x,y)=v_x(x_0,y_0)\Delta x+v_y(x_0,y_0)\Delta y+\rho_2,$$

其中，ρ_1,ρ_2 是 $\sqrt{(\Delta x)^2+(\Delta y)^2}$ 的高阶无穷小．而

$$\begin{aligned}\Delta w&=\Delta u(x,y)+\mathrm{i}\Delta v(x,y)\\&=u_x(x_0,y_0)\Delta x+u_y(x_0,y_0)\Delta y+\mathrm{i}[v_x(x_0,y_0)\Delta x+v_y(x_0,y_0)\Delta y]+\rho_1+\mathrm{i}\rho_2,\end{aligned}$$

因为函数满足柯西-黎曼方程，所以

$$\begin{aligned}\Delta w&=[u_x(x_0,y_0)+\mathrm{i}v_x(x_0,y_0)]\Delta x+\mathrm{i}[u_x(x_0,y_0)+\mathrm{i}v_x(x_0,y_0)]\Delta y+\rho_1+\mathrm{i}\rho_2,\\&=[u_x(x_0,y_0)+\mathrm{i}v_x(x_0,y_0)](\Delta x+\mathrm{i}\Delta y)+(\rho_1+\mathrm{i}\rho_2),\end{aligned}$$

因此

$$\begin{aligned}\lim_{\Delta z\to 0}\frac{\Delta w}{\Delta z}&=u_x(x_0,y_0)+\mathrm{i}v_x(x_0,y_0)+\lim_{\Delta z\to 0}\frac{\rho_1+\mathrm{i}\rho_2}{\Delta z}\\&=u_x(x_0,y_0)+\mathrm{i}v_x(x_0,y_0).\end{aligned}$$

证毕.

定理 2.8 给出了计算复变函数导数的另一种途径，即只需知道函数的实部与虚部，而不必将函数转化成自变量为 z 的函数，就可以直接得到函数在某点处的导数.

设函数 $f(z)=u(x,y)+\mathrm{i}v(x,y)$ 在区域 D 内可导，则

$$\begin{aligned}f'(z)&=u_x(x,y)+\mathrm{i}v_x(x,y)=u_x(x,y)-\mathrm{i}u_y(x,y)\\&=v_y(x,y)+\mathrm{i}v_x(x,y)=v_y(x,y)-\mathrm{i}u_y(x,y).\end{aligned}$$

例 2.12　已知函数 $f(z)=x^2-y^2+\mathrm{i}2xy$ 可导，求其导数.

解　因为

$$\frac{\partial u}{\partial x}=2x,\quad \frac{\partial v}{\partial x}=2y,$$

所以

$$f'(z)=\frac{\partial u}{\partial x}+\mathrm{i}\frac{\partial v}{\partial x}=2x+\mathrm{i}2y.$$

例 2.13　已知函数 $f(z)=\mathrm{e}^x(\cos y+\mathrm{i}\sin y)$ 在点(1,2)处可导，求其导数.

解　因为

$$f'(z)=u_x(x,y)+\mathrm{i}v_x(x,y)=\mathrm{e}^x\cos y+\mathrm{i}\,\mathrm{e}^x\sin y,$$

所以

$$f'(1+2\mathrm{i})=\mathrm{e}^x\cos y\,|_{(1,2)}+\mathrm{i}\,\mathrm{e}^x\sin y\,|_{(1,2)}=\mathrm{e}(\cos 2+\mathrm{i}\sin 2).$$

结合定理 2.7 与定理 2.8，得到判断函数可导的充要条件.

定理 2.9　函数 $f(z)=u(x,y)+\mathrm{i}v(x,y)$ 在 z_0 处可导的充要条件：

（1）二元函数 $u(x,y)$, $v(x,y)$ 在点 (x_0,y_0) 处可微；

（2）$u(x,y),v(x,y)$ 在点 (x_0,y_0) 处满足柯西-黎曼方程．

证明　必要性　设函数 $f(z)=u(x,y)+\mathrm{i}v(x,y)$，$z_0=x_0+\mathrm{i}y_0$，$\Delta z=\Delta x+\mathrm{i}\Delta y$，$\Delta w=\Delta u(x,y)+\mathrm{i}\Delta v(x,y)$，$f'(z_0)=a+\mathrm{i}b$．因为 $f(z)$ 在 z_0 处可导，即 $\lim\limits_{\Delta z\to 0}\dfrac{\Delta w}{\Delta z}=f'(z_0)$，所以

$$\Delta w=f'(z_0)\Delta z+\eta\Delta z,$$

其中，$\lim\limits_{\Delta z\to 0}\eta=0$，$\eta=\eta_1+\mathrm{i}\eta_2$，也即

$$\begin{aligned}\Delta u(x,y)+\mathrm{i}\Delta v(x,y)&=(a+\mathrm{i}b)(\Delta x+\mathrm{i}\Delta y)+(\eta_1+\mathrm{i}\eta_2)(\Delta x+\mathrm{i}\Delta y)\\&=a\Delta x-b\Delta y+\eta_1\Delta x-\eta_2\Delta y+\mathrm{i}(b\Delta x+a\Delta y+\eta_2\Delta x+\eta_1\Delta y),\end{aligned}$$

于是

$$\Delta u(x,y)=a\Delta x-b\Delta y+\eta_1\Delta x-\eta_2\Delta y,$$
$$\Delta v(x,y)=b\Delta x+a\Delta y+\eta_2\Delta x+\eta_1\Delta y.$$

因为 $\lim\limits_{\Delta z\to 0}\eta=0$，所以

$$\lim_{\Delta z\to 0}\frac{\eta_1\Delta x-\eta_2\Delta y}{\Delta z}=0 \text{ 且 } \lim_{\Delta z\to 0}\frac{\eta_2\Delta x+\eta_1\Delta y}{\Delta z}=0.$$

由函数可微的定义知，$u(x,y),v(x,y)$ 在点 (x_0,y_0) 处可微，且

$$u_x(x_0,y_0)=a=v_y(x_0,y_0),\quad u_y(x_0,y_0)=-b=-v_x(x_0,y_0).$$

充分性　因为 $u(x,y),v(x,y)$ 在点 (x_0,y_0) 处可微，所以

$$\Delta u(x,y)=u_x(x_0,y_0)\Delta x+u_y(x_0,y_0)\Delta y+\rho_1,$$
$$\Delta v(x,y)=v_x(x_0,y_0)\Delta x+v_y(x_0,y_0)\Delta y+\rho_2,$$

其中，$\rho_1=o\left[\sqrt{(\Delta x)^2+(\Delta y)^2}\right]$，$\rho_2=o\left[\sqrt{(\Delta x)^2+(\Delta y)^2}\right]$，而

$$\begin{aligned}\Delta w&=\Delta u+\mathrm{i}\Delta v\\&=u_x(x_0,y_0)\Delta x+u_y(x_0,y_0)\Delta y+\mathrm{i}[v_x(x_0,y_0)\Delta x+v_y(x_0,y_0)\Delta y]+\rho_1+\mathrm{i}\rho_2\\&=[u_x(x_0,y_0)+\mathrm{i}v_x(x_0,y_0)]\Delta x+[u_y(x_0,y_0)+\mathrm{i}v_y(x_0,y_0)]\Delta y+\rho_1+\mathrm{i}\rho_2,\end{aligned}$$

又因为 $u(x,y),v(x,y)$ 在点 (x_0,y_0) 处满足柯西-黎曼方程，所以

$$\begin{aligned}\Delta w&=[u_x(x_0,y_0)+\mathrm{i}v_x(x_0,y_0)]\Delta x+[-v_x(x_0,y_0)+\mathrm{i}u_x(x_0,y_0)]\Delta y+\rho_1+\mathrm{i}\rho_2\\&=[u_x(x_0,y_0)+\mathrm{i}v_x(x_0,y_0)]\Delta x+\mathrm{i}[u_x(x_0,y_0)+\mathrm{i}v_x(x_0,y_0)]\Delta y+\rho_1+\mathrm{i}\rho_2\\&=[u_x(x_0,y_0)+\mathrm{i}v_x(x_0,y_0)](\Delta x+\mathrm{i}\Delta y)+\rho_1+\mathrm{i}\rho_2.\end{aligned}$$

因此

$$\lim_{\Delta z\to 0}\frac{\Delta w}{\Delta z}=u_x(x_0,y_0)+\mathrm{i}v_x(x_0,y_0)=f'(z_0).$$

证毕．

实函数中判别函数可微的充分条件：若二元函数 $u(x,y)$ 在点 (x_0,y_0) 处的偏导数存在且连续，则函数 $u(x,y)$ 在点 (x_0,y_0) 处可微．于是，得到结论：

定理 2.10 函数 $f(z)=u(x,y)+\mathrm{i}v(x,y)$ 在 z_0 处可导的充要条件：

（1）偏导数 $\dfrac{\partial u}{\partial x},\dfrac{\partial u}{\partial y},\dfrac{\partial v}{\partial x},\dfrac{\partial v}{\partial y}$ 在点 (x_0,y_0) 处存在且连续；

（2）$u(x,y),v(x,y)$ 在点 (x_0,y_0) 处满足柯西-黎曼方程.

函数在区域 D 内可导的判别定理自然成立.

定理 2.11 函数 $f(z)=u(x,y)+\mathrm{i}v(x,y)$ 在区域 D 内可导的充要条件：

（1）二元函数 $u(x,y),v(x,y)$ 在区域 D 内可微分；

（2）$u(x,y),v(x,y)$ 在区域 D 内满足柯西-黎曼方程.

定理 2.12 函数 $f(z)=u(x,y)+\mathrm{i}v(x,y)$ 在区域 D 内可导的充要条件：

（1）偏导数 $\dfrac{\partial u}{\partial x},\dfrac{\partial u}{\partial y},\dfrac{\partial v}{\partial x},\dfrac{\partial v}{\partial y}$ 在区域 D 内存在且连续；

（2）$u(x,y),v(x,y)$ 在区域 D 内满足柯西-黎曼方程.

例 2.14 判断下列函数是否可导.

（1）$f(z)=\overline{z}$；（2）$f(z)=x^2-y^2-x+\mathrm{i}(2xy-y^2)$.

解 （1）$\overline{z}=x+\mathrm{i}(-y)$，$u(x,y)=x$，$v(x,y)=-y$，因为 $u_x=1$，$u_y=0$，$v_x=0$，$v_y=-1$，四个偏导数在复平面内存在且连续，而 $u_x=1\neq v_y=-1$，故柯西-黎曼方程在任何点处都不满足. 于是 $\overline{z}$ 在复平面内处处不可导.

（2）已知 $u(x,y)=x^2-y^2-x$，$v(x,y)=2xy-y^2$，则

$$u_x=2x-1，\quad u_y=-2y，\quad v_x=2y，\quad v_y=2x-2y，$$

四个偏导数在复平面内存在且连续，又假设柯西-黎曼方程成立，即 $2x-1=2x-2y$，得到 $y=\dfrac{1}{2}$，于是柯西-黎曼方程在直线 $y=\dfrac{1}{2}$ 上处处成立. 因此，函数在直线 $y=\dfrac{1}{2}$ 上处处可导.

2.2.3 导数的几何意义

思考 *在实函数 $y=f(x)$ 中，$f'(x_0)$ 表示函数 $f(x)$ 在 x_0 处切线的斜率，那么复变函数在一点处的导数 $f'(z_0)$ 表示什么意义呢？*

设函数 $f(z)$ 在 z_0 的某邻域内可导且 $f'(z_0)\neq 0$，研究 $f'(z_0)$ 的辐角 $\mathrm{Arg}\,f'(z_0)$ 和模 $|f'(z_0)|$.

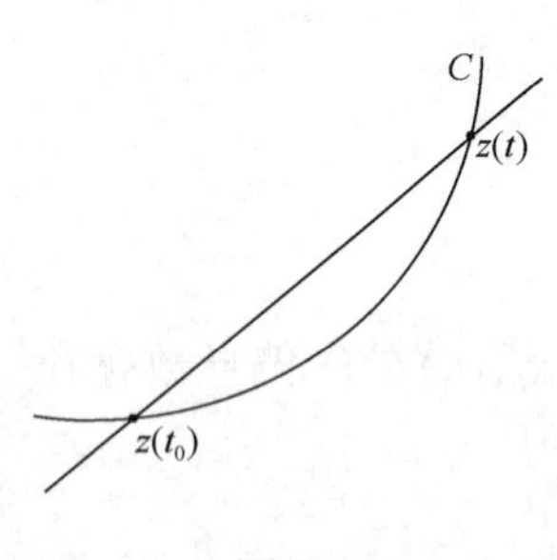

图 2.5

设曲线 C 是复平面上过 z_0 的简单光滑曲线，其参数方程为 $C:z=z(t)$，$\alpha\leqslant t\leqslant\beta$，$z_0=z(t_0)$，沿着 t 增大的方向规定为曲线 C 的方向. 在曲线 C 上取一点 $z(t)$，如图 2.5 所示，则割线的斜率为 $\dfrac{z(t)-z(t_0)}{t-t_0}$. 当 t 无限趋于 t_0 时，得到曲线 C 在 z_0 处的切线的斜率：$\lim\limits_{t\to t_0}\dfrac{z(t)-z(t_0)}{t-t_0}=z'(t_0)$.

割线 z_0z 的方向与斜率 $\dfrac{z(t)-z(t_0)}{t-t_0}$ 的方向一致，故 $t\to t_0$ 时

切线的方向与 $z'(t_0)$ 的方向一致，所以过 z_0 的切线的方向为 $\operatorname{Arg} z'(t_0)$．

函数 $w=f(z)$ 将曲线 C 映射成曲线 Γ，将 z_0 对应于 w_0，则曲线 Γ 的参数方程为 $w(t)=f[z(t)]$，$\alpha \leqslant t \leqslant \beta$，$\Gamma$ 的方向仍与 t 增大的方向一致，则 $w'(t_0)=f'(z_0)\cdot z'(t_0)\neq 0$，曲线 Γ 在 w_0 处的切线存在，$w'(t_0)$ 所表示的函数的辐角为

$$\operatorname{Arg} w'(t_0)=\operatorname{Arg}[f'(z_0)z'(t_0)]=\operatorname{Arg} f'(z_0)+\operatorname{Arg} z'(t_0),$$

则

$$\operatorname{Arg} w'(t_0)-\operatorname{Arg} z'(t_0)=\operatorname{Arg} f'(z_0). \tag{2-5}$$

式（2-5）表明函数的导数在 z_0 处的辐角与 z_0 处切线变到 w_0 处切线的转动角（可以理解为将 z 平面与 w 平面的横轴正方向与纵轴正方向重合，曲线 C 与曲线 Γ 在同一平面内时表示切线的转动角）一致．

注 $\operatorname{Arg} f'(z_0)$ 与曲线的形状及方向无关．

若过 z_0 有两条光滑曲线 $C_i(\mathrm{i}=1,2)$，它们在 z_0 处的切线与 x 轴正方向的夹角分别为 $\theta_i(\mathrm{i}=1,2)$，$w_0=f(z_0)$ 为 z_0 对应于 w 平面内的像，$w=f(z)$ 将 $C_i(\mathrm{i}=1,2)$ 分别映射成 $\Gamma_i(\mathrm{i}=1,2)$，Γ_i 在 w_0 处的切线与 u 轴正方向夹角分别为 $\psi_i(\mathrm{i}=1,2)$，如图 2.6 所示，则

$$\psi_1-\theta_1=\operatorname{Arg} f'(z_0),\quad \psi_2-\theta_2=\operatorname{Arg} f'(z_0),$$

于是，$\theta_2-\theta_1=\psi_2-\psi_1$，即 z 平面内两曲线 $C_i(\mathrm{i}=1,2)$ 在 z_0 处的切线夹角与 w 平面内对应于两曲线 $\Gamma_i(\mathrm{i}=1,2)$ 在 w_0 处切线的夹角大小相等，方向相同，这种性质称为保角性．

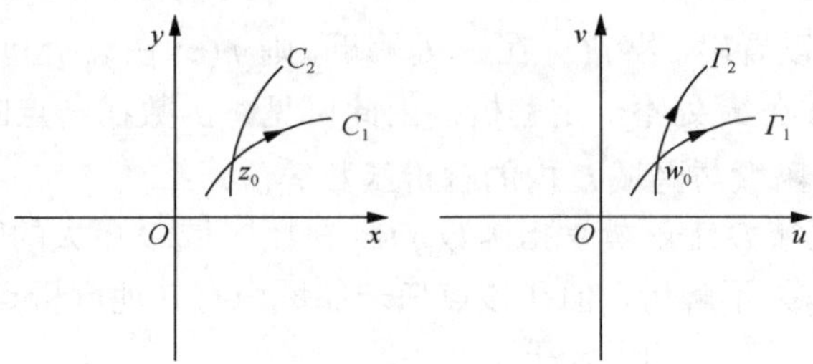

图 2.6

下面讨论 $|f'(z_0)|$．

因为

$$f'(z_0)=\lim_{z\to z_0}\frac{f(z)-f(z_0)}{z-z_0}=\lim_{z\to z_0}\frac{w-w_0}{z-z_0},$$

曲线 $C: z=z(t)\ (\alpha \leqslant t \leqslant \beta)$ 上由 z_0 到 z 的弧长记为 $\widehat{z_0 z}$，则 C 在 $f(z)$ 下的像 Γ：$w=f[z(t)]\ (\alpha \leqslant t \leqslant \beta)$ 从 w_0 到 w 的弧长记为 $\widehat{w_0 w}$，于是

$$\begin{aligned}|f'(z_0)|&=\lim_{z\to z_0}\left|\frac{f(z)-f(z_0)}{z-z_0}\right|=\lim_{z\to z_0}\left|\frac{w-w_0}{z-z_0}\right|\\&=\lim_{z\to z_0}\frac{|w-w_0|}{\widehat{w_0 w}}\cdot\frac{\widehat{w_0 w}}{\widehat{z_0 z}}\cdot\frac{\widehat{z_0 z}}{|z-z_0|}=\lim_{z\to z_0}\frac{\widehat{w_0 w}}{\widehat{z_0 z}}\end{aligned} \tag{2-6}$$

成立，其中，

$$\lim_{z\to z_0}\frac{|w-w_0|}{\overset{\frown}{w_0 w}}=1,\quad \lim_{z\to z_0}\frac{\overset{\frown}{z_0 z}}{|z-z_0|}=1.$$

式（2-6）表明，

$$\frac{\overset{\frown}{w_0 w}}{\overset{\frown}{z_0 z}}\approx|f'(z_0)|,\quad \overset{\frown}{w_0 w}\approx|f'(z_0)|\overset{\frown}{z_0 z},$$

即曲线 Γ 上的弧长 $\overset{\frown}{w_0 w}$ 与 C 上的弧长 $\overset{\frown}{z_0 z}$ 近似成比例．若 $|f'(z_0)|>1$，则 Γ 上对应的弧长伸长；若 $|f'(z_0)|<1$，则 Γ 上对应的弧长缩短；若 $|f'(z_0)|=1$，则曲线 Γ 与曲线 C 上的弧长近似相等．比例值 $|f'(z_0)|$ 与曲线 C 的形状及方向无关，称 $|f'(z_0)|$ 为曲线 C 在 z_0 处的伸缩率．

2.3　解析函数

解析函数是复变函数的主要研究对象，本节讨论解析函数的判别方法．

若函数 $f(z)$ 在 z_0 的某邻域内处处可导，则称函数 $f(z)$ 在 z_0 处解析．若函数 $f(z)$ 在区域 D 内处处可导，则称函数 $f(z)$ 在区域 D 内解析，或称 $f(z)$ 是定义在区域 D 内的解析函数．

从解析的定义可以看出，若 $f(z)$ 在 z_0 处解析，则 $f(z)$ 在 z_0 处可导；反过来，若 $f(z)$ 在 z_0 处可导，则 $f(z)$ 在 z_0 处不一定解析．由此可见，函数在一点的解析要比可导强得多．区域 D 内的可导函数与区域 D 内的解析函数等价．

函数 $f(z)$ 在闭区域 $\bar{D}$ 上解析是指函数 $f(z)$ 在比区域 D 更大的范围内处处可导．

若函数 $f(z)$ 在 z_0 处不解析，但在该点任一邻域内有其他解析点，则称 z_0 为 $f(z)$ 的奇点．例如，$z=1$ 是 $f(z)=\dfrac{1}{z-1}$ 的奇点．

根据函数解析与可导的关系，得到下面的结论．

定理 2.13　函数 $f(z)=u(x,y)+\mathrm{i}v(x,y)$ 在区域 D 内解析的充要条件：

（1）二元函数 $u(x,y),v(x,y)$ 在区域 D 内可微分；

（2）$u(x,y),v(x,y)$ 在区域 D 内满足柯西–黎曼方程．

定理 2.14　函数 $f(z)=u(x,y)+\mathrm{i}v(x,y)$ 在区域 D 内解析的充要条件：

（1）偏导数 $\dfrac{\partial u}{\partial x},\dfrac{\partial u}{\partial y},\dfrac{\partial v}{\partial x},\dfrac{\partial v}{\partial y}$ 在区域 D 内存在且连续；

（2）$u(x,y),v(x,y)$ 在区域 D 内满足柯西–黎曼方程．

定理 2.15　若函数 $f(z)$ 与 $g(z)$ 在区域 D 内解析，则

（1）$f(z)\pm g(z)$ 在区域 D 内解析；

（2）$f(z)\cdot g(z)$ 在区域 D 内解析；

（3）$\dfrac{f(z)}{g(z)}$ 在区域 D 内除去分母为零的点外解析；

（4）若 $w=f[g(z)]$ 是由解析函数 $w=f(p)$ 与 $p=g(z)$ 复合而成的，$g(z)$ 在区域 D 内解析，$w=f(p)$ 在区域 G 内解析，$\{g(z)\,|\,z\in D\}\subset G$，则 $w=f[g(z)]$ 在区域 D 内解析；

（5）单值解析函数的反函数也是解析函数.

另外，多项式函数 $P(z)=a_0z^n+a_1a^{n-1}+a_2z^{n-2}+\cdots+a_n$ 在整个复平面内处处解析；有理分式函数 $\dfrac{P(z)}{Q(z)}$ 在除去分母为零的点外处处解析，其中，$P(z),Q(z)$ 是多项式函数.

例 2.15　判断下列函数的解析性.

（1）$f(z)=z\operatorname{Im}z$；（2）$f(z)=\mathrm{e}^x(\cos y+\mathrm{i}\sin y)$.

解　（1）$f(z)=(x+\mathrm{i}y)y=xy+\mathrm{i}y^2$，因为

$$u_x=y,\quad u_y=x,\quad v_x=0,\quad v_y=2y,$$

四个偏导数在整个平面内处处连续，又假设柯西-黎曼方程成立，所以有

$$u_x=y=2y=v_y,\quad u_y=x=-v_x=0,$$

从而有 $x=0$，$y=0$，即柯西-黎曼方程在 $z=0$ 处成立. 因此，函数 $f(z)=z\operatorname{Im}z$ 在 $z=0$ 处可导，但在整个平面内处处不解析.

（2）易知，$u(x,y)=\mathrm{e}^x\cos y$，$v(x,y)=\mathrm{e}^x\sin y$，因为

$$u_x=\mathrm{e}^x\cos y,\quad u_y=-\mathrm{e}^x\sin y,\quad v_x=\mathrm{e}^x\sin y,\quad v_y=\mathrm{e}^x\cos y,$$

四个偏导数在整个平面内连续，且在整个平面内满足柯西-黎曼方程. 因此，函数 $f(z)$ 在整个平面内处处可导、处处解析，且

$$f'(z)=u_x+\mathrm{i}v_x=\mathrm{e}^x(\cos y+\mathrm{i}\sin y)=f(z).$$

例 2.16　设函数 $f(z)=x^2+axy+by^2+\mathrm{i}(cx^2+dxy+y^2)$，则当 a,b,c,d 取何值时 $f(z)$ 在整个复平面内解析？

解　因为

$$u(x,y)=x^2+axy+by^2,\quad v(x,y)=cx^2+dxy+y^2,$$

$$u_x=2x+ay,\quad u_y=ax+2by,\quad v_x=2cx+dy,\quad v_y=dx+2y,$$

四个偏导数在整个平面内连续，且在整个平面内满足柯西-黎曼方程：

$$\begin{cases}2x+ay=dx+2y\\ ax+2by=-2cx-dy\end{cases},$$

解得 $a=d=2$，$b=c=-1$. 因此，当 $a=d=2$，$b=c=-1$ 时，函数 $f(z)$ 在整个平面内处处解析.

例 2.17　设 $f(z)$ 和 $\overline{f(z)}$ 在区域 D 内都是解析函数，试证：在区域 D 内 $f(z)\equiv C$，其中 C 为任意复常数.

证明　设 $f(z)=u(x,y)+\mathrm{i}v(x,y)$，则 $\overline{f(z)}=u(x,y)-\mathrm{i}v(x,y)$. 因为 $f(z)$ 解析，所以柯西-黎曼方程成立，即 $u_x=v_y$，$u_y=-v_x$，而 $\overline{f(z)}$ 也解析，故柯西-黎曼方程也成立，即

$$u_x=(-v)_y=-v_y,\quad u_y=-(-v)_x=v_x,$$

因此，

$$u_x = v_y = -v_y，\quad u_y = -v_x = v_x，$$

于是

$$u_x = u_y = v_x = v_y = 0，$$

从而

$$u(x,y) = C_1，\quad v(x,y) = C_2，$$

其中，C_1, C_2 为任意实函数．于是，$f(z) = C_1 + \mathrm{i}C_2 = C$．

2.4 初等解析函数

思考 高中阶段已经学习了常见的初等函数，复变函数是实函数的拓展，既继承了实函数中初等函数的性质，又具有自己独特的性质，那么，实函数与复变函数两者中的初等函数有什么异同点呢？

本节我们讨论常见的指数函数、三角函数、对数函数、幂函数及反三角函数等函数的定义及解析性．

2.4.1 指数函数

定义 2.2 称形如 $\mathrm{e}^x(\cos y + \mathrm{i}\sin y)$ ($x, y \in \mathbf{R}$)的函数为指数函数，记作 e^z 或 $\exp z$，即 $\mathrm{e}^z = \mathrm{e}^x(\cos y + \mathrm{i}\sin y)$．

这里定义的指数函数 e^z 不具有实函数中指数函数 e^x 的性质，只是一种记号而已；当 $y = 0$ 时，指数函数与实函数中定义的指数函数一致．

根据定义 2.2，指数函数有如下的性质：

（1）$|\mathrm{e}^z| = \mathrm{e}^x > 0$．

（2）$\mathrm{Arg}\,\mathrm{e}^z = y$．

（3）e^z 不为零．

（4）e^z 是以 $2k\pi\mathrm{i}$ 为周期，以 $2\pi\mathrm{i}$ 为基本周期的周期函数．

证明 因为

$$\mathrm{e}^{z+2k\pi\mathrm{i}} = \mathrm{e}^z(\cos 2k\pi + \mathrm{i}\sin 2k\pi) = \mathrm{e}^z \quad （k\text{ 为整数}），$$

故 e^z 是以 $2k\pi\mathrm{i}$ 为周期的函数．

（5）$\lim\limits_{z\to 0} \mathrm{e}^{\frac{1}{z}}$ 不存在也不为 ∞．

（6）$(\mathrm{e}^z)' = \mathrm{e}^z$ 在整个复平面内成立，即 e^z 在复平面内处处解析（见例 2.15）．

实函数中罗尔中值定理成立，但在复变函数中罗尔中值定理不成立，事实上，虽然 $\mathrm{e}^{z+2k\pi\mathrm{i}} = \mathrm{e}^z$ 成立，但是 $(\mathrm{e}^z)' \neq 0$，不满足罗尔中值定理的结论．因为拉格朗日中值定理和柯西中值定理依赖于罗尔中值定理，故在复变函数中拉格朗日中值定理和柯西中值定理也不成立．

（7）$\mathrm{e}^{z_1}\cdot\mathrm{e}^{z_2}=\mathrm{e}^{z_1+z_2}$， $\mathrm{e}^{-z}=\dfrac{1}{\mathrm{e}^z}$.

证明 设 $z_1=x_1+\mathrm{i}y_1$， $z_2=x_2+\mathrm{i}y_2$，则

$$\begin{aligned}\mathrm{e}^{z_1}\cdot\mathrm{e}^{z_2}&=\mathrm{e}^{x_1+\mathrm{i}y_1}\cdot\mathrm{e}^{x_2+\mathrm{i}y_2}\\&=\mathrm{e}^{x_1}\,\mathrm{e}^{x_2}(\cos y_1+\mathrm{i}\sin y_1)\cdot(\cos y_2+\mathrm{i}\sin y_2)\\&=\mathrm{e}^{x_1+x_2}[\cos(y_1+y_2)+\mathrm{i}\sin(y_1+y_2)],\end{aligned}$$

$$\mathrm{e}^{z_1+z_2}=\mathrm{e}^{(x_1+x_2)+\mathrm{i}(y_1+y_2)}=\mathrm{e}^{x_1+x_2}[\cos(y_1+y_2)+\mathrm{i}\sin(y_1+y_2)],$$

所以 $\mathrm{e}^{z_1}\cdot\mathrm{e}^{z_2}=\mathrm{e}^{z_1+z_2}$ 成立．因为 $\mathrm{e}^z\cdot\mathrm{e}^{-z}=1$，所以 $\mathrm{e}^{-z}=\dfrac{1}{\mathrm{e}^z}$.

例 2.18 计算 $|\mathrm{e}^{1-z^2}|$，$\mathrm{Im}\,\mathrm{e}^{\bar z}$.

解 因为

$$\mathrm{e}^{1-z^2}=\mathrm{e}^{1-x^2+y^2-\mathrm{i}2xy},$$

所以

$$|\mathrm{e}^{1-z^2}|=\mathrm{e}^{1-x^2+y^2};$$

因为

$$\mathrm{e}^{\bar z}=\mathrm{e}^{\overline{x+\mathrm{i}y}}=\mathrm{e}^{x-\mathrm{i}y}=\mathrm{e}^x(\cos y-\mathrm{i}\sin y),$$

所以

$$\mathrm{Im}\,\mathrm{e}^{\bar z}=-\mathrm{e}^x\sin y.$$

2.4.2 对数函数

定义 2.3 若 $\mathrm{e}^w=z\ (z\neq 0)$，则称 $\mathrm{e}^w=z$ 的反函数为对数函数，记作 $w=\mathrm{Ln}z$.

给定复数 z，如何计算对数函数呢？

设 $w=u+\mathrm{i}v$， $z=r\mathrm{e}^{\mathrm{i}\theta}$，那么 $\mathrm{e}^{u+\mathrm{i}v}=r\mathrm{e}^{\mathrm{i}\theta}$，于是

$$\begin{cases}\mathrm{e}^u=r\\ v=\theta+2k\pi\end{cases},\quad \text{即}\begin{cases}u=\ln r\\ v=\theta+2k\pi\end{cases},$$

其中，θ 为复数 z 的辐角主值，$k=0,\pm1,\pm2,\cdots$．因此，

$$w=\mathrm{Ln}\,z=\ln r+\mathrm{i}(\theta+2k\pi),\quad k=0,\pm1,\pm2,\cdots,$$

其中，$r=|z|$，$\theta=\arg z$，于是

$$\mathrm{Ln}z=\ln|z|+\mathrm{i}(\arg z+2k\pi),\quad k=0,\pm1,\pm2,\cdots,$$

也有

$$\mathrm{Ln}z=\ln|z|+\mathrm{i}\mathrm{Arg}z.$$

当 $k=0$ 时，$\mathrm{Arg}\,z$ 取辐角主值 $\arg z$，这时记 $\ln z=\ln|z|+\mathrm{i}\arg z$，称 $\ln z$ 为对数主值函数或主值对数，于是

$$\mathrm{Ln}z=\ln z+2k\pi\mathrm{i},\quad k=0,\pm1,\pm2,\cdots.$$

当取定 k 时，$\mathrm{Ln}z=\ln|z|+\mathrm{i}(\arg z+2k\pi)$ 表示对应的那一分支．对数函数定义中的 $\ln|z|$ 表示 $|z|$ 的自然对数，与实函数中的对数一致．

显然，Lnz是无穷多值函数，ln$z$为单值函数．实函数中的对数函数要求真数严格大于零，而复变函数中的对数函数只要求真数非零．

例 2.19 求下列对数函数的值．

（1）$\mathrm{Ln}(1+\mathrm{i})$；（2）$\mathrm{Ln}\,3\mathrm{i}$；（3）$\ln(-3)$；（4）$\ln(-1-3\mathrm{i})$；（5）$\mathrm{Ln}\,6$．

解 （1）

$$\begin{aligned}\mathrm{Ln}(1+\mathrm{i})&=\ln|1+\mathrm{i}|+\mathrm{i}\arg(1+\mathrm{i})+2k\pi\mathrm{i}\\&=\ln\sqrt{2}+\mathrm{i}\frac{\pi}{4}+2k\pi\mathrm{i}\\&=\ln\sqrt{2}+\mathrm{i}\left(\frac{\pi}{4}+2k\pi\right),\quad k=0,\pm1,\pm2,\cdots.\end{aligned}$$

（2）

$$\begin{aligned}\mathrm{Ln}\,3\mathrm{i}&=\ln|3\mathrm{i}|+\mathrm{i}\arg(3\mathrm{i})+2k\pi\mathrm{i}\\&=\ln3+\mathrm{i}\frac{\pi}{2}+2k\pi\mathrm{i}\\&=\ln3+\mathrm{i}\left(\frac{\pi}{2}+2k\pi\right),\quad k=0,\pm1,\pm2,\cdots.\end{aligned}$$

（3）$\ln(-3)=\ln|-3|+\mathrm{i}\arg(-3)=\ln3+\mathrm{i}\pi$．

（4）$\ln(-1-3\mathrm{i})=\ln|-1-3\mathrm{i}|+\mathrm{i}\arg(-1-3\mathrm{i})=\ln\sqrt{10}+\mathrm{i}(\arctan3-\pi)$．

（5）$\mathrm{Ln}\,6=\ln6+\mathrm{i}\arg6+2k\pi\mathrm{i}=\ln6+2k\pi\mathrm{i}$，$k=0,\pm1,\pm2,\cdots$．

对数函数$\mathrm{Ln}\,z$有如下性质：

（1）
$$\mathrm{Ln}(z_1z_2)=\mathrm{Ln}\,z_1+\mathrm{Ln}\,z_2;\tag{2-7}$$

（2）
$$\mathrm{Ln}\left(\frac{z_1}{z_2}\right)=\mathrm{Ln}\,z_1-\mathrm{Ln}\,z_2.\tag{2-8}$$

证明 （1）

$$\begin{aligned}\mathrm{Ln}(z_1z_2)&=\ln|z_1z_2|+\mathrm{i}\mathrm{Arg}(z_1z_2)\\&=\ln|z_1|+\ln|z_2|+\mathrm{i}\mathrm{Arg}z_1+\mathrm{i}\mathrm{Arg}z_2\\&=\mathrm{Ln}\,z_1+\mathrm{Ln}\,z_2.\end{aligned}$$

（2）

$$\begin{aligned}\mathrm{Ln}\left(\frac{z_1}{z_2}\right)&=\ln\left|\frac{z_1}{z_2}\right|+\mathrm{i}\mathrm{Arg}\left(\frac{z_1}{z_2}\right)\\&=\ln|z_1|-\ln|z_2|+\mathrm{i}\mathrm{Arg}z_1-\mathrm{i}\mathrm{Arg}z_2\\&=\mathrm{Ln}\,z_1-\mathrm{Ln}\,z_2.\end{aligned}$$

证毕．

注 （1）Lnz的性质对主值对数ln$z$来说不一定成立，因为在证明过程中主要运用辐角的性质：

$$\mathrm{Arg}(z_1z_2)=\mathrm{Arg}z_1+\mathrm{Arg}z_2;\quad \mathrm{Arg}\left(\frac{z_1}{z_2}\right)=\mathrm{Arg}z_1-\mathrm{Arg}z_2.$$

但辐角主值不具有类似性质．

（2）注意到对数函数是无穷多值函数，故式（2-7）和式（2-8）两侧函数的相等应理解为集合的相等．

下面讨论对数函数的解析性．

我们知道，对数函数有无穷多分支，函数的解析性只对单值函数而论，对数主值函

数 $\ln z=\ln|z|+\mathrm{i}\arg z$ 中的 $\ln|z|$ 是自然对数，要求 $|z|>0$，故 $z\neq 0$．当 $z=0$ 时，$\arg z$ 无意义，当 $z\neq 0$ 时，$\arg z$ 在负实轴上极限不存在（见例 2.3）．因此，$\ln z$ 在 $z=0$ 处及负实轴上不连续，在其他情形都是连续的．事实上，在除去原点及负实轴外的平面内任取 z_0，只需证明 $\lim\limits_{z\to z_0}\arg z=\arg z_0$，即对 $\forall\varepsilon>0$，$\exists\delta>0$，当 $|z-z_0|<\delta$，有 $|\arg z-\arg z_0|<\varepsilon$．为了便于理解，设 $\theta=\arg z$，$\theta_0=\arg z_0$，则对给定的 $\varepsilon>0$，当 θ 满足 $\theta_0-\varepsilon<\theta<\theta_0+\varepsilon$ 时寻找 δ 的大小，如图 2.7 所示，以 z_0 为圆心的圆的半径便是找到的 δ．因此，$\lim\limits_{z\to z_0}\arg z=\arg z_0$．

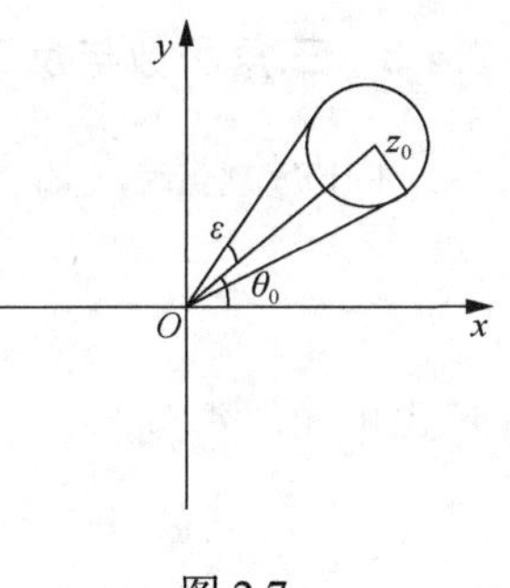

图 2.7

又因为

$$(\ln z)'=\frac{1}{(\mathrm{e}^w)'}=\frac{1}{\mathrm{e}^w}=\frac{1}{z},$$

于是 $\ln z$ 在除去 $z=0$ 处及负实轴外解析．对数函数 $\mathrm{Ln}\,z$ 的每一分支

$$\mathrm{Ln}\,z=\ln|z|+\mathrm{i}(\arg z+2k\pi)$$

也是单值函数，同样成立

$$(\mathrm{Ln}\,z)'=\frac{1}{(\mathrm{e}^w)'}=\frac{1}{\mathrm{e}^w}=\frac{1}{z}.$$

因此，$\mathrm{Ln}\,z$ 的每个分支在除去 $z=0$ 处及负实轴外解析．

在实际应用中，应明确 $\mathrm{Ln}\,z$ 是除去 $z=0$ 处及负实轴外的哪个分支上的单值解析函数．

注　棣莫弗公式中要求整数 $n\geqslant 2$，实际上，当 n 为任意实数时，结论

$$(\cos\theta+\mathrm{i}\sin\theta)^n=\cos n\theta+\mathrm{i}\sin n\theta$$

也是成立的．事实上，设

$$f(z)=(\cos\theta+\mathrm{i}\sin\theta)^n,\quad g(z)=\cos n\theta+\mathrm{i}\sin n\theta,$$

于是

$$\ln f(z)=\ln(\cos\theta+\mathrm{i}\sin\theta)^n=n\ln(\cos\theta+\mathrm{i}\sin\theta),$$
$$\ln g(z)=\ln(\cos n\theta+\mathrm{i}\sin n\theta),$$

那么

$$[\ln f(z)]'=\frac{f'(z)}{f(z)}=\frac{n(\cos\theta+\mathrm{i}\sin\theta)^{n-1}(-\sin\theta+\mathrm{i}\cos\theta)}{(\cos\theta+\mathrm{i}\sin\theta)^n}=n\mathrm{i},$$
$$[\ln g(z)]'=\frac{g'(z)}{g(z)}=\frac{n(-\sin n\theta+\mathrm{i}\cos n\theta)}{\cos n\theta+\mathrm{i}\sin n\theta}=n\mathrm{i}.$$

因此，

$$[\ln f(z)]'=[\ln g(z)]'.$$

又因为 $\ln f(0)=\ln g(0)$，所以 $f(z)=g(z)$，也即

$$(\cos\theta+\mathrm{i}\sin\theta)^n=\cos n\theta+\mathrm{i}\sin n\theta,\quad n\in\mathbf{R}.$$

例如，当 $n=\sqrt{2}$ 时，

$$(\cos\theta+\mathrm{i}\sin\theta)^{\sqrt{2}}=\cos\sqrt{2}\theta+\mathrm{i}\sin\sqrt{2}\theta.$$

2.4.3　三角函数与反三角函数

由欧拉公式，知

$$\begin{cases} e^{iy} = \cos y + i\sin y \\ e^{-iy} = \cos y - i\sin y \end{cases},$$

两式相加，得到

$$\cos y = \frac{e^{iy} + e^{-iy}}{2},$$

两式相减，得到

$$\sin y = \frac{e^{iy} - e^{-iy}}{2i}.$$

将上面公式推广到复平面内，有

$$\cos z = \frac{e^{iz} + e^{-iz}}{2}, \quad \sin z = \frac{e^{iz} - e^{-iz}}{2i},$$

称 $\cos z$ 为余弦函数，$\sin z$ 为正弦函数.

$\sin z$、$\cos z$ 有如下性质：

（1）$\sin z$、$\cos z$ 是以 $2k\pi$ 为周期的周期函数.

因为 $\sin z$、$\cos z$ 依赖于指数函数 e^{iz} 的周期，而 e^{iz} 以 $2k\pi$ 为周期，所以 $\sin z$、$\cos z$ 都是以 $2k\pi$ 为周期的函数，事实上，

$$\begin{aligned} \cos(z + 2k\pi) &= \frac{e^{i(z+2k\pi)} + e^{-i(z+2k\pi)}}{2} \\ &= \frac{e^{iz}e^{i2k\pi} + e^{-iz}e^{i2k\pi}}{2} \\ &= \frac{e^{iz} + e^{-iz}}{2} = \cos z, \end{aligned}$$

同理可知

$$\sin(z + 2k\pi) = \sin z,$$

其中，k 为整数.

（2）$\sin^2 z + \cos^2 z = 1$.

证明　$$\begin{aligned} \cos^2 z + \sin^2 z &= \frac{(e^{iz} + e^{-iz})^2}{4} + \frac{(e^{iz} - e^{-iz})^2}{-4} \\ &= \frac{e^{i2z} + e^{-i2z} + 2}{4} - \frac{e^{i2z} + e^{-i2z} - 2}{4} \\ &= 1. \end{aligned}$$

（3）$\sin(x + iy) = \sin x\cos iy + \cos x\sin iy = \sin x\operatorname{ch} y + \cos x\operatorname{sh} y$；

$\sin(z_1 \pm z_2) = \sin z_1\cos z_2 \pm \cos z_1\sin z_2$；

$\cos(z_1 \pm z_2) = \cos z_1\cos z_2 \mp \sin z_1\sin z_2$.

证明 仅证明$\cos(z_1-z_2)=\cos z_1\cos z_2+\sin z_1\sin z_2$. 因为

$$\begin{aligned}&\cos z_1\cos z_2+\sin z_1\sin z_2\\&=\frac{e^{iz_1}+e^{-iz_1}}{2}\frac{e^{iz_2}+e^{-iz_2}}{2}+\frac{e^{iz_1}-e^{-iz_1}}{2i}\frac{e^{iz_2}-e^{-iz_2}}{2i}\\&=\frac{e^{i(z_1-z_2)}+e^{-i(z_1-z_2)}}{2},\end{aligned}$$

而

$$\cos(z_1-z_2)=\frac{e^{i(z_1-z_2)}+e^{-i(z_1-z_2)}}{2},$$

所以，$\cos(z_1-z_2)=\cos z_1\cos z_2+\sin z_1\sin z_2$成立.

（4）$\sin z=0\Leftrightarrow z=k\pi$，$k\in\mathbf{Z}$；$\cos z=0\Leftrightarrow z=k\pi+\dfrac{\pi}{2}$，$k\in\mathbf{Z}$.

证明 因为

$$\sin z=\frac{e^{iz}-e^{-iz}}{2i}=0,$$

即

$$e^{iz}-e^{-iz}=0,\quad e^{i2z}=1,$$

两边取对数，得到

$$2iz=\mathrm{Ln}1=\ln 1+i\arg 1+2k\pi i,$$

于是$z=k\pi$，$k\in\mathbf{Z}$.

同理，有

$$\cos z=\frac{e^{iz}+e^{-iz}}{2}=0,\text{ 即 } e^{i2z}=-1,$$

两边取对数，得

$$2iz=\mathrm{Ln}(-1)=\ln 1+i\pi+2k\pi i,$$

于是$z=k\pi+\dfrac{\pi}{2}$，$k\in\mathbf{Z}$.

（5）$\sin z$、$\cos z$在复平面内是无界函数.

例如，取$z=iy$，则

$$\cos iy=\frac{e^{-y}+e^{y}}{2}\to+\infty,\quad y\to+\infty,$$

$$\sin iy=\frac{e^{-y}-e^{y}}{2i},\quad |\sin iy|=\left|\frac{e^{-y}-e^{y}}{2i}\right|\to+\infty,\quad y\to+\infty,$$

而实函数中$\sin x,\cos x$都是有界函数.

（6）$\sin' z=\cos z$，$\cos' z=-\sin z$，$\sin z$、$\cos z$在整个复平面内解析.

因为

$$\sin' z=\left(\frac{e^{iz}-e^{-iz}}{2i}\right)'=\frac{ie^{iz}+ie^{-iz}}{2i}=\frac{e^{iz}+e^{-iz}}{2}=\cos z,$$

$$\cos' z=\left(\frac{e^{iz}+e^{-iz}}{2}\right)'=\frac{ie^{iz}-ie^{-iz}}{2}=-\frac{e^{iz}-e^{-iz}}{2i}=-\sin z$$

在整个平面内处处成立，所以$\sin z$, $\cos z$在整个复平面内处处解析.

定义

$$\tan z=\frac{\sin z}{\cos z},\quad \cot z=\frac{\cos z}{\sin z}$$

分别为正切函数、余切函数，定义

$$\sec z=\frac{1}{\cos z},\quad \csc z=\frac{1}{\sin z}$$

分别为正割函数、余割函数.

$\tan z$、$\sec z$在除去$z=\left(k+\frac{1}{2}\right)\pi$ ($k\in\mathbf{Z}$)外的平面内处处解析，$\cot z$、$\csc z$在除去$z=k\pi$ ($k\in\mathbf{Z}$)外的平面内处处解析．注意到

$$\tan(z+\pi)=\frac{\sin(z+\pi)}{\cos(z+\pi)}=\frac{-\sin z}{-\cos z}=\tan z,$$

同理可得

$$\cot(z+\pi)=\cot z,$$

故$\tan z$、$\cot z$是以π为周期的周期函数.

例 2.20　求$\sin(1+2i)$, $\cos 3i$.

解　根据定义，有

$$\begin{aligned}\sin(1+2i)&=\frac{e^{i(1+2i)}-e^{-i(1+2i)}}{2i}\\&=\frac{e^{-2}(\cos1+i\sin1)-e^{2}(\cos1-i\sin1)}{2i}\\&=\frac{e^{-2}+e^{2}}{2}\sin1+i\frac{e^{2}-e^{-2}}{2}\cos1;\end{aligned}$$

$$\cos 3i=\frac{e^{i(3i)}+e^{-i(3i)}}{2}=\frac{e^{-3}+e^{3}}{2}.$$

定义 2.4　若$\sin w=z$，则称w为复数z的反正弦函数，记作$w=\mathrm{Arcsin}z$；若$\cos w=z$，则称w为z的反余弦函数，记作$w=\mathrm{Arccos}z$．同理，反正切函数$w=\mathrm{Arctan}z$.

那么如何计算 Arcsinz？Arcsinz 是单值函数还是多值函数呢？

根据反正弦函数的定义，得到

$$\sin w=\frac{e^{iw}-e^{-iw}}{2i}=z,$$

化简，得

$$e^{iw}-2iz-e^{-iw}=0,$$

从而

$$(e^{iw})^2-2ize^{iw}-1=0,$$

求解，得到

$$e^{iw}=iz+\sqrt{1-z^2}\ ,$$

从而

$$w=\frac{1}{i}\mathrm{Ln}(iz+\sqrt{1-z^2})=-i\mathrm{Ln}(iz+\sqrt{1-z^2})\ ,$$

于是

$$\mathrm{Arcsin}z=-i\mathrm{Ln}(iz+\sqrt{1-z^2})\ .$$

同理可得

$$\mathrm{Arccos}z=-i\mathrm{Ln}(z+\sqrt{z^2-1})\ ,\quad \mathrm{Arctan}z=-\frac{i}{2}\mathrm{Ln}\frac{1+iz}{1-iz}\ .$$

明显地，这些反三角函数都是多值函数，在推导过程中运用了复平面内一元二次方程 $az^2+bz+c=0$（a,b,c 为复常数，$a\neq 0$）的求根公式 $z=\dfrac{-b+\sqrt{b^2-4ac}}{2a}$. 与实函数中一元二次方程的求根公式相比，这里的 $\sqrt{b^2-4ac}$ 要求 $b^2-4ac\neq 0$，$\sqrt{b^2-4ac}$ 有两个不同值，而实函数中要求 $b^2-4ac\geqslant 0$.

Arcsin$z$ 的解析性取决于 Lnw 与 $w=iz+\sqrt{1-z^2}$ 复合的解析性，它是无穷多值函数，其他反三角函数的解析性及多值性也可用同样的方法判别.

例 2.21　计算 Arcsin(−3), Arccosi .

解

$$\begin{aligned}\mathrm{Arcsin}(-3)&=-i\mathrm{Ln}(-3i\pm 2\sqrt{2}i)\\&=-i\left(\ln|2\sqrt{2}\pm 3|\pm i\frac{\pi}{2}+2k\pi i\right)\\&=-i\ln|2\sqrt{2}\pm 3|\pm\frac{\pi}{2}+2k\pi,\quad k=0,\pm 1,\pm 2,\cdots;\end{aligned}$$

$$\begin{aligned}\mathrm{Arccos}i&=-i\mathrm{Ln}(i+\sqrt{-2})=-i\mathrm{Ln}(i\pm i\sqrt{2})\\&=-i\left[\ln(\sqrt{2}\pm 1)\pm i\frac{\pi}{2}+2k\pi i\right]\\&=-i\ln(\sqrt{2}\pm 1)\pm\frac{\pi}{2}+2k\pi,\quad k=0,\pm 1,\pm 2,\cdots.\end{aligned}$$

2.4.4　一般幂函数与一般指数函数

前面介绍了幂函数 $z^n\,(n\in\mathbf{Z}^+)$ 和根式函数 $\sqrt[n]{z}=z^{\frac{1}{n}}$（$n\geqslant 2$ 且 $n\in\mathbf{Z}$），这里将其推广，得到下面的一般幂函数.

定义 2.5　称 $w=z^\alpha$（α 为常数）为一般幂函数，这里的常数 α 可以是有理数、无理数、复数或整数.

下面讨论 α 取不同值时函数的解析性.

（1）当 $\alpha=n\,(n\in\mathbf{Z}^+)$ 时，$z^\alpha=z^n$ 是单值函数，在整个复平面内处处解析.

（2）当$\alpha=-n\,(n\in\mathbf{Z}^{+})$时，$z^{\alpha}=\dfrac{1}{z^{n}}$是单值函数，在整个复平面内除去$z=0$外处处解析.

（3）当$\alpha=\dfrac{q}{p}$（互质的有理分式）时，$z^{\alpha}=\mathrm{e}^{\alpha \mathrm{Ln} z}$有$p$个不同的值，在整个复平面内除去$z=0$及负实轴外处处解析.

易知

$$\begin{aligned} z^{\alpha}=\mathrm{e}^{\alpha \mathrm{Ln}\, z}&=\mathrm{e}^{\alpha(\ln|z|+\mathrm{i}\arg z+2k\pi \mathrm{i})}\\ &=\mathrm{e}^{\alpha(\ln|z|+\mathrm{i}\arg z)}\mathrm{e}^{\alpha 2k\pi \mathrm{i}}, \end{aligned}$$

其中，$k=0,\pm1,\pm2,\cdots$. 当$\alpha=\dfrac{q}{p}$时，$\mathrm{e}^{\frac{q}{p}(\ln|z|+\mathrm{i}\arg z)}$是单值；而当$k=0,1,2,\cdots,p-1$时，$\mathrm{e}^{\frac{q}{p}2k\pi \mathrm{i}}$有$p$个互不相同的值，$k$取其他值时对应的值与这$p$个值重合.

（4）当α取无理数或复数时，$z^{\alpha}=\mathrm{e}^{\alpha \mathrm{Ln}\, z}$有无穷多值，在整个复平面内除去$z=0$及负实轴外处处解析.

取$\alpha=\mathrm{i}$，则

$$\begin{aligned} z^{\mathrm{i}}=\mathrm{e}^{\mathrm{i}\mathrm{Ln} z}&=\mathrm{e}^{\mathrm{i}(\ln|z|+\mathrm{i}\arg z+2k\pi \mathrm{i})}\\ &=\mathrm{e}^{\mathrm{i}(\ln|z|+\mathrm{i}\arg z)}\mathrm{e}^{-2k\pi}, \end{aligned}$$

$\mathrm{e}^{\mathrm{i}(\ln|z|+\mathrm{i}\arg z)}$是单值，$\mathrm{e}^{-2k\pi}$随$k$的不同有无穷多值，故$z^{\mathrm{i}}$有无穷多值.

例如，取$\alpha=\sqrt{2}$，则

$$\begin{aligned} z^{\sqrt{2}}=\mathrm{e}^{\sqrt{2}\mathrm{Ln}\, z}&=\mathrm{e}^{\sqrt{2}(\ln|z|+\mathrm{i}\arg z+2k\pi \mathrm{i})}\\ &=\mathrm{e}^{\sqrt{2}(\ln|z|+\mathrm{i}\arg z)}\mathrm{e}^{2\sqrt{2}k\pi \mathrm{i}}, \end{aligned}$$

$\mathrm{e}^{\sqrt{2}(\ln|z|+\mathrm{i}\arg z)}$是单值，而$\mathrm{e}^{2\sqrt{2}k\pi \mathrm{i}}=\cos2\sqrt{2}k\pi+\mathrm{i}\sin2\sqrt{2}k\pi$有无穷多值，故$z^{\sqrt{2}}$有无穷多值.

对于α取有理数、无理数、复数时函数的解析性，注意到$z^{\alpha}=\mathrm{e}^{\alpha \mathrm{Ln}\, z}$是由$\mathrm{e}^{w}$与$w=\alpha \mathrm{Ln}\, z$复合而成的函数，根据复合函数的解析性，$z^{\alpha}=\mathrm{e}^{\alpha \mathrm{Ln}\, z}$在整个复平面内除去$z=0$及负实轴外处处解析.

规定$a^{z}=\mathrm{e}^{z\mathrm{Ln}\, a}$（$a$为非零常数）为一般指数函数. 显然，$a^{z}$的解析性与一般幂函数的解析性的讨论类似.

例 2.22　计算$\mathrm{i}^{\mathrm{i}},(3\mathrm{i})^{\sqrt{2}}$.

解　$\mathrm{i}^{\mathrm{i}}=\mathrm{e}^{\mathrm{i}\mathrm{Ln}\mathrm{i}}=\mathrm{e}^{\mathrm{i}(\ln|\mathrm{i}|+\mathrm{i}\arg\mathrm{i}+2k\pi \mathrm{i})}=\mathrm{e}^{-\frac{\pi}{2}-2k\pi}$，$k=0,\pm1,\pm2,\cdots$；

$(3\mathrm{i})^{\sqrt{2}}=\mathrm{e}^{\sqrt{2}\mathrm{Ln}\,3\mathrm{i}}=\mathrm{e}^{\sqrt{2}(\ln|3\mathrm{i}|+\mathrm{i}\arg3\mathrm{i}+2k\pi \mathrm{i})}=\mathrm{e}^{\sqrt{2}\left(\ln3+\mathrm{i}\frac{\pi}{2}+2k\pi \mathrm{i}\right)}$，$k=0,\pm1,\pm2,\cdots$.

2.4.5　双曲函数与反双曲函数

实函数中的双曲正弦函数与双曲余弦函数分别为

$$\mathrm{sh}x=\frac{\mathrm{e}^{x}-\mathrm{e}^{-x}}{2},\quad \mathrm{ch}x=\frac{\mathrm{e}^{x}+\mathrm{e}^{-x}}{2},$$

将其推广到复数域，类似地，定义

$$\operatorname{sh}z=\frac{e^z-e^{-z}}{2},\quad \operatorname{ch}z=\frac{e^z+e^{-z}}{2},\quad \operatorname{th}z=\frac{e^z-e^{-z}}{e^z+e^{-z}},\quad \operatorname{cth}z=\frac{e^z+e^{-z}}{e^z-e^{-z}}$$

分别为双曲正弦、双曲余弦、双曲正切、双曲余切.

根据双曲函数的定义可知，$\operatorname{sh}z,\operatorname{ch}z$ 的解析性依赖于 e^z，而 e^z 在整个平面内处处解析且以 $2k\pi i$ 为周期，故 $\operatorname{sh}z,\operatorname{ch}z$ 在整个平面内处处解析，是以 $2k\pi i$ 为周期的周期函数，而且

$$(\operatorname{sh}z)'=\operatorname{ch}z,\quad (\operatorname{ch}z)'=\operatorname{sh}z;$$

$\operatorname{th}z,\operatorname{cth}z$ 是以 πi 为周期的周期函数，它们在除去分母为零的点外处处解析.

定义双曲函数的反函数为反双曲函数，用推导反三角函数类似的方法，得到下列公式：

反双曲正弦函数：$\operatorname{Arsh}z=\operatorname{Ln}(z+\sqrt{z^2+1})$；

反双曲余弦函数：$\operatorname{Arch}z=\operatorname{Ln}(z+\sqrt{z^2-1})$；

反双曲正切函数：$\operatorname{Arth}z=\dfrac{1}{2}\operatorname{Ln}\dfrac{1+z}{1-z}$；

反双曲余切函数：$\operatorname{Arcth}z=\dfrac{1}{2}\operatorname{Ln}\dfrac{z+1}{z-1}$.

显然，反双曲函数都是多值函数，它们的解析性根据复合函数的解析性而定.

2.5　解析函数的构造

思考　与实函数相比，解析函数具有很好的性质，那么如何构造解析函数呢？

根据实部与虚部的关系，可以从实部出发构造虚部，也可以从虚部出发构造实部，使函数解析.

首先介绍调和函数的概念.

定义 2.6　若二元函数 $H(x,y)$ 在区域 D 内具有二阶连续偏导数，且满足拉普拉斯方程 $\Delta H(x,y)=\dfrac{\partial^2 H}{\partial x^2}+\dfrac{\partial^2 H}{\partial y^2}=0$，则称 $H(x,y)$ 为 D 内的调和函数.

例如，$H(x,y)=e^x\cos y$ 是平面内的调和函数，因为

$$\frac{\partial H}{\partial x}=e^x\cos y,\quad \frac{\partial H}{\partial y}=-e^x\sin y,\quad \frac{\partial^2 H}{\partial x^2}=e^x\cos y,\quad \frac{\partial^2 H}{\partial y^2}=-e^x\cos y,$$

二阶偏导数都是平面内的连续函数且 $\dfrac{\partial^2 H}{\partial x^2}+\dfrac{\partial^2 H}{\partial y^2}=0$.

注意到解析函数 $f(z)=u(x,y)+iv(x,y)$ 的实部和虚部都是区域 D 内的二元实函数，那么它们是调和函数吗？答案是肯定的.

假设解析函数二阶可导（实际上，解析函数具有任意阶导数，见第 3 章），于是实部、虚部各阶偏导数在区域 D 内都是连续的，且

$$\frac{\partial u}{\partial x}=\frac{\partial v}{\partial y}，\quad \frac{\partial u}{\partial y}=-\frac{\partial v}{\partial x}，$$

$$\frac{\partial^2 u}{\partial x^2}=\frac{\partial^2 v}{\partial y\partial x}，\quad \frac{\partial^2 u}{\partial y^2}=-\frac{\partial^2 v}{\partial x\partial y}，$$

于是，$\dfrac{\partial^2 u}{\partial x^2}+\dfrac{\partial^2 u}{\partial y^2}=0$，即$u(x,y)$是调和函数．同理，$v(x,y)$也是调和函数．

反过来，若$u(x,y),v(x,y)$都是调和函数，那么$f(z)=u(x,y)+\mathrm{i}v(x,y)$解析吗？

例如，$\overline{z}=x+\mathrm{i}(-y)$，显然实部和虚部都是平面内的调和函数，但不满足柯西-黎曼方程，故$f(z)=\overline{z}$在复平面内处处不解析．因此，仅需$u(x,y),v(x,y)$是调和函数条件太弱，为此引入共轭调和函数．

定义 2.7　若$u(x,y),v(x,y)$是满足$\dfrac{\partial u}{\partial x}=\dfrac{\partial v}{\partial y}$，$\dfrac{\partial u}{\partial y}=-\dfrac{\partial v}{\partial x}$的调和函数，则称$v(x,y)$是$u(x,y)$的共轭调和函数．

定理 2.16　若$f(z)=u(x,y)+\mathrm{i}v(x,y)$是区域$D$内的解析函数，那么虚部$v(x,y)$是实部$u(x,y)$的共轭调和函数．

下面根据解析函数与实部及虚部之间的关系，构造解析函数．

已知$u(x,y)$是区域D内的调和函数，求共轭调和函数$v(x,y)$，使$f(z)=u(x,y)+\mathrm{i}v(x,y)$解析．

方法一：运用柯西-黎曼方程求解．

方法二：运用二元函数可微的等价关系求解．

因为$u(x,y)$是调和函数，满足拉普拉斯方程$\dfrac{\partial^2 u}{\partial x^2}+\dfrac{\partial^2 u}{\partial y^2}=0$，所以

$$\frac{\partial^2 u}{\partial x^2}=-\frac{\partial^2 u}{\partial y^2}，\quad \frac{\partial}{\partial x}\left(\frac{\partial u}{\partial x}\right)=\frac{\partial}{\partial y}\left(-\frac{\partial u}{\partial y}\right)，$$

根据二元函数可微性的等价条件，必存在函数$v(x,y)$，使得$\mathrm{d}v=-u_y\mathrm{d}x+u_x\mathrm{d}y$，从而

$$v(x,y)=\int_{(x_0,y_0)}^{(x,y)}-u_y\mathrm{d}x+u_x\mathrm{d}y+C，$$

其中，点(x_0,y_0)是区域D内任一定点．

同理，已知$v(x,y)$是区域D内的调和函数，可得到

$$u(x,y)=\int_{(x_0,y_0)}^{(x,y)}v_y\mathrm{d}x-v_x\mathrm{d}y+C，$$

其中，点(x_0,y_0)为区域D内任一定点，从而使得$f(z)=u(x,y)+\mathrm{i}v(x,y)$解析．

例 2.23　验证$u(x,y)=2(x-1)y$是调和函数，求共轭调和函数$v(x,y)$，使得$f(z)$解析．

解　因为$u_x=2y$，$u_y=2(x-1)$，$u_{xx}=0$，$u_{yy}=0$，二阶偏导数在平面内连续且满足拉普拉斯方程，所以$u(x,y)$是调和函数．

方法一：因为函数$f(z)=u(x,y)+\mathrm{i}v(x,y)$解析，故柯西-黎曼方程满足

$$u_x=2y=v_y，\tag{2-9}$$

$$u_y = 2(x-1) = -v_x . \tag{2-10}$$

对式（2-9）两边关于 y 积分，得

$$v(x,y) = \int 2y\mathrm{d}y + g(x) = y^2 + g(x) ,$$

又由式（2-10），得

$$v_x = g'(x) = -2(x-1) = -u_y ,$$

于是

$$g(x) = 2x - x^2 + C .$$

因此

$$v(x,y) = y^2 + 2x - x^2 + C ,$$

可使得 $f(z) = 2(x-1)y + \mathrm{i}(y^2 + 2x - x^2 + C)$ 解析.

方法二：
$$\begin{aligned} v(x,y) &= \int_{(0,0)}^{(x,y)} -2(x-1)\mathrm{d}x + 2y\mathrm{d}y + C \\ &= \int_{(0,0)}^{(x,0)} 2(1-x)\mathrm{d}x + \int_{(x,0)}^{(x,y)} 2y\mathrm{d}y + C \\ &= \int_0^x 2(1-x)\mathrm{d}x + \int_0^y 2y\mathrm{d}y + C \\ &= 2x - x^2 + y^2 + C , \end{aligned}$$

可使得 $f(z) = 2(x-1)y + \mathrm{i}(y^2 + 2x - x^2 + C)$ 解析.

例 2.24　已知调和函数 $v(x,y) = x^2 - y^2 + xy$，求解析函数 $f(z) = u(x,y) + \mathrm{i}v(x,y)$，使得 $f(0) = 0$.

解　**方法一：** 由于函数 $f(z) = u(x,y) + \mathrm{i}v(x,y)$ 解析，故柯西-黎曼方程满足

$$u_x = v_y = -2y + x , \tag{2-11}$$

$$u_y = -v_x = -2x - y , \tag{2-12}$$

对式（2-11）关于 x 积分，得

$$u(x,y) = \int (-2y + x)\mathrm{d}x + g(y) = -2xy + \frac{x^2}{2} + g(y) ,$$

根据式（2-12），得到

$$u_y = -2x + g'(y) = -2x - y .$$

于是

$$g'(y) = -y , \quad g(y) = -\frac{y^2}{2} + C .$$

从而

$$u(x,y) = -2xy + \frac{x^2}{2} - \frac{y^2}{2} + C .$$

故

$$f(z) = \left(\frac{x^2}{2} - 2xy - \frac{y^2}{2} + C\right) + \mathrm{i}(x^2 - y^2 + xy) .$$

又由 $f(0) = 0$，得 $C = 0$，所以

$$f(z)=\left(\frac{x^2}{2}-2xy-\frac{y^2}{2}\right)+\mathrm{i}(x^2-y^2+xy).$$

方法二：因为

$$\begin{aligned}u(x,y)&=\int_{(0,0)}^{(x,y)}(x-2y)\mathrm{d}x-(2x+y)\mathrm{d}y+C\\&=\int_{(0,0)}^{(x,0)}x\mathrm{d}x+\int_{(x,0)}^{(x,y)}-(2x+y)\mathrm{d}y+C\\&=\int_0^x x\mathrm{d}x-\int_0^y(2x+y)\mathrm{d}y+C\\&=\frac{x^2}{2}-2xy-\frac{y^2}{2}+C,\end{aligned}$$

所以

$$f(z)=\left(\frac{x^2}{2}-2xy-\frac{y^2}{2}+C\right)+\mathrm{i}(x^2-y^2+xy).$$

又由 $f(0)=0$，得 $C=0$，因此

$$f(z)=\left(\frac{x^2}{2}-2xy-\frac{y^2}{2}\right)+\mathrm{i}(x^2-y^2+xy).$$

 **拓展阅读**

解析函数的应用

在物理中，经常会用函数的解析性来表示物理上的量，下面分别讨论静电场的复势、平面流速场的复势等是如何用解析函数来表示的.

1. 静电场的复势

由物理学可知，如果在一个平面静电场

$$\boldsymbol{E}=E_x\boldsymbol{i}+E_y\boldsymbol{j}$$

内没有带电物体，则该静电场是无源无旋的平面向量场. 因为无源性，

$$\mathrm{div}\boldsymbol{E}=\frac{\partial E_x}{\partial x}+\frac{\partial E_y}{\partial y}=0,$$

所以

$$\frac{\partial E_x}{\partial x}=-\frac{\partial E_y}{\partial y}.$$

由常微分方程可知，$-E_y\mathrm{d}x+E_x\mathrm{d}y$ 一定是某函数的全微分，即存在二元函数 $\varphi(x,y)$，使得

$$\mathrm{d}\varphi(x,y)=-E_y\mathrm{d}x+E_x\mathrm{d}y,$$

也有

$$\frac{\partial\varphi(x,y)}{\partial x}=-E_y,\quad\frac{\partial\varphi(x,y)}{\partial y}=E_x,\tag{2-13}$$

静电场 E 在等值线 $\varphi(x,y)=c_1$ 上任意一点的向量 $\boldsymbol{E}$ 与等值线相切，即等值线是向量线，也是场中的电力线，于是称函数 $\varphi(x,y)$ 为力函数.

由场的无旋性，知 $\dfrac{\partial E_y}{\partial x}=\dfrac{\partial E_x}{\partial y}$，因此 $-E_x\mathrm{d}x-E_y\mathrm{d}y$ 是二元函数 $\psi(x,y)$ 的全微分，即 $\mathrm{d}\psi(x,y)=-E_x\mathrm{d}x-E_y\mathrm{d}y$，也有关系：

$$\frac{\partial\psi}{\partial x}=-E_x,\quad \frac{\partial\psi}{\partial y}=-E_y, \tag{2-14}$$

于是得到

$$\mathbf{grad}\,\psi=\frac{\partial\psi}{\partial x}\boldsymbol{i}+\frac{\partial\psi}{\partial y}\boldsymbol{j}=-E_x\boldsymbol{i}-E_y\boldsymbol{j}=-\boldsymbol{E}, \tag{2-15}$$

所以 $\psi(x,y)$ 是场 $\boldsymbol{E}$ 的势函数，也称为场的电势或电位. 等值线 $\psi(x,y)=c_2$ 称为等势线或等位线.

由式（2-13）和式（2-14），可知

$$\frac{\partial\varphi}{\partial x}=\frac{\partial\psi}{\partial y}=-E_y,\quad \frac{\partial\varphi}{\partial y}=-\frac{\partial\psi}{\partial x}=E_x,$$

$\psi(x,y)$ 是 $\varphi(x,y)$ 的共轭调和函数，于是构造解析函数

$$f(z)=\varphi(x,y)+\mathrm{i}\psi(x,y),$$

称该解析函数为静电场的复势或复电位. 由式（2-15）可知，场 E 可以用复势表示为

$$E=-\frac{\partial\psi}{\partial x}-\mathrm{i}\frac{\partial\varphi}{\partial x}=-\mathrm{i}\overline{f'(z)}.$$

静电场的复势与流速场的复势相差一个因子 $-\mathrm{i}$，这是电工上的习惯方法.

根据静电场的复势可以研究等势线与电力线的分布情况，描述场的图像.

例 2.25 描述具有电荷线密度 λ 的均匀带电的无限长直导线所产生的静电场的复势.

解 根据库仑定律，平面上任一点 $z=x+\mathrm{i}y$ 的电场强度 $|\boldsymbol{E}|=\dfrac{2\lambda}{r}$，其中，$r=|z|=\sqrt{x^2+y^2}$. 注意到向量场 $\boldsymbol{E}$ 的方向，有 $\boldsymbol{E}=\dfrac{2\lambda}{r}\boldsymbol{r}_0$，其中，$\boldsymbol{r}_0=\dfrac{z}{|z|}$ 是指向点 z 的向径上的单位向量. 于是 $E=\dfrac{2\lambda}{\bar{z}}$，由关系式

$$E=-\frac{\partial\psi}{\partial x}-\mathrm{i}\frac{\partial\varphi}{\partial x}=-\mathrm{i}\overline{f'(z)}$$

可知

$$f'(z)=\overline{\mathrm{i}E}=-\frac{2\lambda\mathrm{i}}{z},$$

于是场的复势为

$$f(z)=2\lambda\mathrm{i}\,\mathrm{Ln}\frac{1}{z}+c,$$

力函数与势函数分别为

$$\varphi(x,y)=2\lambda\operatorname{Arg}z+c_1,\quad \psi(x,y)=2\lambda\ln\frac{1}{|z|}+c_2.$$

2. 平面流速场的复势

为了更简单、更清晰地表示无源无旋流体在平面稳定流速中的问题，我们建立了平面上的复势函数.

假设不可压缩流体（流体的密度不随外界环境和压力而改变）的向量场为 z 平面，在单连通区域 D 内流体为无源无旋场，设其流速 $\boldsymbol{E}=u(x,y)\boldsymbol{i}+v(x,y)\boldsymbol{j}$，其中，$u(x,y)$ 与 $v(x,y)$ 为流速 $\boldsymbol{E}$ 在 $\boldsymbol{i},\boldsymbol{j}$ 方向的分量，在区域 D 内具有连续偏导数. 由于流体为无源场，则散度

$$\operatorname{div}\boldsymbol{E}=\frac{\partial u}{\partial x}+\frac{\partial v}{\partial y}=0,$$

即 $\frac{\partial u}{\partial x}=-\frac{\partial v}{\partial y}$，于是 $-v(x,y)\mathrm{d}x+u(x,y)\mathrm{d}y$ 是二元函数 $\varphi(x,y)$ 的全微分，即

$$\mathrm{d}\varphi(x,y)=-v(x,y)\mathrm{d}x+u(x,y)\mathrm{d}y,$$

$$\frac{\partial\varphi}{\partial x}=-v(x,y),\quad \frac{\partial\varphi}{\partial y}=u(x,y),\tag{2-16}$$

也有

$$\varphi(x,y)=\int_{(x_0,y_0)}^{(x,y)}-v(x,y)\mathrm{d}x+u(x,y)\mathrm{d}y+c_2,$$

其中，$(x_0,y_0),(x,y)$ 为区域 D 内任意两点，称 $\varphi(x,y)$ 为流速场的流函数，称等值线 $\varphi(x,y)=k_1$（k_1 为常数）为流线［注意到 $\mathrm{d}\varphi(x,y)=-v(x,y)\mathrm{d}x+u(x,y)\mathrm{d}y=0$，即 $\frac{\mathrm{d}y}{\mathrm{d}x}=\frac{v(x,y)}{u(x,y)}$，也就是流线上每点的切线方向与流速向量 $\boldsymbol{E}$ 的方向平行，故称之为流线］.

因为流体是无旋场，于是 $\operatorname{rot}\boldsymbol{E}=0$，即 $\frac{\partial u}{\partial y}=\frac{\partial v}{\partial x}$，故 $u(x,y)\mathrm{d}x+v(x,y)\mathrm{d}y$ 是二元函数 $\psi(x,y)$ 的全微分，即

$$\mathrm{d}\psi(x,y)=u(x,y)\mathrm{d}x+v(x,y)\mathrm{d}y,$$

$$\frac{\partial\psi}{\partial x}=u(x,y),\quad \frac{\partial\psi}{\partial y}=v(x,y),\tag{2-17}$$

也有

$$\psi(x,y)=\int_{(x_0,y_0)}^{(x,y)}u(x,y)\mathrm{d}x+v(x,y)\mathrm{d}y+c_1,$$

其中，$(x_0,y_0),(x,y)$ 为区域 D 内任意两点，称 $\psi(x,y)$ 为场 $\boldsymbol{E}$ 的势函数或位函数，称等值线 $\psi(x,y)=k_2$ 为等势线或等位线.

根据式（2-16）和式（2-17），得

$$\frac{\partial\psi}{\partial x}=\frac{\partial\varphi}{\partial y},\quad \frac{\partial\psi}{\partial y}=-\frac{\partial\varphi}{\partial x},$$

即 $\varphi(x,y)$ 与 $\psi(x,y)$ 满足柯西-黎曼方程．于是可以构造解析函数

$$f(z)=\psi(x,y)+\mathrm{i}\varphi(x,y)+c\,,$$

称函数 $f(z)$ 为复势函数，简称复势．注意到构造的函数不是唯一的，每两个函数之间相差常数 $c=c_1+\mathrm{i}c_2$，而

$$f'(z)=\psi_x(x,y)+\mathrm{i}\varphi_x(x,y)=u(x,y)-\mathrm{i}v(x,y)=\bar{\boldsymbol{E}}\,,$$

因此，流速 $\boldsymbol{E}=\overline{f'(z)}$，该式给出了流速与复势的关系．

例 2.26 设复势为 $f(z)=(a+ib)z$，其中，a 与 b 为实数，试确定流函数、势函数及流速．

解 设 $z=x+\mathrm{i}y\ (x,y\in\mathbf{R})$，则

$$f(z)=ax-by+\mathrm{i}(bx+ay)\,,$$

则等势线为 $ax-by=c_1$，流线为 $bx+ay=c_2$，它们是两族互相正交的直线．因为 $f'(z)=a+\mathrm{i}b$，所以在任意点处的流速 $\boldsymbol{E}=\overline{f'(z)}=a-\mathrm{i}b$．

例 2.27 流速场中散度 $\mathrm{div}\boldsymbol{E}>0$ 的点为源点，$\mathrm{div}\boldsymbol{E}<0$ 的点为汇点，试给出由单源点所产生的定常流速场的复势、势函数及流函数．

解 假设流速场内单源点为坐标原点，其他地方均为无源无旋场，并在无穷远处保持静止状态．于是，在 $z\neq0$ 处的流速为 $\boldsymbol{E}=g(r)\dfrac{z}{r}$，其中，$r=|z|$，$\dfrac{z}{r}=\dfrac{z}{|z|}$ 表示与向量 z 方向一致的单位向量，$g(r)$ 为待定函数．

注意到流体不可压缩，于是在圆环 $r_1<|z|<r_2$ 内流体不能储蓄，流经圆周 $|z|=r_1$ 与 $|z|=r_2$ 的流量应该相等，于是

$$M=\int_{|z|=r}\boldsymbol{E}\cdot\frac{z}{r}\mathrm{d}s=\int_{|z|=r}g(r)\frac{z}{r}\cdot\frac{z}{r}\mathrm{d}s=2\pi|z|g(|z|)\,,$$

得到 M 是与 r 无关的常值，称该常值为源点的强度．于是 $g(|z|)=\dfrac{M}{2\pi|z|}$，因此流速

$$\boldsymbol{E}=\frac{Mz}{2\pi|z|^2}=\frac{M}{2\pi}\cdot\frac{1}{\bar{z}}\,,$$

根据复势与流速的关系 $\boldsymbol{E}=\overline{f'(z)}$，得到 $f'(z)=\dfrac{M}{2\pi}\cdot\dfrac{1}{z}$，则复势函数

$$f(z)=\frac{M}{2\pi}\mathrm{Ln}\,z+c\,,$$

其中，$c=c_1+\mathrm{i}c_2$．于是势函数为

$$\psi(x,y)=\frac{M}{2\pi}\ln|z|+c_1\,,$$

其图像为以原点为中心的同心圆，流函数为

$$\varphi(x,y)=\frac{M}{2\pi}\mathrm{Arg}\,z+c_2\,,$$

其图像为从原点发出的射线即流线，如图 2.8 所示．

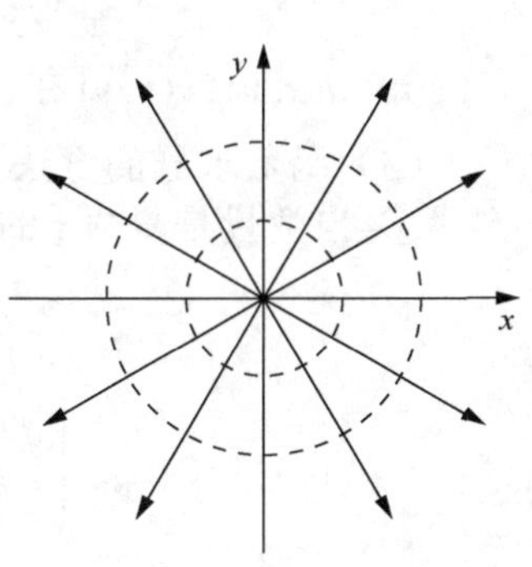

图 2.8

本章小结

解析函数是复变函数的主要研究对象．本章主要讨论解析函数，首先介绍复变函数的极限、连续、导数，引入解析函数及判定方法，然后定义复变函数中的初等函数，讨论其性质及解析性．复变函数中的很多定义、性质与实函数中的一致，但本质不同，因此在学习过程中，要注意比较实函数与复变函数中的异同点，从而加深对复变函数的理解和应用．

（1）复变函数 $w=f(z)$ 是自变量为复数的函数，其图像借助两个复平面来表示，自变量所在的平面用于表示自变量所描述的图形，因变量所在的平面用于描述因变量所形成的轨迹．

（2）实函数中的反函数存在的前提：原函数与对应的反函数之间是1-1对应的关系，而复变函数中单值函数的反函数可以是多值的，如 $w=z^n$ 与 $z=\sqrt[n]{w}$ 是一对反函数，但 $z=\sqrt[n]{w}$ 有 n 个不同的值．

（3）复变函数中的极限、连续、导数定义与实函数中的定义形式一致，实函数中 $x\to x_0$ 是 x 在 x_0 的左右两侧无限趋于 x_0 的过程，而复变函数中的 $z\to z_0$ 是在以 z_0 为中心的圆域内，z 以任意方式趋于 z_0 的过程．

（4）解析函数在实际问题的研究中有广泛的应用，判断函数的解析性至关重要，而函数的解析性与可导范围有直接关系，当函数在一点处可导时不能推断函数在该点处解析，反过来，若函数在一点处解析则必在该点处可导，故函数在一点处的解析性要比可导性强．区域 D 上的解析与可导等价，因此，只需判断函数的可导范围即可，而可导的充要条件提供了判断函数可导范围的简捷方法．

函数 $f(z)=u(x,y)+\mathrm{i}v(x,y)$ 在区域 D 内可导的充要条件：

① 二元函数 $u(x,y)$, $v(x,y)$ 在区域 D 内可微分；

② $u(x,y)$, $v(x,y)$ 在区域 D 内满足柯西-黎曼方程．

函数 $f(z)=u(x,y)+\mathrm{i}v(x,y)$ 在区域 D 内可导的充要条件：

① 偏导数 $\dfrac{\partial u}{\partial x},\dfrac{\partial u}{\partial y},\dfrac{\partial v}{\partial x},\dfrac{\partial v}{\partial y}$ 在区域 D 内存在且连续；

② $u(x,y)$, $v(x,y)$ 在区域 D 内满足柯西-黎曼方程．

（5）函数求导的方法．

① 自变量是复数 z 的函数的求导法则：若 $f(z)$, $g(z)$ 在区域 D 内可导，则

$$[f(z)\pm g(z)]'=f'(z)\pm g'(z),$$

$$[f(z)\cdot g(z)]'=f'(z)g(z)+f(z)g'(z),$$

$$\left[\frac{f(z)}{g(z)}\right]=\frac{f'(z)g(z)-f(z)g'(z)}{g^2(z)}\ [g(z)\neq 0],$$

$$\{f[g(z)]\}'=f'[g(z)]\cdot g'(z),$$

$$f'(z)=\frac{1}{\phi'(w)}.$$

其中，$w=f(z)$ 与 $z=\phi(w)$ 互为反函数，$z=\phi(w)$ 是可导的单值函数且 $\phi'(w)\neq 0$.

② 函数 $f(z)=u(x,y)+\mathrm{i}v(x,y)$ 可导，则

$$\begin{aligned}f'(z)&=u_x(x,y)+\mathrm{i}v_x(x,y)=u_x(x,y)-\mathrm{i}u_y(x,y)\\&=v_y(x,y)+\mathrm{i}v_x(x,y)=v_y(x,y)-\mathrm{i}u_y(x,y).\end{aligned}$$

③ 运用 $x=\dfrac{z+\overline{z}}{2}$，$y=\dfrac{z-\overline{z}}{2\mathrm{i}}$，可得

$$f(z)=u\left(\frac{z+\overline{z}}{2},\frac{z-\overline{z}}{2\mathrm{i}}\right)+\mathrm{i}v\left(\frac{z+\overline{z}}{2},\frac{z-\overline{z}}{2\mathrm{i}}\right).$$

将自变量为 x,y 的函数转化成变量为 z 的函数，运用①的方法求导.

（6）复变函数中的初等函数与实函数中初等函数的定义形式一致，复变函数中初等函数是实函数中初等函数的推广，但本质上却大有不同。例如，e^z 是以 $2k\pi\mathrm{i}$ 为周期的周期函数，由此得到 $\mathrm{e}^z=\mathrm{e}^{z+2k\pi\mathrm{i}}$，但 $\mathrm{e}^z\neq 0$，故实函数中的罗尔中值定理不成立，进而实函数中的微分中值定理不能推广到复变函数中；幂函数 z^α 在 α 取整数时是单值函数，取有理分式 $\dfrac{q}{p}$ 时有 p 个不同的值，取复数或无理数时有无穷多值；$\sin z,\cos z$ 虽然保留了实函数中 $\sin x,\cos x$ 的很多特征，如 $\sin z,\cos z$ 以 $2k\pi$ 为周期，以 2π 为最小正周期，$\sin^2 z+\cos^2 z=1$ 及三角公式等依然成立，但 $\sin z,\cos z$ 在平面内是无界函数，不再具有实函数中简谐波的特征；$\mathrm{Ln}z,\ln z$ 中只要求 $z\neq 0$，$\mathrm{Ln}z$ 与反三角函数 $\mathrm{Arcsin}z,\mathrm{Arccos}z,\mathrm{Arctan}z,\mathrm{Arsh}z,\mathrm{Arch}z,\mathrm{Arcth}z$ 都是无穷多值函数；等等. 学习过程中一定注重复变函数与实函数的异同之处，只有这样才能更好地理解和应用复变函数.

（7）在多值函数的应用中需要注意选取合适的解析分支.

（8）熟练掌握初等函数的解析性，$\mathrm{e}^z,\sin z,\cos z,\mathrm{sh}z,\mathrm{ch}z$ 及多项式函数都在整个复平面内处处解析；$\mathrm{Ln}z,\ln z,z^\alpha=\mathrm{e}^{\alpha\mathrm{Ln}z}$（$\alpha$ 取有理数、无理数、复数）在整个复平面内除去 $z=0$ 及负实轴外处处解析；$\mathrm{Arcsin}z,\mathrm{Arccos}z,\mathrm{Arctan}z,\mathrm{Arsh}z,\mathrm{Arch}z,\mathrm{Arcth}z$ 需要从复合函数的解析性角度判断.

（9）根据解析函数与调和函数的关系，已知实（虚）部是调和函数，可得到虚（实）部也是调和函数，从而使函数解析.

解析函数的构造有以下两种方法.

方法一：运用柯西-黎曼方程求解.

方法二：运用二元函数可微的等价关系求解.

① 已知 $u(x,y)$ 是区域 D 内的调和函数，则

$$v(x,y)=\int_{(x_0,y_0)}^{(x,y)}-u_y\,\mathrm{d}x+u_x\,\mathrm{d}y+C,\quad\forall(x_0,y_0)\in D,$$

使得 $f(z)=u(x,y)+\mathrm{i}v(x,y)$ 解析.

② 已知$v(x,y)$是区域D内的调和函数，则

$$u(x,y)=\int_{(x_0,y_0)}^{(x,y)} v_y\mathrm{d}x-v_x\mathrm{d}y+C\text{，}\quad \forall(x_0,y_0)\in D\text{，}$$

使得$f(z)=u(x,y)+\mathrm{i}v(x,y)$解析.

【数学家那些事儿】

陈景润（1933 年 5 月 22 日—1996 年 3 月 19 日）出生于中国福建省福州市，是我国著名的数学家，是华罗庚的学生，他在艰苦环境中坚持科研、奋力耕耘，成果丰硕，这种坚持不懈、坚韧不拔的精神鞭策和鼓舞着人们. 他是距离“哥德巴赫猜想”中的皇冠“1+1”最近的数学家. 陈景润主要从事解析数论方面的研究. 20 世纪 50 年代，他对高斯圆内格点、球内格点、塔里问题与华林问题做了重要改进，取得了一定的成果，尤其对塔里问题改进的结论受到华罗庚的重视，自此进入中国科学院数学研究所从事数论研究工作. 20 世纪 60 年代，他对筛法及有关重要问题做了深入研究. 1966 年，陈景润在煤油灯下耗去了几麻袋的草稿纸，攻克了世界著名数学难题“哥德巴赫猜想”中的“1+2”，即证明了“每个大偶数都是一个素数及一个不超过两个素数的乘积之和”，取得国际领先的成果，这一结果被国际上誉为“陈氏定理”. 他在组合数学与现代经济管理、尖端技术和人类密切关系等方面也进行了深入的研究和探讨. 陈景润 1982 年荣获国家自然科学奖一等奖，1981 年当选中国科学院院士.

习题 2

1．函数$w=\dfrac{1}{z}$把下列z平面上的曲线映射成w平面内的什么曲线？

（1）$x^2+y^2=4$；（2）$x=1$；

（3）$(x-1)^2+y^2=1$；（4）$y=x$.

2．已知映射$w=z^3$，试求：

（1）点$z_1=\mathrm{i}$，$z_2=1-\mathrm{i}$，$z_3=\sqrt{3}-\mathrm{i}$在w平面内的像；

（2）$0<\arg z<\dfrac{2\pi}{3}$在w平面内的像.

3．求下列极限.

（1）$\lim\limits_{z\to 1+\mathrm{i}} z^2$；（2）$\lim\limits_{z\to 2}\dfrac{\overline{z}}{z}$；（3）$\lim\limits_{z\to 0}\mathrm{e}^x(\cos y+\mathrm{i}\sin y)$.

4．试说明下列极限是否存在.

（1）$\lim\limits_{z\to 0}\dfrac{\operatorname{Im} z}{z}$；（2）$\lim\limits_{z\to 0}\dfrac{\overline{z}}{z}$；（3）$\lim\limits_{z\to 0}\dfrac{1}{2\mathrm{i}}\left(\dfrac{z}{\overline{z}}-\dfrac{\overline{z}}{z}\right)$.

5．证明：如果$f(z)$在z_0处连续，则$\overline{f(z)}$，$|f(z)|$在z_0处也连续.

6．证明：$f(z)=\begin{cases}\dfrac{xy}{x^2+y^2}, & z\neq 0\\ 0, & z=0\end{cases}$ 在 $z=0$ 处不连续．

7．证明：$\arg z\left(-\dfrac{3\pi}{2}<\arg z\leqslant\dfrac{\pi}{2}\right)$在原点及 y 轴正半轴不连续，在其他点都是连续的．

8．判断下列函数在何处可导，在何处解析．

（1）$f(z)=x^2-\mathrm{i}y$；（2）$f(z)=\mathrm{Im}z+1$；

（3）$f(z)=xy^2+\mathrm{i}x^2y$；（4）$f(z)=|x+\mathrm{i}y|^2$．

9．设 $f(z)=x^3+\mathrm{i}(1-y)^3$，证明：当 $z=\mathrm{i}$ 时，$f'(z)=3x^3$ 成立．

10．证明：下列函数在整个平面内处处不解析．

（1）$f(z)=\overline{z}$；（2）$f(z)=\mathrm{Im}\,z$；

（3）$f(z)=x^2+y$；（4）$f(z)=x+y$．

11．判断下列函数的可导性与解析性．

（1）$f(z)=\overline{z}z^2$；（2）$f(z)=\dfrac{1}{\overline{z}}$；

（3）$f(z)=\dfrac{z}{1-z}$；（4）$f(z)=\dfrac{2z+1}{z^3+1}$．

12．证明：如果 $f(z)=u+\mathrm{i}v$ 在区域 D 内解析，且满足下列条件之一，则 $f(z)\equiv C$．

（1）$\overline{f(z)}$ 在 D 内解析；

（2）$|f(z)|$ 在 D 内是常数；

（3）$au+bv=c$，其中，a,b,c 为不全为零的实常数；

（4）$\arg f(z)$ 在 D 内是常数；

（5）$f'(z)=0$；

（6）$\mathrm{Im}f(z)$ 在 D 内是常数．

13．当 m,n,l 为何值时，$f(z)=my^3+nx^2y+\mathrm{i}(x^3+lxy^2)$ 在复平面内处处解析？

14．已知 $z=x+\mathrm{i}y$，计算：

（1）$|\mathrm{e}^{1-3z}|$；（2）$|\mathrm{e}^{z^2}|$；（3）$|\mathrm{e}^{\frac{1}{z}}|$．

15．计算：

（1）$\sin(3+2\mathrm{i})$；（2）$\ln(-1-\mathrm{i})$；（3）$(1+\mathrm{i})^{\mathrm{i}}$；（4）$\cos(-1)$．

16．判断下列说法是否正确．

（1）若 $f(z)$ 在 z_0 处可导，则 $f(z)$ 在 z_0 处解析．（ ）

（2）$\mathrm{Arg}\,f(z)$ 在原点及负实轴上不连续．（ ）

（3）若 z_0 是 $f(z)$ 和 $g(z)$ 的奇点，则 z_0 必是 $f(z)+g(z)$，$f(z)g(z)$，$\dfrac{f(z)}{g(z)}$ 的奇点．

（ ）

17．证明：如果 $f(z)=u+\mathrm{i}v$ 在区域 D 内是解析函数，则 $\overline{\mathrm{i}\overline{f(z)}}$ 也是区域 D 内的解析函数．

18．证明：

（1）$\cos(z_1+z_2)=\cos z_1\cos z_2-\sin z_1\sin z_2$；

（2）$\sin(z_1+z_2)=\sin z_1\cos z_2+\cos z_1\sin z_2$；

（3）$\sin^2 z+\cos^2 z=1$；

（4）$\sin 2z=2\sin z\cos z$；

（5）$\cos\left(\frac{\pi}{2}-z\right)=\sin z$，$\sin(z+\pi)=-\sin z$．

19．证明：

（1）$\sin(\mathrm{i}z)=\mathrm{i}\,\mathrm{sh}z$；　（2）$\cos(\mathrm{i}z)=\mathrm{ch}z$；　（3）$\mathrm{sh}(\mathrm{i}z)=\mathrm{i}\sin z$；

（4）$\mathrm{ch}(\mathrm{i}z)=\cos z$；　（5）$\tan(\mathrm{i}z)=\mathrm{i}\,\mathrm{th}z$；　（6）$\mathrm{th}(\mathrm{i}z)=\mathrm{i}\tan z$．

20．解下列方程.

（1）$\mathrm{e}^z=1+\sqrt{3}\mathrm{i}$；　（2）$\sin z+\cos z=0$；　（3）$\mathrm{e}^z+1=0$；

（4）$\cos\left(z+\frac{\pi}{4}\right)=0$；　（5）$\mathrm{sh}z=0$；　（6）$\mathrm{Ln}z=3$．

21．化简：

（1）$\mathrm{e}^{1+\pi\mathrm{i}}+\cos\mathrm{i}$；　（2）$\mathrm{ch}\frac{\pi\mathrm{i}}{4}$；　（3）$\cos(\mathrm{i}\ln 5)$．

每天不浪费或不虚度或不空抛的那一点点时间，即使只有五六分钟，如得正用，也一样可以有很大的成就．游手好闲惯了，就是有聪明才智，也不会有所作为．

——雷曼

第 3 章 复变函数的积分

➢ 复积分的起源

1811 年，高斯在给韦塞尔的信中，针对韦塞尔的一篇关于对数积分 $\int \frac{1}{x}\mathrm{d}x$ 的论文，指出将虚（复）数的积分考虑进去的必要性．他提出：“当上限为 $a+\mathrm{i}b$ 时，$\int \phi(x)\mathrm{d}x$ 的意义应当是什么?”在复平面上从 x 的一个值到另一个值的连续过程发生在一条曲线上，会有许多条路径．高斯不加证明地断言，只要在两条路径所围的区域内，$\phi(x)$ 是单值的，并且不会为无穷值，积分 $\int \phi(x)\mathrm{d}x$ 就只有一个值．

泊松（S.Poisson）是第一个沿着复平面上的路径讨论积分的，他在 1820 年的一篇论文中讨论了复函数沿着复平面上的路径积分的用处．例如，考察了积分 $\int_{-1}^{1}\frac{1}{x}\mathrm{d}x$，令 $x=\mathrm{e}^{\mathrm{i}\theta}$，其中 θ 由 $(2n+1)\pi$ 变到 0，并且把积分作为和式的极限处理，得到 $-(2n+1)\pi\mathrm{i}$，于是他指出一个积分沿一条实路径与沿一条虚路径求解，其值未必相同．又如积分 $\int_{-\infty}^{+\infty}\frac{\cos ax}{b^2+x^2}\mathrm{d}x$（$a,b$ 是正常数），令 $x=t+\mathrm{i}k$（k 是正常数），当 $k>b$ 时积分值为 $\frac{\mathrm{e}^{-ab}-\mathrm{e}^{ab}}{2b}$，当 $k<b$ 时积分值为 $\frac{\pi\mathrm{e}^{-ab}}{b}$，所以当 k 取两个不同值（意味着两条不同的路径）时就得到不同的结果．

高斯和泊松对积分的观察结果是非常重要的，法国数学家柯西在 1825 年写成、1874 年发表的《关于积分限为虚数的定积分的报告》是数学史上较为瑰丽的论文之一．在这篇论文中，他讨论了积分 $\int_{x+\mathrm{i}y}^{X+\mathrm{i}Y} f(z)\mathrm{d}z$，其中，$z=x+\mathrm{i}y$，并把它定义为和数

$$\sum_{k=1}^{n-1} f(x_k+\mathrm{i}y_k)\,[(x_{k+1}-x_k)+\mathrm{i}(y_{k+1}-y_k)],$$

其中，$x_0,x_1,\cdots,X$ 及 $y_0,y_1,\cdots,Y$ 是沿着从 (x_0,y_0) 到 (X,Y) 的路径划分点的横坐标和纵坐标．柯西给出了复积分的概念，且用变分的方法证明定理：若 $f(x+\mathrm{i}y)$ 在 $x_0\leqslant x\leqslant X$，$y_0\leqslant y\leqslant Y$ 的一个区域内有穷且连续，则 $\int_{x+\mathrm{i}y}^{X+\mathrm{i}Y} f(z)\mathrm{d}z$ 与函数 $x=\varphi(t)$，$y=\psi(t)$（t 为实数）的形式无关，也就是说，积分与路径无关．这就是著名的柯西积分定理，根据这一定理可以得出一系列重要的结论．柯西在 1831 年的论文中实际上推出了柯西积分公式

$$f(z)=\frac{1}{2\pi \mathrm{i}}\oint_C \frac{f(\xi)}{\xi - z}\mathrm{d}\xi ,$$

其中，C 是区域的边界；z 是区域内的任一点. 由此推出 $f(z)$ 的各阶导数都存在，柯西在证明过程中用到了导数存在且导数连续的假设，但定理的叙述中并没有给出这些假设，他认可的是连续函数必可微，而导数只在函数本身不连续的地方才不连续，这是 18 世纪所有数学家的局限性. 1900 年世纪之交，古萨（E.Goursat）发表《关于柯西解析函数的一般定义》，改进了柯西提出的解析函数的定义，证明了若 $f'(z)$ 在曲线 C 所围的闭区域内存在，则函数 $f(z)$ 必连续，并且 $\oint_C f(z)\mathrm{d}z = 0$. 这一改进使得复变函数理论更加完美和精湛.

复变函数的积分在数学理论推导中有着重要的作用，本章从积分的角度研究解析函数. 首先讨论函数在区域内处处解析时积分的性质，然后考虑区域内有奇点时积分的性质.

3.1 复积分的概念

若光滑曲线 C 的起点为 A，终点为 B，则称 C 为从点 A 到点 B 的有向曲线，也称为正向曲线，如图 3.1（a）所示. 从点 B 到点 A 的曲线称为曲线 C 的反向曲线，记作 C^-. 若 C 是由光滑有向曲线首尾衔接而成，则称 C 为分段光滑曲线. 图 3.1（b）所示的方向是分段光滑曲线的正向.

若 C 是简单闭曲线，则曲线 C 的正向规定为逆时针方向，如图 3.1（c）所示.

若 C 为单连通区域 D 的边界，当沿着 C 移动时区域 D 总在左侧，则规定移动的方向为曲线 C 的正方向；若区域 D 是多连通区域，边界 $C = C_0 + C_1 + C_2$，沿着边界移动时区域仍在左侧，即外边界 C_0 是逆时针方向，内边界 C_1, C_2 均为顺时针方向，如图 3.1（d）所示，则这时曲线 C 的方向规定为多连通区域的正方向.

注 后文中提到的曲线都是光滑曲线或逐段光滑曲线，方向均为正方向.

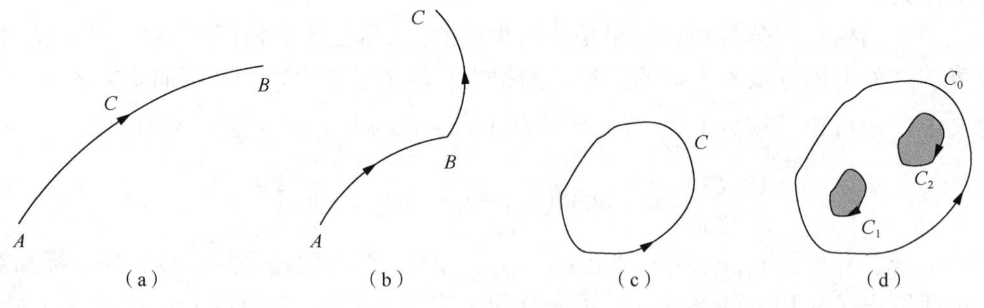

图 3.1

3.1.1 复积分的定义及可积的充分条件

设函数 $w = f(z)$ 在光滑曲线 C 上有定义，其中，曲线 C 是以 A 为起点，B 为终点的有向曲线. 如图 3.2 所示，将曲线 C 进行划分：在曲线 C 内任意插入 $n-1$ 个分点，分点

依次为 $z_1, z_2, \cdots, z_{n-1}$，设 $z_0 = A$，$z_n = B$．在每个曲线弧 $\overset{\frown}{z_{k-1}z_k}(k=1,2,\cdots,n)$ 上任取 ξ_k，得到 $f(\xi_k)\Delta z_k$，其中，$\Delta z_k = z_k - z_{k-1}$，求和 $\sum\limits_{k=1}^{n} f(\xi_k)\Delta z_k$，记 Δs_k 为 $\overset{\frown}{z_{k-1}z_k}(k=1,2,\cdots,n)$ 对应的弧长，$\lambda = \max\{\Delta s_k, k=1,2,\cdots,n\}$．若 $\lim\limits_{\lambda\to 0}\sum\limits_{k=1}^{n} f(\xi_k)\Delta z_k$ 存在，则称函数 $f(z)$ 在曲线 C 上可积分，该极限值称为 $f(z)$ 在曲线 C 上的积分，记作 $\int_C f(z)\mathrm{d}z$，也就是

$$\int_C f(z)\mathrm{d}z = \lim_{\lambda\to 0}\sum_{k=1}^{n} f(\xi_k)\Delta z_k,$$

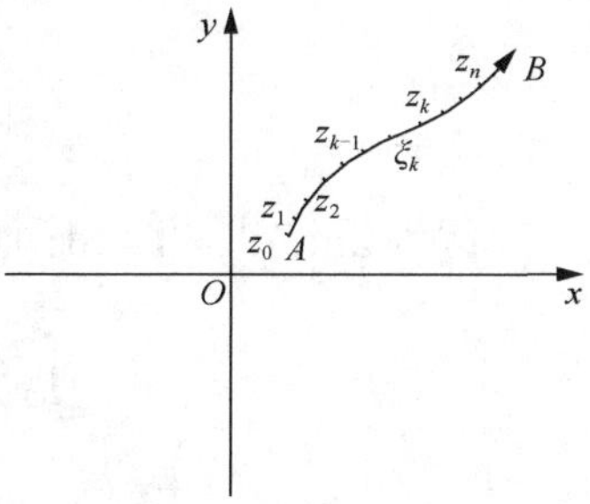

图 3.2

其中，z 称为积分变量；$f(z)$ 称为被积函数；C 称为积分曲线；$f(z)\mathrm{d}z$ 称为积分表达式．

那么，是否所有函数的积分都存在？被积函数 $f(z)$ 满足什么条件时积分 $\int_C f(z)\mathrm{d}z$ 存在？

设 $f(z) = u(x,y) + \mathrm{i}v(x,y)$，$\xi_k = m_k + \mathrm{i}n_k$，$\Delta z_k = \Delta x_k + \mathrm{i}\Delta y_k$，$\lambda = \max\{\Delta s_k, k=1,2,\cdots,n\}$，当 $\lambda\to 0$ 时，有 $\Delta z_k = \sqrt{(\Delta x_k)^2 + (\Delta y_k)^2}\to 0$，$C$ 为有向曲线，且

$$\begin{aligned}f(\xi_k)\Delta z_k &= [u(m_k,n_k) + \mathrm{i}v(m_k,n_k)]\cdot(\Delta x_k + \mathrm{i}\Delta y_k)\\ &= [u(m_k,n_k)\Delta x_k - v(m_k,n_k)\Delta y_k] + \mathrm{i}[v(m_k,n_k)\Delta x_k + u(m_k,n_k)\Delta y_k],\end{aligned}$$

$$\begin{aligned}\lim_{\lambda\to 0}\sum_{k=1}^{n} f(\xi_k)\Delta z_k &= \lim_{\lambda\to 0}\sum_{k=1}^{n}[u(m_k,n_k)\Delta x_k - v(m_k,n_k)\Delta y_k]\\ &\quad + \mathrm{i}\lim_{\lambda\to 0}\sum_{k=1}^{n}[v(m_k,n_k)\Delta x_k + u(m_k,n_k)\Delta y_k].\end{aligned}$$

若 $u(x,y), v(x,y)$ 在曲线 C 上连续，则等号右侧极限存在，故当 $f(z)$ 在曲线 C 上连续时，$\lim\limits_{\lambda\to 0}\sum\limits_{k=1}^{n} f(\xi_k)\Delta z_k$ 存在，因此

$$\int_C f(z)\mathrm{d}z = \int_C u(x,y)\mathrm{d}x - v(x,y)\mathrm{d}y + \mathrm{i}\int_C v(x,y)\mathrm{d}x + u(x,y)\mathrm{d}y.$$

于是得到函数可积分的充分条件．

定理 3.1　若函数 $f(z) = u(x,y) + \mathrm{i}v(x,y)$ 在曲线 C 上连续，则 $\int_C f(z)\mathrm{d}z$ 存在且

$$\int_C f(z)\mathrm{d}z = \int_C u(x,y)\mathrm{d}x - v(x,y)\mathrm{d}y + \mathrm{i}\int_C v(x,y)\mathrm{d}x + u(x,y)\mathrm{d}y.$$

注　由定理 3.1 的积分公式可知，复变函数的积分仍然是复数，也可得到复变函数的积分与实部、虚部的曲线积分之间的关系．

为了便于记忆，记 $\mathrm{d}z = \mathrm{d}x + \mathrm{i}\mathrm{d}y$，$f(z) = u + \mathrm{i}v$，则形式上，有

$$\int_C f(z)\mathrm{d}z = \int_C (u + \mathrm{i}v)(\mathrm{d}x + \mathrm{i}\mathrm{d}y) = \int_C u\mathrm{d}x - v\mathrm{d}y + \mathrm{i}\int_C v\mathrm{d}x + u\mathrm{d}y.$$

例 3.1　用积分的定义计算 $\int_C z\mathrm{d}z$，其中，曲线 C 为连接点 a 与点 b 的任一曲线．

解　注意到被积函数 z 在曲线 C 上连续，故对曲线 C 的任意分法和 ξ_k 的任意取法，

积分都是存在的．于是，分别取 $\xi_k = z_{k-1}$ 与 $\xi_k = z_k$，就有

$$S_n^{(1)} = \sum_{k=1}^{n} z_{k-1}\Delta z_k = \sum_{k=1}^{n} z_{k-1}(z_k - z_{k-1}),$$

$$S_n^{(2)} = \sum_{k=1}^{n} z_k\Delta z_k = \sum_{k=1}^{n} z_k(z_k - z_{k-1}).$$

因为 $\lim\limits_{\lambda\to 0} S_n^{(1)} = \int_C z\mathrm{d}z$ 且 $\lim\limits_{\lambda\to 0} S_n^{(2)} = \int_C z\mathrm{d}z$，所以

$$\begin{aligned}\int_C z\mathrm{d}z &= \frac{1}{2}\lim_{\lambda\to 0}(S_n^{(1)} + S_n^{(2)})\\ &= \frac{1}{2}\lim_{\lambda\to 0}\sum_{k=1}^{n}(z_{k-1} + z_k)(z_k - z_{k-1})\\ &= \frac{1}{2}\lim_{\lambda\to 0}\sum_{k=1}^{n}(z_k^{\ 2} - z_{k-1}^{\ \ 2}) = \frac{1}{2}(b^2 - a^2).\end{aligned}$$

3.1.2 复积分的性质及计算

复积分有下列性质：

（1）$\int_C [f(z) \pm g(z)]\mathrm{d}z = \int_C f(z)\mathrm{d}z \pm \int_C g(z)\mathrm{d}z$；

（2）$\int_C f(z)\mathrm{d}z = -\int_{C^-} f(z)\mathrm{d}z$，其中，$C^-$ 是 C 的反向曲线；

（3）$\int_C f(z)\mathrm{d}z = \int_{C_1} f(z)\mathrm{d}z + \int_{C_2} f(z)\mathrm{d}z$，其中，$C$ 是由 C_1 与 C_2 首尾衔接而成的有向曲线；

（4）$\left|\int_C f(z)\mathrm{d}z\right| \leqslant \int_C |f(z)|\mathrm{d}s \leqslant ML$，其中，$|f(z)| \leqslant M$，对 $\forall z \in C$，曲线 C 可求长，其长度为 L．

证明 这里只证明（4）．

因为

$$\left|\sum_{k=1}^{n} f(\xi_k)\Delta z_k\right| \leqslant \sum_{k=1}^{n} |f(\xi_k)||\Delta z_k| \leqslant \sum_{k=1}^{n} |f(\xi_k)|\Delta s_k \leqslant M\sum_{k=1}^{n}\Delta s_k = ML,$$

其中，Δs_k 是 Δz_k 对应的弧长，所以对上式两边求极限，得

$$\left|\lim_{\lambda\to 0}\sum_{k=1}^{n} f(\xi_k)\Delta z_k\right| \leqslant \lim_{\lambda\to 0}\sum_{k=1}^{n} |f(\xi_k)||\Delta z_k| \leqslant \lim_{\lambda\to 0}\sum_{k=1}^{n} |f(\xi_k)|\Delta s_k \leqslant \lim_{\lambda\to 0} M\sum_{k=1}^{n}\Delta s_k = ML,$$

即

$$\left|\int_C f(z)\mathrm{d}z\right| \leqslant \int_C |f(z)||\mathrm{d}z| = \int_C |f(z)|\mathrm{d}s \leqslant ML,$$

其中，$|\mathrm{d}z| = \sqrt{(\mathrm{d}x)^2 + (\mathrm{d}y)^2} = \mathrm{d}s$．

注 性质（4）给出了控制复积分界的方法，在证明过程中经常作为放大积分的策略使用．

例 3.2 证明 $\left|\int_C \frac{1}{z-1}\mathrm{d}z\right| \leqslant \frac{5}{2}$，其中，$C$ 为连接 0 与 $1+2\mathrm{i}$ 的直线段．

证明　直线段方程为 $y=2x\,(0\leqslant x\leqslant 1)$，设 $z=x+2x\mathrm{i}\,(0\leqslant x\leqslant 1)$，运用性质（4），得

$$\left|\frac{1}{z-1}\right|=\frac{1}{|z-1|}=\frac{1}{\sqrt{5}\sqrt{\left(x-\frac{1}{5}\right)^2+\frac{4}{25}}}\leqslant\frac{\sqrt{5}}{2}.$$

即当 $x=\frac{1}{5}$ 时，$\left|\frac{1}{z-1}\right|$ 有最大值 $\frac{\sqrt{5}}{2}$．又有直线段长 $L=\sqrt{5}$，所以 $\left|\int_C\frac{1}{z-1}\mathrm{d}z\right|\leqslant\frac{\sqrt{5}}{2}\times\sqrt{5}=\frac{5}{2}$．

例 3.3　证明 $\left|\int_C\frac{1}{z}\mathrm{d}z\right|\leqslant\frac{3}{2}$，其中，$C$ 为连接 $2\mathrm{i}$ 与 $3+2\mathrm{i}$ 的直线段．

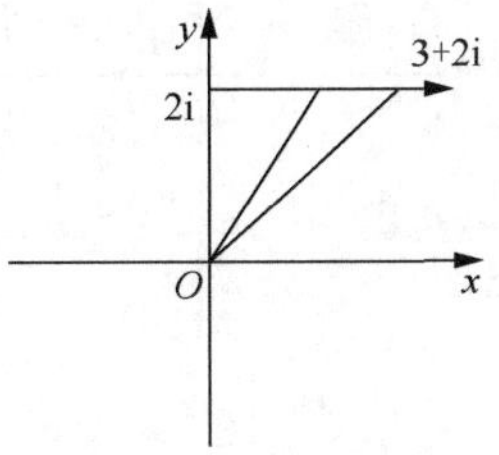

证明　根据复数模的定义，模是复数与原点之间的距离，从图 3.3 中可以看到，当 $z=2\mathrm{i}$ 时，$|z|$ 取最小值 2．因为

$$\left|\frac{1}{z}\right|=\frac{1}{|z|}\leqslant\frac{1}{|2\mathrm{i}|}=\frac{1}{2},$$

直线段长为 3，所以

$$\left|\int_C\frac{1}{z}\mathrm{d}z\right|\leqslant\frac{1}{2}\times 3=\frac{3}{2}.$$

图 3.3

设曲线 C 由参数方程 $\begin{cases}x=x(t),\\ y=y(t),\end{cases}\ \alpha\leqslant t\leqslant\beta$ 给定，则 $z(t)=x(t)+\mathrm{i}y(t)$，当 $t=\alpha$ 时，对应曲线 C 的起点，当 $t=\beta$ 时，对应曲线 C 的终点，那么

$$\begin{aligned}\int_C f(z)\mathrm{d}z&=\int_C u\mathrm{d}x-v\mathrm{d}y+\mathrm{i}\int_C v\mathrm{d}x+u\mathrm{d}y\\&=\int_\alpha^\beta ux'(t)\mathrm{d}t-\int_\alpha^\beta vy'(t)\mathrm{d}t+\mathrm{i}\left[\int_\alpha^\beta vx'(t)\mathrm{d}t+\int_\alpha^\beta uy'(t)\mathrm{d}t\right]\\&=\int_\alpha^\beta u[x'(t)+\mathrm{i}y'(t)]\mathrm{d}t+\mathrm{i}\int_\alpha^\beta v[x'(t)+\mathrm{i}y'(t)]\mathrm{d}t\\&=\int_\alpha^\beta(u+\mathrm{i}v)[x'(t)+\mathrm{i}y'(t)]\mathrm{d}t\\&=\int_\alpha^\beta f[z(t)]z'(t)\mathrm{d}t.\end{aligned}$$

该公式将复变函数的积分转化为了定积分．

例 3.4　计算 $\int_C\bar{z}\mathrm{d}z$，其中，曲线 C 以 0 为起点，以 $1+\mathrm{i}$ 为终点，积分路径分别如下．

（1）$y=x$；（2）$y=x^2$；（3）沿 x 轴从 0 到 1，再由 1 到 $1+\mathrm{i}$ 的折线段．

解　（1）曲线 C 的参数方程为 $\begin{cases}x=x,\\ y=x,\end{cases}\ 0\leqslant x\leqslant 1$，所以 $z=(1+\mathrm{i})x$，$\mathrm{d}z=(1+\mathrm{i})\mathrm{d}x$，于是

$$\int_C\bar{z}\mathrm{d}z=\int_C(x-\mathrm{i}y)\mathrm{d}z=\int_0^1(1-\mathrm{i})(1+\mathrm{i})x\mathrm{d}x=1.$$

（2）曲线 C 的参数方程为 $\begin{cases}x=x\\ y=x^2\end{cases}$，$0\leqslant x\leqslant 1$，所以 $z=x+\mathrm{i}x^2$，$\mathrm{d}z=(1+2\mathrm{i}x)\mathrm{d}x$，于是

$$\int_C \overline{z}\mathrm{d}z = \int_0^1 (x - \mathrm{i}x^2)\mathrm{d}(x + \mathrm{i}x^2) = \int_0^1 (x - \mathrm{i}x^2)(1 + \mathrm{i}2x)\mathrm{d}x = 1 + \frac{\mathrm{i}}{3}.$$

（3）从 0 到 1 的直线段的参数方程 $C_1: z = x$，$x \in [0,1]$，由 1 到 $1+\mathrm{i}$ 的直线段参数方程为

$$C_2: \begin{cases} x = 1, \\ y = y, \end{cases} \quad 0 \leqslant y \leqslant 1,$$

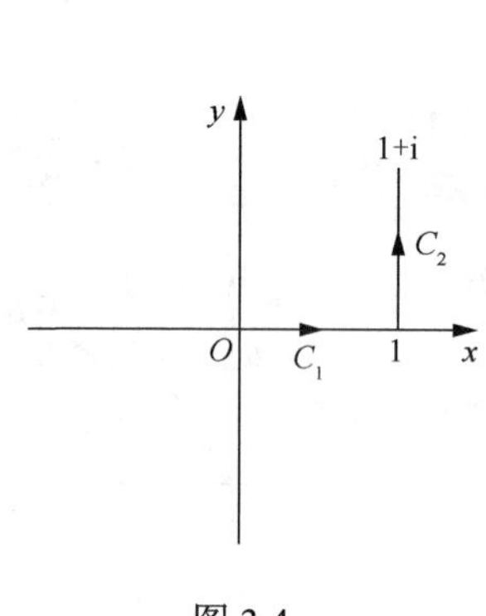

图 3.4

所以 $z = 1 + \mathrm{i}y$，$\mathrm{d}z = \mathrm{i}\mathrm{d}y$，如图 3.4 所示，于是

$$\int_C \overline{z}\mathrm{d}z = \int_{C_1} \overline{z}\mathrm{d}z + \int_{C_2} \overline{z}\mathrm{d}z = \int_0^1 x\mathrm{d}x + \int_0^1 (1 - \mathrm{i}y)\mathrm{i}\mathrm{d}y = 1 + \mathrm{i}.$$

从例 3.4 可以看出，积分值与积分路径有关，计算积分的关键是找出曲线的参数方程，从而将积分转化成定积分求解.

下面考虑积分路径是圆弧形的积分.

例 3.5　计算 $\int_C \overline{z}\mathrm{d}z$，其中，曲线 C 是第一象限的单位圆弧，曲线取正方向.

解　曲线 C 的参数方程为 $z = \mathrm{e}^{\mathrm{i}\theta}\left(0 \leqslant \theta \leqslant \frac{\pi}{2}\right)$，$\mathrm{d}z = \mathrm{i}\,\mathrm{e}^{\mathrm{i}\theta}\,\mathrm{d}\theta\left(0 \leqslant \theta \leqslant \frac{\pi}{2}\right)$，则

$$\int_C \overline{z}\mathrm{d}z = \int_0^{\frac{\pi}{2}} \mathrm{e}^{-\mathrm{i}\theta}\mathrm{e}^{\mathrm{i}\theta}\,\mathrm{i}\mathrm{d}\theta = \frac{\pi}{2}\mathrm{i}.$$

例 3.6（常用积分）　证明：

$$\int_C \frac{1}{(z-a)^n}\mathrm{d}z = \begin{cases} 2\pi\mathrm{i}, & n = 1 \\ 0, & n \neq 1 \text{且} n \text{为整数} \end{cases},$$

其中，C 是以 a 为圆心，R 为半径的圆周，曲线取正向.

证明　圆周 C 的参数方程为 $z = R\mathrm{e}^{\mathrm{i}\theta} + a$（$0 \leqslant \theta \leqslant 2\pi$），于是

$$\begin{aligned} \int_C \frac{1}{(z-a)^n}\mathrm{d}z &= \int_0^{2\pi} \frac{1}{R^n\,\mathrm{e}^{\mathrm{i}n\theta}} R\mathrm{e}^{\mathrm{i}\theta}\mathrm{i}\mathrm{d}\theta \\ &= \frac{\mathrm{i}}{R^{n-1}}\int_0^{2\pi} \mathrm{e}^{\mathrm{i}\theta(1-n)}\mathrm{d}\theta \\ &= \frac{1}{R^{n-1}(1-n)}\mathrm{e}^{\mathrm{i}\theta(1-n)}\bigg|_0^{2\pi} = 0,\quad n \neq 1. \end{aligned}$$

当 $n = 1$ 时，有

$$\int_C \frac{1}{(z-a)^n}\mathrm{d}z = \frac{\mathrm{i}}{R^{n-1}}\int_0^{2\pi} \mathrm{e}^{\mathrm{i}\theta(1-n)}\mathrm{d}\theta = 2\pi\mathrm{i}.$$

注　该积分值与圆心位置和半径大小均无关系，也就是说，对任意圆心、任意半径的圆周结论都是成立的.

3.2　柯西积分定理

观察积分 $\int_C z\mathrm{d}z = 0$，$\int_C \overline{z}\mathrm{d}z = 2\pi\mathrm{i}$，其中，曲线 C 是单位圆周，被积函数 z 在曲线 C 及内部处处解析，$\overline{z}$ 在 C 及内部处处不解析．又如积分 $\int_C \frac{1}{z-1}\mathrm{d}z = 2\pi\mathrm{i}$，$\int_C \frac{1}{z-5}\mathrm{d}z = 0$，其中，$C$ 为正向圆周 $|z-1|=1$，$\frac{1}{z-1}$ 在 $|z-1|\leqslant 1$ 内有奇点 $z=1$，$|z-1|\leqslant 1$ 是多连通的闭区域，而对 $\frac{1}{z-5}$ 来说，奇点 $z=5$ 在圆域 $|z-1|\leqslant 1$ 外，所以 $|z-1|\leqslant 1$ 是单连通的闭区域．

闭曲线上的积分值既与曲线所围的区域是否为单连通有关，又与被积函数的解析性有关．下面分别在单连通区域与多连通区域情形下研究复变函数的积分．

3.2.1　单连通区域上的柯西积分定理

柯西在 1825 年研究了积分值为 0 的一类积分，它是研究复积分的重要工具，称为柯西积分定理．

定理 3.2　设函数 $f(z)$ 在单连通区域 D 内解析，C 为区域 D 内任一简单闭曲线，则 $\int_C f(z)\mathrm{d}z = 0$．

定理 3.2 的证明比较困难，可以参见钟玉泉编著的《复变函数论》(第四版)．1851 年，黎曼加强了条件，假设“$f'(z)$ 在 D 内连续”，从而运用格林公式证明了结论的成立．

证明　设 $f(z) = u(x,y) + \mathrm{i}v(x,y)$，则 $f'(z) = u_x + \mathrm{i}v_x = v_y + \mathrm{i}(-u_y)$．因为 $f'(z)$ 在 D 内连续，所以 u_x, u_y, v_x, v_y 都是 D 内的连续函数．注意到 $f(z)$ 在 D 内解析，结合格林公式与柯西-黎曼方程，有

$$\begin{aligned}\int_C f(z)\mathrm{d}z &= \int_C u\mathrm{d}x - v\mathrm{d}y + \mathrm{i}\int_C v\mathrm{d}x + u\mathrm{d}y \\ &= \iint_{D_1}\left(-\frac{\partial v}{\partial x} - \frac{\partial u}{\partial y}\right)\mathrm{d}x\mathrm{d}y + \mathrm{i}\iint_{D_1}\left(\frac{\partial u}{\partial x} - \frac{\partial v}{\partial y}\right)\mathrm{d}x\mathrm{d}y, \\ &= 0,\end{aligned}$$

其中，D_1 是曲线 C 所围成的单连通区域．证毕．

将定理 3.2 中的条件放宽，若要求曲线 C 不必是简单闭曲线，则结论仍然成立．

定理 3.3　设 $f(z)$ 在单连通区域 D 内解析，C 为区域 D 内的任一闭曲线，则

$$\int_C f(z)\mathrm{d}z = 0.$$

证明　假设曲线 C 是有重点的闭曲线，如图 3.5 所示，将闭曲线 C 划分成两个简单闭曲线 C_1, C_2，则

$$\int_C f(z)\mathrm{d}z = \int_{C_1} f(z)\mathrm{d}z + \int_{C_2} f(z)\mathrm{d}z = 0.$$

证毕．

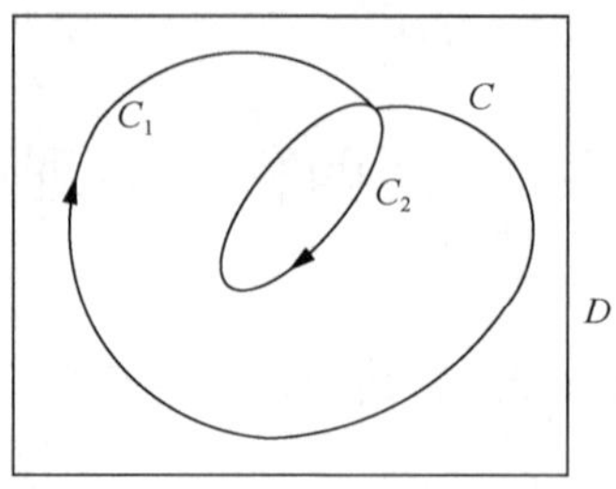

图 3.5

定理 3.3 也可以描述如下：

设 C 为区域 D 内任一闭曲线，函数 $f(z)$ 在曲线 C 及 C 所围内部解析，则

$$\int_C f(z)\mathrm{d}z = 0 .$$

将上面定理条件适当放宽，则有下面的结论.

定理 3.4 设 $f(z)$ 在区域 D 内解析，在 $\overline{D} = D + \partial D$ 上连续，则 $\int_C f(z)\mathrm{d}z = 0$，其中，$C$ 为区域 D 的边界.

只需在区域 D 内任取封闭曲线 C'，根据定理 3.3，可知 $\int_{C'} f(z)\mathrm{d}z = 0$，然后让曲线 C' 无限逼近边界 C，显然结论成立.

例 3.7 计算 $\int_C \frac{1}{z^2-1}\mathrm{d}z$，其中，$C$ 为 $|z| = \frac{1}{2}$.

解 因为

$$\frac{1}{z^2-1} = \frac{1}{(z-1)(z+1)} = \frac{1}{2}\left(\frac{1}{z-1} - \frac{1}{z+1}\right),$$

又 $\frac{1}{z-1}$ 与 $\frac{1}{z+1}$ 在 $|z| \leqslant \frac{1}{2}$ 上解析，故根据柯西积分定理，得

$$\begin{aligned}\int_{|z|=\frac{1}{2}} \frac{1}{z^2-1}\mathrm{d}z &= \frac{1}{2}\int_{|z|=\frac{1}{2}}\left(\frac{1}{z-1} - \frac{1}{z+1}\right)\mathrm{d}z \\ &= \frac{1}{2}\left(\int_{|z|=\frac{1}{2}} \frac{1}{z-1}\mathrm{d}z - \int_{|z|=\frac{1}{2}} \frac{1}{z+1}\mathrm{d}z\right) \\ &= 0.\end{aligned}$$

例 3.8 计算 $\int_{|z-1|=\frac{1}{2}} \frac{1}{z^2-1}\mathrm{d}z$.

解 因为

$$\frac{1}{z^2-1} = \frac{1}{2}\left(\frac{1}{z-1} - \frac{1}{z+1}\right),$$

又 $\frac{1}{z+1}$ 在 $|z-1| \leqslant \frac{1}{2}$ 上解析，故根据柯西积分定理和常用积分（例 3.6），得

$$\begin{aligned}\int_{|z-1|=\frac{1}{2}} \frac{1}{z^2-1}\mathrm{d}z &= \frac{1}{2}\left(\int_{|z-1|=\frac{1}{2}} \frac{1}{z-1}\mathrm{d}z - \int_{|z-1|=\frac{1}{2}} \frac{1}{z+1}\mathrm{d}z\right) \\ &= \pi\mathrm{i} - 0 = \pi\mathrm{i}.\end{aligned}$$

3.2.2　多连通区域上的柯西积分定理

将单连通区域上的柯西积分定理推广，考虑多连通区域上函数解析时结论是否仍然成立.

设区域 D 由曲线 C 所围成，这里 C 是由闭曲线 $C_0,C_1,\cdots,C_n$ 组成，C 取正向，即 C_0 取逆时针方向，$C_1,C_2,\cdots,C_n$ 取顺时针方向，如图 3.6 所示.

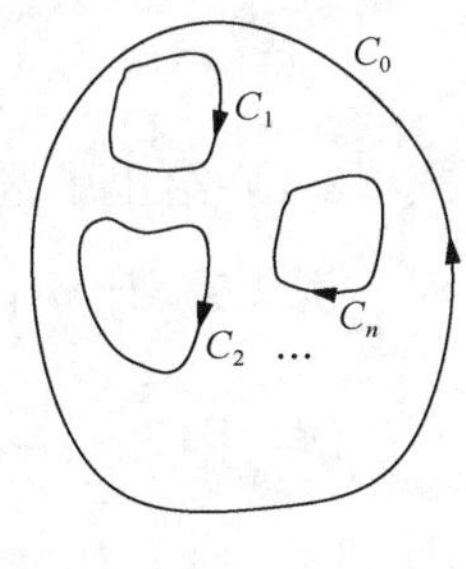

图 3.6

定理 3.5　设区域 D 的正向边界为 $C=C_0+C_1+\cdots+C_n$，函数 $f(z)$ 在多连通区域 D 内解析，则

$$\int_C f(z)\mathrm{d}z=0,$$

且

$$\int_{C_0} f(z)\mathrm{d}z=\int_{C_1^-} f(z)\mathrm{d}z+\int_{C_2^-} f(z)\mathrm{d}z+\cdots+\int_{C_n^-} f(z)\mathrm{d}z.$$

证明　为了便于理解，选取由 C_0,C_1,C_2 所围成的曲线 C，分别作光滑弧 s_1,s_2,s_3，如图 3.7 所示，则 s_1,s_2,s_3 将多连通区域 D 分割成两个单连通区域 D_1,D_2，其边界分别为 L_1,L_2，由柯西积分定理，知

$$\int_{L_1} f(z)\mathrm{d}z=0,\quad \int_{L_2} f(z)\mathrm{d}z=0,$$

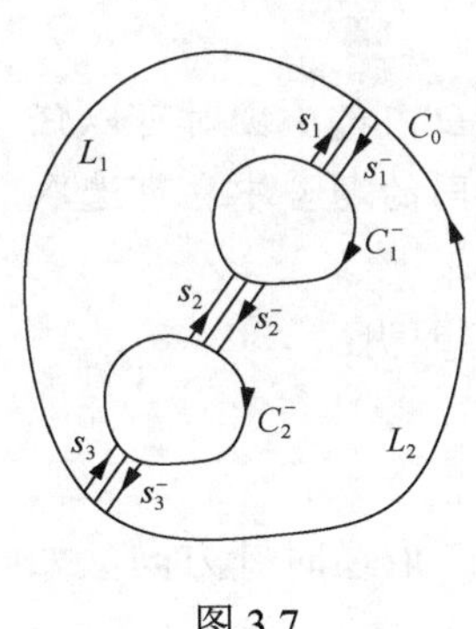

图 3.7

注意到 L_1 中 s_1,s_2,s_3 取正方向，则 L_2 中 s_1^-,s_2^-,s_3^- 为 s_1,s_2,s_3 的负方向，于是

$$\begin{aligned}&\int_{L_1} f(z)\mathrm{d}z+\int_{L_2} f(z)\mathrm{d}z\\&=\left(\int_{C_0}+\int_{C_1}+\int_{C_2}+\int_{s_1^-}+\int_{s_1}+\int_{s_2^-}+\int_{s_2}+\int_{s_3^-}+\int_{s_3}\right)f(z)\mathrm{d}z\\&=\left(\int_{C_0}+\int_{C_1}+\int_{C_2}\right)f(z)\mathrm{d}z=0,\end{aligned}$$

即

$$\int_C f(z)\mathrm{d}z=\left(\int_{C_0}+\int_{C_1}+\int_{C_2}\right)f(z)\mathrm{d}z=0,$$

因此

$$\int_{C_0} f(z)\mathrm{d}z=\int_{C_1^-} f(z)\mathrm{d}z+\int_{C_2^-} f(z)\mathrm{d}z.$$

对于 $C=C_0+C_1+\cdots+C_n$ 情形，结论自然成立．证毕.

定理 3.6　若函数 $f(z)$ 在 D 内解析，在 $\bar{D}=D+C$ 上连续，其中，$C=C_0+C_1+\cdots+C_n$ 取正向，则 $\int_C f(z)\mathrm{d}z=0$，且

$$\int_{C_0} f(z)\mathrm{d}z=\int_{C_1^-} f(z)\mathrm{d}z+\int_{C_2^-} f(z)\mathrm{d}z+\cdots+\int_{C_n^-} f(z)\mathrm{d}z.$$

定理 3.5 与定理 3.6 表明：若函数 $f(z)$ 在 D 内解析，当外圈 C_0 与内圈 $C_1,C_2,\cdots,C_n$

方向相反时，

$$\int_{C_0+C_1+\cdots+C_n} f(z)\mathrm{d}z = 0\ ;$$

当外圈 C_0 与内圈 $C_1, C_2, \cdots, C_n$ 方向相同时，

$$\int_{C_0} f(z)\mathrm{d}z = \int_{C_1} f(z)\mathrm{d}z + \int_{C_2} f(z)\mathrm{d}z + \cdots + \int_{C_n} f(z)\mathrm{d}z\ . \tag{3-1}$$

式（3-1）给出了区域 D 内含有多个奇点时求解积分的方法.

例 3.9 计算 $\int_{|z|=2} \frac{1}{z^2-1}\mathrm{d}z$.

解 因为 $\frac{1}{z^2-1}$ 在区域 $|z|<2$ 内有奇点 $z=\pm 1$，所以根据定理 3.5，分别作逆时针小圆 $C_1: |z+1| = \frac{2}{3}$，$C_2: |z-1| = \frac{1}{2}$，要求这两个小圆互不相交、互不包含，如图 3.8 所示，于是

$$\begin{aligned}\int_{|z|=2} \frac{1}{z^2-1}\mathrm{d}z &= \int_{|z-1|=\frac{1}{2}} \frac{1}{z^2-1}\mathrm{d}z + \int_{|z+1|=\frac{2}{3}} \frac{1}{z^2-1}\mathrm{d}z \\ &= \frac{1}{2}\left(\int_{|z-1|=\frac{1}{2}} \frac{1}{z-1}\mathrm{d}z - \int_{|z-1|=\frac{1}{2}} \frac{1}{z+1}\mathrm{d}z + \int_{|z+1|=\frac{2}{3}} \frac{1}{z-1}\mathrm{d}z - \int_{|z+1|=\frac{2}{3}} \frac{1}{z+1}\mathrm{d}z\right) \\ &= \frac{1}{2}(2\pi\mathrm{i} - 0 + 0 - 2\pi\mathrm{i}) = 0.\end{aligned}$$

注 当例题中没有给出曲线方向时默认曲线取正方向；作区域 D 内部小圆时可以任意选取半径大小，但小圆之间必须满足互不相交、互不包含；在不同的题型中也可选取其他图形（如长方形、椭圆或菱形等）作为积分路径.

例 3.10 设 a 为曲线 C 所围区域 D 内一点，C 取逆时针方向，证明：

$$\int_C \frac{1}{(z-a)^n}\mathrm{d}z = \begin{cases} 2\pi\mathrm{i}, & n=1 \\ 0, & n\neq 1 \text{且} n \text{为整数} \end{cases}.$$

证明 以 a 为圆心作一小圆 C_1，使得 C_1 完全含于区域 D 内，C_1 取逆时针方向，如图 3.9 所示，由定理 3.5，可知

$$\int_C \frac{1}{(z-a)^n}\mathrm{d}z = \int_{C_1} \frac{1}{(z-a)^n}\mathrm{d}z = \begin{cases} 2\pi\mathrm{i}, & n=1 \\ 0, & n\neq 1 \text{且} n \text{为整数} \end{cases}.$$

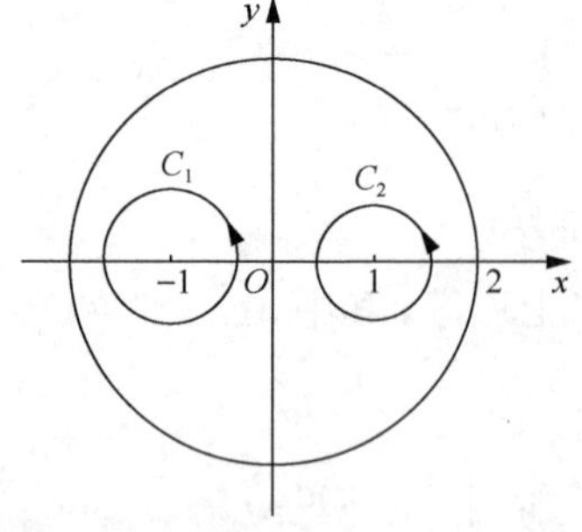

图 3.8

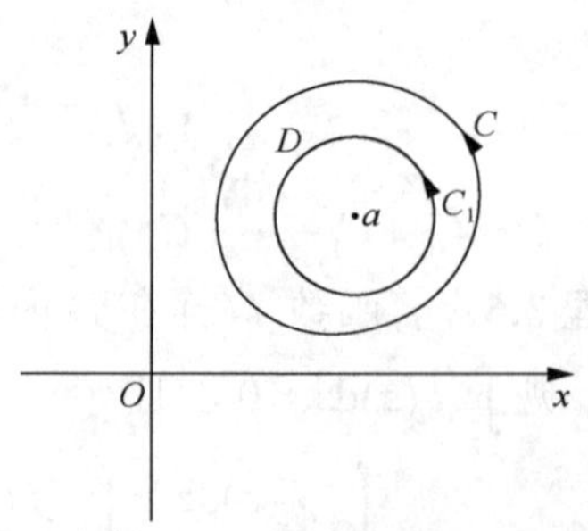

图 3.9

3.2.3　不定积分

根据柯西积分定理，解析函数在单连通区域D内的任一闭曲线上的积分为零. 在D内任取两点z_1, z_2，任作连接起点z_1与终点z_2的两曲线C_1, C_2^-，如图 3.10 所示，则$C_2^- + C_1$构成了简单闭曲线，于是

$$\int_{C_2^- + C_1} f(z)\mathrm{d}z = \int_{C_2^-} f(z)\mathrm{d}z - \int_{C_1^-} f(z)\mathrm{d}z = 0,$$

即

$$\int_{C_2} f(z)\mathrm{d}z = \int_{C_1} f(z)\mathrm{d}z.$$

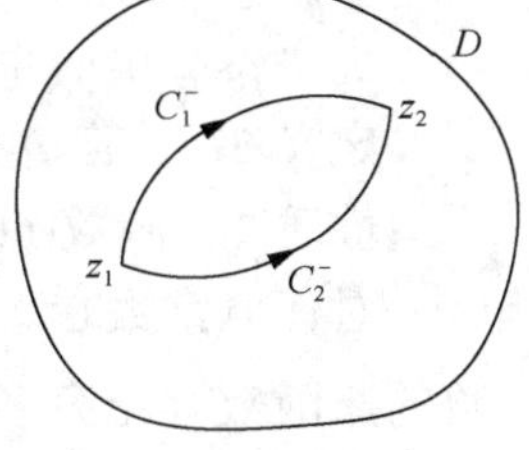

图 3.10

于是，得到了积分与路径无关的结论.

定理 3.7　设函数$f(z)$在单连通区域D内解析，z_1, z_2为D内的任意两点，则D内的积分只与起点z_1和终点z_2有关，与连接z_1, z_2的路径无关，这时积分记作$\int_{z_1}^{z_2} f(z)\mathrm{d}z$.

取定起点z_0，任取z，则$F(z) = \int_{z_0}^{z} f(z)\mathrm{d}z$为变上限积分，与实函数变上限积分一致，有如下结论.

定理 3.8　设函数$f(z)$在单连通区域D内解析，则$F(z) = \int_{z_0}^{z} f(z)\mathrm{d}z$在$D$内解析，且$F'(z) = f(z)$，其中，$z_0$为$D$内一定点.

证明　如图 3.11 所示，任取$z \in D$，以z为圆心作小圆K，使K完全含于D内，取$|\Delta z|$足够小，使得$z + \Delta z$含于K内，注意到K内积分与路径无关，故选取连接z与$z + \Delta z$的直线段，于是

$$\begin{aligned}\frac{F(z+\Delta z) - F(z)}{\Delta z} &= \frac{1}{\Delta z}\left[\int_{z_0}^{z+\Delta z} f(\xi)\mathrm{d}\xi - \int_{z_0}^{z} f(\xi)\mathrm{d}\xi\right] \\ &= \frac{1}{\Delta z}\left[\int_{z_0}^{z} f(\xi)\mathrm{d}\xi + \int_{z}^{z+\Delta z} f(\xi)\mathrm{d}\xi - \int_{z_0}^{z} f(\xi)\mathrm{d}\xi\right] \\ &= \frac{1}{\Delta z}\int_{z}^{z+\Delta z} f(\xi)\mathrm{d}\xi,\end{aligned}$$

而$f(z) = \dfrac{1}{\Delta z}\int_{z}^{z+\Delta z} f(z)\mathrm{d}\xi$，故

$$\begin{aligned}\left|\frac{F(z+\Delta z) - F(z)}{\Delta z} - f(z)\right| &= \left|\frac{1}{\Delta z}\int_{z}^{z+\Delta z} [f(\xi) - f(z)]\mathrm{d}\xi\right| \\ &\leqslant \frac{1}{|\Delta z|}\int_{z}^{z+\Delta z} |f(\xi) - f(z)|\,\mathrm{d}s \\ &< \frac{1}{|\Delta z|}\varepsilon\,|\Delta z| = \varepsilon.\end{aligned}$$

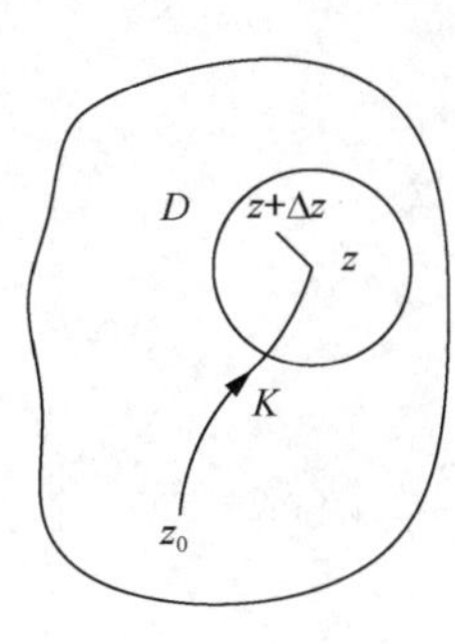

图 3.11

这是因为$f(z)$在D内连续，即对$\forall \varepsilon > 0$，$\exists \delta > 0$，当$|\Delta z| < \delta$时，有$|f(\xi) - f(z)| < \varepsilon$，于是$F'(z) = f(z)$，由$z$的任意性，知$F(z)$在$D$内解析.

在定理 3.8 的证明过程中，只用到了函数的连续性与单连通区域上任一闭曲线积分为零，于是，可以得到更一般的结论.

定理 3.9 设函数 $f(z)$ 在单连通区域 D 内连续，在 D 内任一闭曲线 C 上 $\int_C f(z)\mathrm{d}z = 0$，则 $F'(z) = f(z)$ 且 $F(z)$ 在 D 内解析.

为了得到类似于实函数中的牛顿-莱布尼茨公式，首先定义原函数.

定义 3.1 若 $\Phi'(z) = f(z)$，则称 $\Phi(z)$ 为 $f(z)$ 的一个原函数.

性质 1 函数 $f(z)$ 的原函数有无穷多.

对任意常数 C，因为 $[\Phi(z)+C]' = f(z)$，所以 $\Phi(z)+C$ 是 $f(z)$ 的所有原函数，故函数的原函数有无穷多个.

性质 2 任意两函数之间相差一个常数.

若 $F(z)$ 也是 $f(z)$ 的原函数，则

$$[\Phi(z) - F(z)]' = f(z) - f(z) = 0,$$

故 $\Phi(z) = F(z) + C$，于是，任意两原函数之间相差一个常数 C.

因为 $F(z) = \int_{z_0}^{z} f(z)\mathrm{d}z$，而 $F'(z) = f(z)$，所以 $\int_{z_0}^{z} f(z)\mathrm{d}z$ 也是 $f(z)$ 的原函数.

定义 3.2 称 $f(z)$ 的所有原函数 $F(z)+C$（C 为任意常数）为 $f(z)$ 的不定积分，记作 $\int f(z)\mathrm{d}z$，也即 $\int f(z)\mathrm{d}z = F(z) + C$.

注意到复变函数的原函数与实函数中的定义一致，于是复变函数的分部积分法

$$\int u\mathrm{d}v = uv - \int v\mathrm{d}u$$

自然成立，也可以得到类似于牛顿-莱布尼茨公式的结论.

定理 3.10 设 $\Phi(z)$ 是单连通区域 D 内的函数 $f(z)$ 的一个原函数，$f(z)$ 在 D 内解析，则对任意 $z_0, z_1 \in D$，有

$$\int_{z_0}^{z_1} f(z)\mathrm{d}z = \Phi(z)\Big|_{z_0}^{z_1} = \Phi(z_1) - \Phi(z_0).$$

证明 因为

$$\left[\int_{z_0}^{z} f(z)\mathrm{d}z\right]' = f(z), \quad \Phi'(z) = f(z),$$

所以

$$\Phi(z) - \int_{z_0}^{z} f(z)\mathrm{d}z = C,$$

取 $z = z_0$，则 $\Phi(z_0) = C$，故

$$\int_{z_0}^{z} f(z)\mathrm{d}z = \Phi(z) - \Phi(z_0).$$

当 $z = z_1$ 时，得到

$$\int_{z_0}^{z_1} f(z)\mathrm{d}z = \Phi(z_1) - \Phi(z_0).$$

证毕.

在此基础上，与实函数中积分方法一致，复变函数中也存在类似的分部积分法和第一类换元法.

$$\int_{z_0}^{z_1} uv'\mathrm{d}z = uv\big|_{z_0}^{z_1} - \int_{z_0}^{z_1} vu'\mathrm{d}z,$$

$$\int_{z_0}^{z_1} f[\varphi(z)]\varphi'(z)\mathrm{d}z = \int_{z_0}^{z_1} f[\varphi(z)]\mathrm{d}\varphi(z)$$

$$= F[\varphi(z)]\Big|_{z_0}^{z_1} = F[\varphi(z_1)] - F[\varphi(z_0)].$$

例 3.11　计算下列积分.

（1）$\int_1^3 \mathrm{e}^{2z}\,\mathrm{d}z$；（2）$\int_0^2 z\sin z\mathrm{d}z$；（3）$\int_2^3 z\sqrt{z^2-1}\mathrm{d}z$.

解　（1）因为 e^{2z} 在整个平面内处处解析，所以

$$\int_1^3 \mathrm{e}^{2z}\,\mathrm{d}z = \frac{1}{2}\int_1^3 \mathrm{e}^{2z}\mathrm{d}2z = \frac{1}{2}\mathrm{e}^{2z}\big|_1^3 = \frac{1}{2}(\mathrm{e}^6 - \mathrm{e}^2).$$

（2）因为 $z\sin z$ 在整个平面内处处解析，所以

$$\int_0^2 z\sin z\mathrm{d}z = -z\cos z\big|_0^2 + \int_0^2 \cos z\mathrm{d}z = -2\cos 2 + \sin 2.$$

（3）因为 $\sqrt{z^2-1}$ 在 $z=\pm 1$ 时无意义，故在除去 $z=\pm 1$ 外的任意区域内，有

$$\int_2^3 z\sqrt{z^2-1}\mathrm{d}z = \frac{1}{2}\int_2^3 \sqrt{z^2-1}\,\mathrm{d}(z^2-1) = \frac{1}{3}\left(8^{\frac{3}{2}} - 3^{\frac{3}{2}}\right).$$

3.3　柯西积分公式

思考　已知被积函数在曲线 C 及 C 所围内部解析时，积分 $\int_C f(z)\mathrm{d}z = 0$，那么被积函数在曲线 C 及 C 所围内部有奇点时，积分值会是怎样的呢？我们知道，解析函数可以用实部、虚部进行表示，那么解析函数可以用积分进行表示吗？

1. 柯西积分公式的应用

定理 3.11　设函数 $f(z)$ 在曲线 C 及 C 所围的区域 D 内部解析，z_0 为 D 内任一点，则

$$f(z_0) = \frac{1}{2\pi\mathrm{i}}\int_C \frac{f(z)}{z-z_0}\mathrm{d}z. \tag{3-2}$$

式（3-2）被称为**柯西积分公式**.

证明　如图 3.12 所示，以 z_0 为圆心、r 为半径作完全含于 D 内的小圆 C_1，取逆时针方向，注意到 $2\pi\mathrm{i} = \int_{C_1} \frac{1}{z-z_0}\mathrm{d}z$，于是

$$\left|\int_C \frac{f(z)}{z-z_0}\mathrm{d}z - 2\pi\mathrm{i}f(z_0)\right| = \left|\int_{C_1}\frac{f(z)}{z-z_0}\mathrm{d}z - \int_{C_1}\frac{f(z_0)}{z-z_0}\mathrm{d}z\right|$$
$$= \left|\int_{C_1}\frac{f(z)-f(z_0)}{z-z_0}\mathrm{d}z\right|$$
$$\leqslant \int_{C_1}\left|\frac{f(z)-f(z_0)}{z-z_0}\right|\mathrm{d}s$$
$$< \frac{\varepsilon}{r}\cdot 2\pi r = 2\pi\varepsilon,$$

其中，$f(z)$ 在 z_0 处连续，即对 $\forall\varepsilon>0$，$\exists\delta>0$，取小圆 C_1 的半径为 r，当 $|z-z_0|<\delta<r$ 时，有 $|f(z)-f(z_0)|<\varepsilon$．由 ε 的任意性，知 $\int_C \frac{f(z)}{z-z_0}\mathrm{d}z - 2\pi\mathrm{i}f(z_0)=0$．证毕.

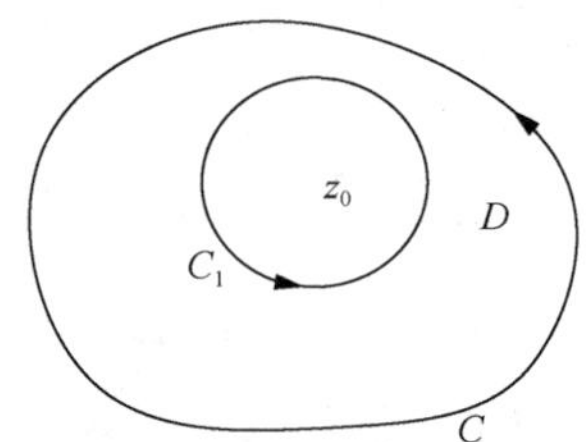

图 3.12

式（3-2）表明，解析函数在区域 D 内任一点 z_0 处的值都可以用边界 C 上的积分表示，该公式提供了用积分表示解析函数的途径．另外，当区域 D 内有奇点时，积分

$$\int_C \frac{f(z)}{z-z_0}\mathrm{d}z = 2\pi\mathrm{i}f(z_0).$$

若将条件放宽，即要求 $f(z)$ 在区域 $\overline{D}$ 上连续，则柯西积分公式仍然成立.

定理 3.12　设曲线 C 所围内部 D 是单连通区域，z_0 为 D 内任一点，$f(z)$ 在 D 内解析，在 $\overline{D}$ 上连续，则

$$f(z_0) = \frac{1}{2\pi\mathrm{i}}\int_C \frac{f(z)}{z-z_0}\mathrm{d}z.$$

例 3.12　计算 $\int_{|z-3|=1}\frac{\mathrm{e}^z}{z-3}\mathrm{d}z$.

解　因为 e^z 在 $|z-3|\leqslant 1$ 上解析，$z=3$ 为圆内的点，所以由柯西积分公式，得

$$\int_{|z-3|=1}\frac{\mathrm{e}^z}{z-3}\mathrm{d}z = 2\pi\mathrm{i}\mathrm{e}^z\big|_{z=3} = 2\pi\mathrm{i}\mathrm{e}^3.$$

例 3.13　计算 $\int_{|z-2|=1}\frac{2z+1}{z^2-4}\mathrm{d}z$.

解　函数 $\frac{2z+1}{z^2-4}$ 有奇点 $z=-2$，$z=2$，而 $z=2$ 是圆内的点，于是，由柯西积分公式，知

$$\int_{|z-2|=1}\frac{2z+1}{z^2-4}\mathrm{d}z=\int_{|z-2|=1}\frac{\dfrac{2z+1}{z+2}}{z-2}\mathrm{d}z=2\pi\mathrm{i}\left.\frac{2z+1}{z+2}\right|_{z=2}=\frac{5}{2}\pi\mathrm{i}\ .$$

这里$\dfrac{2z+1}{z+2}$在$|z-2|\leqslant 1$上解析.

例 3.14　计算$\displaystyle\int_{|z-\mathrm{i}|=\frac{1}{2}}\frac{1}{z(z^2+1)}\mathrm{d}z$.

解　因为

$$\frac{1}{z(z^2+1)}=\frac{1}{z(z-\mathrm{i})(z+\mathrm{i})}=\frac{\dfrac{1}{z(z+\mathrm{i})}}{z-\mathrm{i}},$$

又$\dfrac{1}{z(z+\mathrm{i})}$在$|z-\mathrm{i}|\leqslant\dfrac{1}{2}$上解析，$z=\mathrm{i}$为$|z-\mathrm{i}|<\dfrac{1}{2}$内的点，所以由柯西积分公式，可知

$$\int_{|z-\mathrm{i}|=\frac{1}{2}}\frac{1}{z(z^2+1)}\mathrm{d}z=\int_{|z-\mathrm{i}|=\frac{1}{2}}\frac{\dfrac{1}{z(z+\mathrm{i})}}{z-\mathrm{i}}\mathrm{d}z=2\pi\mathrm{i}\left.\frac{1}{z(z+\mathrm{i})}\right|_{z=\mathrm{i}}=-\pi\mathrm{i}\ .$$

下面讨论单连通区域D为圆域，奇点为圆心时函数的性质.

推论（平均值公式）　若函数$f(z)$在圆域$|z-z_0|\leqslant R$上解析，则

$$f(z_0)=\frac{1}{2\pi}\int_0^{2\pi}f(z_0+R\mathrm{e}^{\mathrm{i}\theta})\mathrm{d}\theta\ . \tag{3-3}$$

式（3-3）称为平均值公式，揭示了解析函数在圆心的值可以用圆周积分的平均值表示.

证明　圆周$|z-z_0|=R$的参数方程为$z=z_0+R\mathrm{e}^{\mathrm{i}\theta}$，$0\leqslant\theta\leqslant 2\pi$．根据柯西积分公式，得

$$\begin{aligned}f(z_0)&=\frac{1}{2\pi\mathrm{i}}\int_C\frac{f(z)}{z-z_0}\mathrm{d}z\\&=\frac{1}{2\pi\mathrm{i}}\int_0^{2\pi}\frac{f(z_0+R\mathrm{e}^{\mathrm{i}\theta})}{R\mathrm{e}^{\mathrm{i}\theta}}R\mathrm{e}^{\mathrm{i}\theta}\mathrm{i}\mathrm{d}\theta\\&=\frac{1}{2\pi}\int_0^{2\pi}f(z_0+R\mathrm{e}^{\mathrm{i}\theta})\mathrm{d}\theta.\end{aligned}$$

若区域D是多连通区域，柯西积分公式仍然成立.

定理 3.13　设区域D是多连通区域，正向边界$C=C_0+C_1^-+\cdots+C_n^-$是由$C_0,C_1^-,\cdots,C_n^-$构成的闭曲线．若$f(z)$在边界C及C所围内部解析，则对$\forall z_0\in D$，有

$$f(z_0)=\frac{1}{2\pi\mathrm{i}}\int_C\frac{f(z)}{z-z_0}\mathrm{d}z\ .$$

该公式称为多连通区域上的柯西积分公式.

证明　作$K_r^-:|z-z_0|=r$，令r足够小，使得K_r^-含在C_0所围的区域内部且在$C_1^-,C_2^-,\cdots,C_n^-$之外．如图 3.13 所示，函数$\dfrac{f(z)}{z-z_0}$在以$C_0+C_1^-+\cdots+C_n^-+K_r^-$为边界的多连通区域$D'$内解析，由多连通区域的柯西积分定理，得

$$\int_{C_0+C_1^-+\cdots+C_n^-+K_r^-}\frac{f(z)}{z-z_0}\mathrm{d}z=0,$$

即

$$\int_{K_r}\frac{f(z)}{z-z_0}\mathrm{d}z=\int_C\frac{f(z)}{z-z_0}\mathrm{d}z.$$

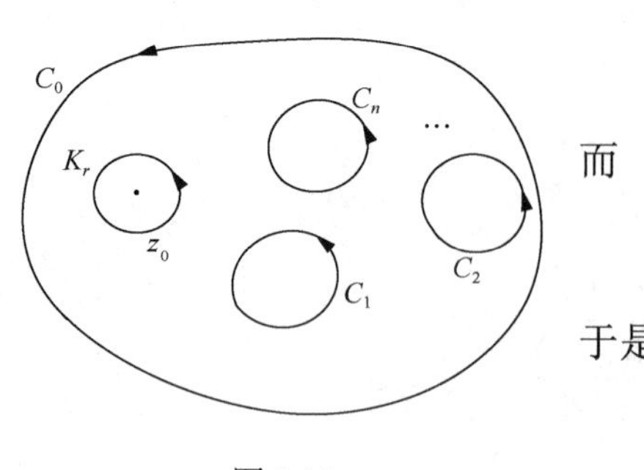

图 3.13

而

$$\int_{K_r}\frac{f(z)}{z-z_0}\mathrm{d}z=2\pi\mathrm{i}f(z_0),$$

于是

$$f(z_0)=\frac{1}{2\pi\mathrm{i}}\int_C\frac{f(z)}{z-z_0}\mathrm{d}z.$$

证毕.

将定理 3.13 的条件放宽，得到的下面的结论也是成立的：

设区域 D 是多连通区域，正向边界 $C=C_0+C_1^-+\cdots+C_n^-$ 是由 $C_0,C_1^-,\cdots,C_n^-$ 构成的闭曲线．若 $f(z)$ 在 D 内解析，在 $\overline{D}$ 上连续，则对 $\forall z_0\in D$，有

$$f(z_0)=\frac{1}{2\pi\mathrm{i}}\int_C\frac{f(z)}{z-z_0}\mathrm{d}z.$$

例 3.15　计算 $\int_C\frac{1}{(2z+1)(z-1)}\mathrm{d}z$，其中，$C$ 为圆环 $\frac{3}{4}<|z|<2$ 的边界，如图 3.14 所示.

解　因为 $\frac{1}{(2z+1)(z-1)}=\frac{\frac{1}{2z+1}}{z-1}$ 在圆环内有奇点 $z=1$，由多连通区域的柯西积分公式，得

$$\int_C\frac{1}{(2z+1)(z-1)}\mathrm{d}z=\int_C\frac{\frac{1}{2z+1}}{z-1}\mathrm{d}z=2\pi\mathrm{i}\left.\frac{1}{2z+1}\right|_{z=1}=\frac{2}{3}\pi\mathrm{i}.$$

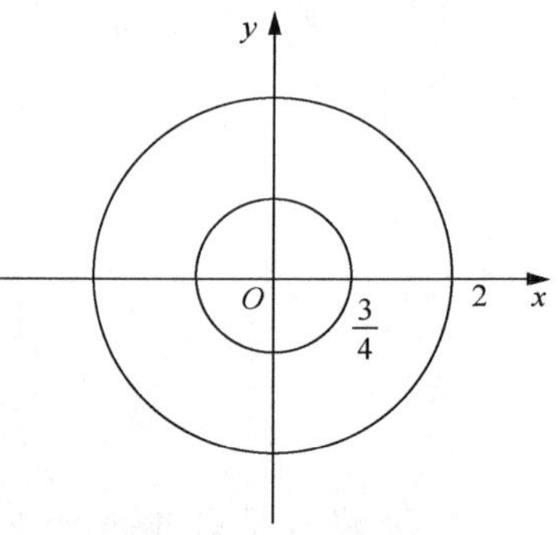

图 3.14

例 3.16　计算 $\int_C\frac{\mathrm{e}^z}{(z-2)(z+4)}\mathrm{d}z$，其中，曲线 C 由 $|z|=3$ 及四条直线 $y=x\pm1$，$y=-x\pm1$ 所构成.

解　因为 $z=2$ 是区域内的一点，由多连通区域的柯西积分公式，得

$$\int_C\frac{\mathrm{e}^z}{(z-2)(z+4)}\mathrm{d}z=\int_C\frac{\frac{\mathrm{e}^z}{z+4}}{z-2}\mathrm{d}z=2\pi\mathrm{i}\left.\frac{\mathrm{e}^z}{z+4}\right|_{z=2}=\frac{\mathrm{e}^2\pi\mathrm{i}}{3}.$$

*2.　泊松公式

解析函数可以通过调和函数来构造，根据柯西积分公式，可以得到调和函数的一个

重要公式——泊松公式，该公式在研究调和函数的性质方面有着重要的作用.

设函数 $f(z)$ 在 $C:|z-z_0|\leqslant R$ 上解析，由柯西积分公式知，对圆内任一点 $z=z_0+r\mathrm{e}^{\mathrm{i}\varphi}$，得到

$$\begin{aligned}f(z)&=\frac{1}{2\pi\mathrm{i}}\int_C\frac{f(\zeta)}{\zeta-z}\mathrm{d}\zeta\\&=\frac{1}{2\pi}\int_0^{2\pi}f(z_0+R\mathrm{e}^{\mathrm{i}\theta})\frac{R\mathrm{e}^{\mathrm{i}\theta}}{R\mathrm{e}^{\mathrm{i}\theta}-r\mathrm{e}^{\mathrm{i}\varphi}}\mathrm{d}\theta.\end{aligned}\tag{3-4}$$

考虑圆外一点 $z^*=z_0+\dfrac{R^2}{r}\mathrm{e}^{\mathrm{i}\varphi}$，$|z^*-z_0|=\dfrac{R^2}{r}>R$，根据柯西积分定理，知

$$\begin{aligned}0&=\frac{1}{2\pi\mathrm{i}}\int_C\frac{f(\zeta)}{\zeta-z^*}\mathrm{d}\zeta=\frac{1}{2\pi}\int_0^{2\pi}f(z_0+R\mathrm{e}^{\mathrm{i}\theta})\frac{R\mathrm{e}^{\mathrm{i}\theta}}{R\mathrm{e}^{\mathrm{i}\theta}-\dfrac{R^2}{r}\mathrm{e}^{\mathrm{i}\varphi}}\mathrm{d}\theta\\&=\frac{1}{2\pi}\int_0^{2\pi}f(z_0+R\mathrm{e}^{\mathrm{i}\theta})\frac{r\mathrm{e}^{\mathrm{i}\theta}}{r\mathrm{e}^{\mathrm{i}\theta}-R\mathrm{e}^{\mathrm{i}\varphi}}\mathrm{d}\theta.\end{aligned}\tag{3-5}$$

对式（3-4）与式（3-5）作差，得

$$\begin{aligned}f(z)&=\frac{1}{2\pi}\int_0^{2\pi}f(z_0+R\mathrm{e}^{\mathrm{i}\theta})\left(\frac{R\mathrm{e}^{\mathrm{i}\theta}}{R\mathrm{e}^{\mathrm{i}\theta}-r\mathrm{e}^{\mathrm{i}\varphi}}-\frac{r\mathrm{e}^{\mathrm{i}\theta}}{r\mathrm{e}^{\mathrm{i}\theta}-R\mathrm{e}^{\mathrm{i}\varphi}}\right)\mathrm{d}\theta\\&=\frac{1}{2\pi}\int_0^{2\pi}f(z_0+R\,\mathrm{e}^{\mathrm{i}\theta})\frac{R^2-r^2}{R^2-2Rr\cos(\theta-\varphi)-r^2}\mathrm{d}\theta.\end{aligned}\tag{3-6}$$

记

$$f(z)=f(z_0+r\mathrm{e}^{\mathrm{i}\varphi})=u(r,\varphi)+\mathrm{i}v(r,\varphi),$$

则

$$f(z_0+R\mathrm{e}^{\mathrm{i}\theta})=u(R,\theta)+\mathrm{i}v(R,\theta),$$

于是

$$u(r,\varphi)=\frac{1}{2\pi}\int_0^{2\pi}u(R,\theta)\frac{R^2-r^2}{R^2-2Rr\cos(\theta-\varphi)-r^2}\mathrm{d}\theta.\tag{3-7}$$

式（3-7）称为**泊松积分公式**. 该式表明，函数在圆内任意点的值可以用圆周积分的平均值进行表示.

在式（3-7）中，当 $z=z_0$ 时，$r=0$，于是

$$u(z_0)=\frac{1}{2\pi}\int_0^{2\pi}u(R,\theta)\mathrm{d}\theta=\frac{1}{2\pi R}\oint_C u\mathrm{d}s,$$

其中，C 表示圆周；$\mathrm{d}s$ 为圆周上的弧长元素；u 为函数在 C 上的值，称该公式为**调和函数的平均值公式**.

3.4　高阶求导公式

由柯西积分公式可知，解析函数在内部点的值可以用边界的积分表示. 那么解析函

数的导数是否仍然可用积分表示？如何计算积分 $\frac{1}{2\pi i}\int_C \frac{f(z)}{(z-a)^3}dz$ 呢？下面的定理表明，解析函数的导数可以用积分表示，并且解析函数可以无穷多次求导．但在实函数中，区间上的可导函数是否具有二阶导数也不确定．

1. 高阶求导公式的定义

定理 3.14　设函数 $f(z)$ 在曲线 C 所围的区域 D 内部及边界上解析，z_0 为 D 内任一点（图 3.15），则

$$f^{(n)}(z_0)=\frac{n!}{2\pi i}\int_C \frac{f(z)}{(z-z_0)^{n+1}}dz，\quad n=1,2,\cdots，\tag{3-8}$$

称式（3-8）为解析函数的**高阶求导公式**.

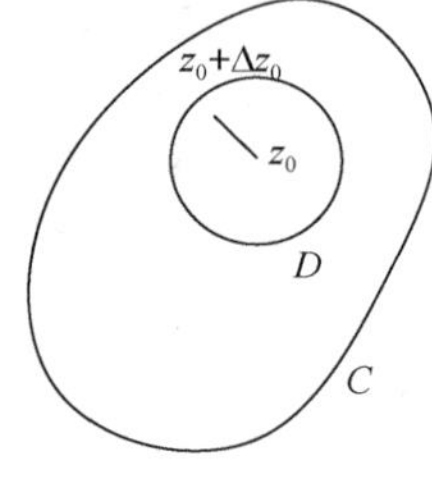

图 3.15

证明　用数学归纳法进行证明.

首先证明当 $n=1$ 时，

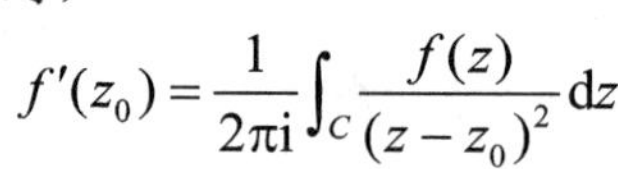

$$f'(z_0)=\frac{1}{2\pi i}\int_C \frac{f(z)}{(z-z_0)^2}dz$$

成立．因为

$$f(z_0)=\frac{1}{2\pi i}\int_C \frac{f(z)}{z-z_0}dz，$$

$$f(z_0+\Delta z)=\frac{1}{2\pi i}\int_C \frac{f(z)}{z-(z_0+\Delta z)}dz，$$

所以

$$\begin{aligned}\frac{f(z_0+\Delta z)-f(z_0)}{\Delta z}&=\frac{1}{\Delta z}\frac{1}{2\pi i}\int_C\left[\frac{f(z)}{z-(z_0+\Delta z)}-\frac{f(z)}{z-z_0}\right]dz\\&=\frac{1}{2\pi i}\int_C \frac{f(z)}{[z-(z_0+\Delta z)](z-z_0)}dz.\end{aligned}$$

只需证明当 $\Delta z\to 0$ 时，

$$\begin{aligned}&\left|\frac{f(z_0+\Delta z)-f(z_0)}{\Delta z}-\frac{1}{2\pi i}\int_C \frac{f(z)}{(z-z_0)^2}dz\right|\\=&\left|\frac{1}{2\pi i}\int_C \frac{f(z)}{[z-(z_0+\Delta z)](z-z_0)}dz-\frac{1}{2\pi i}\int_C \frac{f(z)}{(z-z_0)^2}dz\right|\\=&\left|\frac{1}{2\pi i}\int_C \frac{\Delta z f(z)}{(z-z_0-\Delta z)(z-z_0)^2}dz\right|\end{aligned}$$

不超过任意小的正数 ε .

因为 $f(z)$ 在 $\bar{D}$ 上解析，所以存在 $M>0$，使得 $|f(z)|\leqslant M$ ，$\forall z\in\bar{D}$，设 z_0 到区域 D 边界点 z 的最小距离为 d ，即 $|z-z_0|\geqslant d$ ，$|\Delta z|<\frac{d}{2}$，$|z-z_0-\Delta z|\geqslant|z-z_0|-|\Delta z|>d-\frac{d}{2}=\frac{d}{2}$，于是

$$\left|\frac{\Delta z f(z)}{(z-z_0-\Delta z)(z-z_0)^2}\right|=\frac{|\Delta z||f(z)|}{|z-z_0-\Delta z||(z-z_0)^2|}<\frac{2|\Delta z|M}{d^3}.$$

设曲线C的长为l，则要使

$$\begin{aligned}&\left|\frac{f(z_0+\Delta z)-f(z_0)}{\Delta z}-\frac{1}{2\pi \mathrm{i}}\int_C\frac{f(z)}{(z-z_0)^2}\mathrm{d}z\right|\\&=\left|\frac{1}{2\pi \mathrm{i}}\int_C\frac{\Delta z f(z)}{(z-z_0-\Delta z)(z-z_0)^2}\mathrm{d}z\right|\\&<\frac{1}{2\pi}\frac{2|\Delta z|M}{d^3}l<\varepsilon\end{aligned} \tag{3-9}$$

成立，只需$|\Delta z|<\frac{\varepsilon d^3\pi}{lM}$. 于是，对$\forall\varepsilon>0$，取$\delta=\min\left\{\frac{d}{2},\frac{\varepsilon d^3\pi}{lM}\right\}$，当$|\Delta z|<\delta$时，式(3-9)成立，即

$$f'(z_0)=\frac{1}{2\pi \mathrm{i}}\int_C\frac{f(z)}{(z-z_0)^2}\mathrm{d}z.$$

假设$n=k$时结论成立，类似于$n=1$的证明过程，可证明$n=k+1$时结论也成立. 证毕.

注　(1) 式(3-8)表明解析函数在区域D内任一点的任意阶导数都可用边界上的积分进行表示.

(2) 解析函数具有任意阶导数，任意阶导数仍解析.

(3) 式(3-8)给出了求解积分的方法，即

$$\int_C\frac{f(z)}{(z-z_0)^{n+1}}\mathrm{d}z=\frac{2\pi \mathrm{i}}{n!}f^{(n)}(z_0).$$

该式适合区域D内只有一个奇点的情形，对多个奇点则需用复合闭路积分方法，将多个奇点的情形转化成一个奇点的情形.

例 3.17　计算下列积分：

(1) $\int_{|z-1|=1}\frac{\sin z}{(z-1)^3}\mathrm{d}z$；(2) $\int_C\frac{\mathrm{e}^{-z}\cos z}{z^2}\mathrm{d}z$，其中$C:|z|=1$.

解　(1) 因为$\sin z$在$|z-1|\leqslant 1$上解析，$z=1$是圆内唯一的奇点，根据高阶求导公式，得

$$\int_{|z-1|=1}\frac{\sin z}{(z-1)^3}\mathrm{d}z=\frac{2\pi \mathrm{i}}{2!}\sin''z|_{z=1}=-\pi \mathrm{i}\sin 1.$$

(2) 因为$\mathrm{e}^{-z}\cos z$在$|z|\leqslant 1$上解析，$z=0$为圆内唯一的奇点，根据高阶求导公式，得

$$\int_C\frac{\mathrm{e}^{-z}\cos z}{z^2}\mathrm{d}z=2\pi \mathrm{i}(\mathrm{e}^{-z}\cos z)'|_{z=0}=-2\pi \mathrm{i}.$$

例 3.18　计算$\int_C\frac{z}{(2z+1)(z-1)^2}\mathrm{d}z$，$C:|z|=2$.

解　因为被积函数在$|z|<2$内有奇点$z=-\frac{1}{2}$，$z=1$，分别以$-\frac{1}{2}$,1为圆心作小圆C_1,

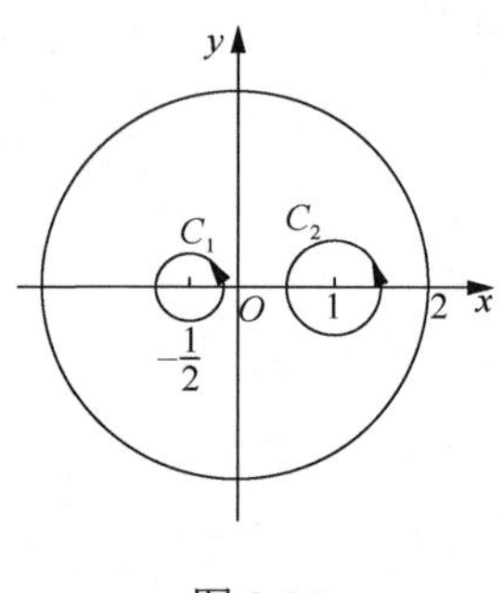

图 3.16

C_2，要求 C_1 与 C_2 含于 $|z|<2$ 内且互不相交、互不包含，如图 3.16 所示，所以有

$$\begin{aligned}&\int_C \frac{z}{(2z+1)(z-1)^2}\mathrm{d}z\\&=\int_{C_1}\frac{z}{(2z+1)(z-1)^2}\mathrm{d}z+\int_{C_2}\frac{z}{(2z+1)(z-1)^2}\mathrm{d}z\\&=\int_{C_1}\frac{\frac{z}{2(z-1)^2}}{z+\frac{1}{2}}\mathrm{d}z+\int_{C_2}\frac{\frac{z}{2z+1}}{(z-1)^2}\mathrm{d}z\\&=-\frac{2\pi\mathrm{i}}{9}+\frac{2\pi\mathrm{i}}{9}=0.\end{aligned}$$

2. 莫雷拉定理

下面给出柯西积分定理的逆定理——莫雷拉（Morera）定理.

定理 3.15　若 $f(z)$ 在单连通区域 D 内连续，对 D 内任一简单闭曲线 C，有 $\int_C f(z)\mathrm{d}z=0$，则 $f(z)$ 在单连通区域 D 内解析.

证明　因为区域 D 是单连通的，且 $\int_C f(z)\mathrm{d}z=0$，在 D 内任取点 z_0 和变点 z，则变上限积分 $F(z)=\int_{z_0}^{z} f(z)\mathrm{d}z$ 只与起点 z_0 和终点 z 有关而与路径无关，由定理 3.9 知，$F'(z)=f(z)$，$F(z)$ 在区域 D 内解析，而解析函数具有任意阶导数，所以 $f(z)$ 在区域 D 内解析．证毕.

于是得到解析函数的积分判定方法.

定理 3.16　函数 $f(z)$ 在区域 D 内解析的充要条件：

（1） $f(z)$ 在 D 内连续；

（2）当任一简单闭曲线 C 及内部含于 D 内时，都有 $\int_C f(z)\mathrm{d}z=0$.

证明　必要性显然成立，下面只证充分性.

任取 $z_0\in D$，取足够小的邻域 $|z-z_0|<r$，在该邻域上运用莫雷拉定理，则 $f(z)$ 在该邻域上解析，由 z_0 的任意性，知 $f(z)$ 在 D 内解析．证毕.

3. 高阶求导公式的应用

高阶求导公式除用于求积分外，还可用于估计解析函数各阶导数的大小.

柯西不等式：设 $f(z)$ 在区域 D 内解析，a 为 D 内任一点，以 a 为圆心的圆周 $|z-a|=R$ 及其内部 K 均含于 D 内，则有

$$|f^{(n)}(z_0)|\leqslant\frac{n!M(R)}{R^n},$$

其中，$M(R)=\max\limits_{|z-a|=R}|f(x)|$，$n=1,2,\cdots$.

证明　在圆 $\bar{K}$ 上应用高阶求导公式，得

$$f^{(n)}(z_0)=\frac{n!}{2\pi\mathrm{i}}\int_C\frac{f(z)}{(z-z_0)^{n+1}}\mathrm{d}z\text{，}\quad n=1,2,\cdots.$$

因为 $|f(z)|\leqslant M(R)$，所以

$$|f^{(n)}(z_0)|=\left|\frac{n!}{2\pi\mathrm{i}}\int_C\frac{f(z)}{(z-z_0)^{n+1}}\mathrm{d}z\right|\leqslant\frac{n!}{2\pi}\frac{M(R)}{R^{n+1}}2\pi R=\frac{n!M(R)}{R^n}.$$

该式表明，各阶导数的大小与解析区域 $|z-a|<R$ 密切相关.

作为柯西不等式的应用，下面介绍刘维尔定理.

在整个平面解析的函数称为整函数. 例如，$\sin z,\cos z,\mathrm{e}^z$ 及多项式函数都是整函数.

定理 3.17（刘维尔定理）　有界整函数必为常数.

证明　设 $f(z)$ 是整函数且 $|f(z)|\leqslant M$，由柯西不等式可知，对任意 R，都有 $|f'(z)|\leqslant\dfrac{M}{R}$，当 $R\to+\infty$ 时，$|f'(z)|\to 0$，于是 $f'(z)=0$. 设 $f(z)=u(x,y)+\mathrm{i}v(x,y)$，则 $f'(z)=u_x+\mathrm{i}v_x=0$. 又由解析性，可知 $u_x=u_y=0$，$v_x=v_y=0$，故 $u(x,y),v(x,y)$ 是常数，从而 $f(z)$ 为常数.

注　这是非局部命题，也是模有界定理. 根据逆否命题：非常数的整函数必无界，说明整函数 $\mathrm{e}^z,\sin z,\cos z,\mathrm{sh}z,\mathrm{ch}z$ 及多项式函数 $P(z)$ 都是无界函数，这从另一个角度说明了函数的无界性.

定理 3.18（代数基本定理）　任何 n 次代数方程至少有一个根.

证明　假设 n 次代数方程

$$P(z)=a_0z^n+a_1z^{n-1}+a_2z^{n-2}+\cdots+a_n=0\quad(n\geqslant 1)$$

在平面内无根，即 $P(z)$ 无零点，故 $\dfrac{1}{P(z)}$ 是整函数. 又因为

$$\begin{aligned}|P(z)|&=\left|z^n\left(a_0+\frac{a_1}{z}+\frac{a_2}{z^2}+\cdots+\frac{a_n}{z^n}\right)\right|\\&\geqslant|z^n|\left(|a_0|-\left|\frac{a_1}{z}\right|-\left|\frac{a_2}{z^2}\right|-\cdots-\left|\frac{a_n}{z^n}\right|\right),\end{aligned}$$

当 $z\to\infty$ 时，$|P(z)|\to\infty$，$\left|\dfrac{1}{P(z)}\right|\to 0$. 于是对任意 z，$\dfrac{1}{P(z)}$ 是有界整函数. 根据刘维尔定理 $\dfrac{1}{P(z)}=C$，这与 $P(z)$ 为 n 次多项式矛盾. 因此，任何 n 次代数方程至少有一个根.

本章小结

本章从积分的角度研究解析函数，考虑积分路径封闭时解析函数在单连通区域及多连通区域的积分，进一步得到高阶求导积分表示.

1. 复积分的概念及计算

复变函数积分的定义与实函数积分的定义类似，具有和的极限的形式：

$$\lim_{\lambda\to 0}\sum_{k=1}^{n} f(\xi_k)\Delta z_k = \int_C f(z)\mathrm{d}z,$$

当 $f(z)$ 连续时积分存在.

如何计算复变函数的积分呢？有如下几种情形：

（1）$\int_C f(z)\mathrm{d}z = \int_C u\mathrm{d}x - v\mathrm{d}y + \mathrm{i}\int_C v\mathrm{d}x + u\mathrm{d}y$.

该等式将复变函数的积分转化为第二类曲线积分.

（2）积分曲线的参数方程：若 $z = z(t)$，$\alpha \leqslant t \leqslant \beta$，则

$$\int_C f(z)\mathrm{d}z = \int_\alpha^\beta f[z(t)]z'(t)\mathrm{d}t.$$

该等式将复变函数的积分转化为定积分.

（3）（柯西积分定理）若 $f(z)$ 在曲线 C 及 C 所围的区域 D 内部解析，则 $\int_C f(z)\mathrm{d}z = 0$.

（4）若 $f(z)$ 在曲线 C 及 C 所围的区域 D 内部连续，且在 D 内解析，则 $\int_C f(z)\mathrm{d}z = 0$.

（5）（柯西积分公式）若 $f(z)$ 在曲线 C 及 C 所围的区域 D 内部解析，z_0 为 D 内任一点，则

$$f(z_0) = \frac{1}{2\pi\mathrm{i}}\int_C \frac{f(z)}{z - z_0}\mathrm{d}z,$$

且有

$$\int_C \frac{f(z)}{z - z_0}\mathrm{d}z = 2\pi\mathrm{i}f(z_0).$$

该式用于区域 D 内部有唯一奇点时积分的计算.

（6）若 $f(z)$ 在曲线 C 及 C 所围的区域 D 内部解析，z_0 为 D 内任一点，则

$$f^{(n)}(z_0) = \frac{n!}{2\pi\mathrm{i}}\int_C \frac{f(z)}{(z - z_0)^{n+1}}\mathrm{d}z,\quad n = 1, 2, \cdots$$

为高阶求导公式，该式表明解析函数的任意阶导数可以用定义在边界上的积分表示；被积函数分母次数大于 1 的积分的计算：

$$\int_C \frac{f(z)}{(z - z_0)^{n+1}}\mathrm{d}z = \frac{2\pi\mathrm{i}}{n!}f^{(n)}(z_0),\quad n = 1, 2, \cdots.$$

（7）若正向曲线 $C = C_0 + C_1^- + \cdots + C_n^-$（其中，$C_0, C_1^-, \cdots, C_n^-$ 均为逆时针方向的封闭曲线）所围区域为多连通区域，$f(z)$ 在曲线 C 及 C 所围内部解析，则 $\int_C f(z)\mathrm{d}z = 0$，且有

$$\int_{C_0} f(z)\mathrm{d}z = \int_{C_1} f(z)\mathrm{d}z + \int_{C_2} f(z)\mathrm{d}z + \cdots + \int_{C_n} f(z)\mathrm{d}z.$$

该式将区域内含有多个奇点的积分转化为单奇点的积分，然后结合柯西积分公式及高阶求导公式计算.

2．积分估计

$$\left|\int_C f(z)\mathrm{d}z\right| \leqslant \int_C |f(z)|\,\mathrm{d}s \leqslant ML,$$

其中，$|f(z)| \leqslant M$，$\forall z \in C$，曲线 C 可求长，其长度为 L．

【数学家那些事儿】

陶哲轩 1975 年出生于澳大利亚阿德莱德，是位华裔数学家，其父亲来自上海，母亲则来自香港，两人均就读于香港大学。陶哲轩于 2000 年荣获塞勒姆奖，2006 年更是斩获了菲尔兹奖（获得菲尔兹奖的第二位华人），2007 年他被选为英国皇家学会会员，2008 年又当选为美国国家科学院院士。他的研究领域广泛，涵盖了调和分析、偏微分方程、组合数学、算术数论及黎曼几何等多个领域。

在记者采访中，陶哲轩如此回答：我在大学时期才开始真正领悟数学背后的深远意义和目的，理解数学是如何与实际问题和人类直觉紧密相连的。他认为，课堂的环境更适合进行理论和应用的学习，能够让人从整体上把握所学科目的精髓。而要想深入探究事物的本质，则需要在一个看似简单的问题上投入大量的时间，彻底理清问题的来龙去脉。这样的积累在日后向更高难度的问题发起挑战时，会发挥出巨大的作用。陶哲轩将数学研究比作一场不可预知的马拉松，强调其中需要无比的耐心，以及将复杂大问题拆解成若干小问题的想法和决心；在与合作者一起工作时，则要保持开放的态度，并始终清晰地传达自己的思考。

当被问及如何做研究时，他分享道：当面对一个与以往相似的问题时，首先会尝试之前使用过的方法，若行不通，则思考一些小技巧，力求取得微小的进展。通过不断的尝试，会对问题有更深的理解，以后再遇到类似的问题时，就能迅速判断哪些方法可行，哪些方法可能导致何种结果。在着手解决具体细节之前，他会先设定解题策略，一旦有了策略，就会将大问题拆解成众多小问题，并尝试对问题稍做变动，观察会产生怎样的影响。

陶哲轩热衷于探讨一些模糊和普通的问题，更是交叉学科研究的爱好者。他擅长将一个领域获得的思想与见解巧妙地应用到其他领域，从而推动交叉学科的发展。

习题 3

1．计算 $\int_0^{1+\mathrm{i}} z^2\mathrm{d}z$，其中，积分路径分别如下．

（1）从 0 到 $1+\mathrm{i}$ 的直线段；

（2）从 0 到 1，再由 1 到 $1+\mathrm{i}$ 的折线段；

（3）沿曲线 $y = x^2$ 从 0 到 $1+\mathrm{i}$ 的曲线段．

2．计算 $\int_C \operatorname{Im} z\mathrm{d}z$，其中，积分路径 C 分别如下．

（1）由原点到$2+\mathrm{i}$的直线段；

（2）圆周$|z-a|=R(R>0)$；

（3）起点为 1 的上半单位圆周．

3．计算沿下列正向曲线的积分：$\int_C \frac{\bar{z}}{|z|}\mathrm{d}z$．

（1）$|z|=2$；　　（2）$|z|=4$．

4．计算$\int_0^{1+\mathrm{i}}(x^2+\mathrm{i}y)\mathrm{d}z$，其中，积分路径分别如下．

（1）起点为 0，终点为$1+\mathrm{i}$的直线段$y=x$；

（2）起点为 0，终点为$1+\mathrm{i}$的曲线$y=x^2$．

5．积分估值．

（1）$\left|\int_C(x^2+\mathrm{i}y^2)\mathrm{d}z\right|\leqslant 2$，其中，曲线$C$为从$-\mathrm{i}$到$\mathrm{i}$的直线段；

（2）$\left|\int_C(x^2+\mathrm{i}y^2)\mathrm{d}z\right|\leqslant \pi$，其中，曲线$C$为从$-\mathrm{i}$到$\mathrm{i}$的右半圆周．

6．观察下列积分，再求值．

（1）$\int_{|z|=2}\frac{1}{z+3}\mathrm{d}z$；　　（2）$\int_{|z-1|=2}\frac{\mathrm{e}^z}{z-4}\mathrm{d}z$；

（3）$\int_{|z|=1}\frac{1}{\cos z}\mathrm{d}z$；　　（4）$\int_{|z|=\frac{1}{2}}\frac{1}{z^2-5z+6}\mathrm{d}z$；

（5）$\int_{|z|=1}\sin z\mathrm{d}z$；　　（6）$\int_{|z|=\frac{1}{3}}\frac{1}{\left(z-\frac{\mathrm{i}}{2}\right)(z+2)}\mathrm{d}z$．

7．计算下列积分．

（1）$\int_0^{\mathrm{i}}(2\mathrm{e}^{\mathrm{i}z}+z)\mathrm{d}z$；　　（2）$\int_{\pi\mathrm{i}}^{2\mathrm{i}}\mathrm{e}^{2z}\mathrm{d}z$；

（3）$\int_0^3 z\cos 2z\mathrm{d}z$；　　（4）$\int_{-\pi\mathrm{i}}^{\pi\mathrm{i}}\sin^2 z\mathrm{d}z$；

（5）$\int_0^{\mathrm{i}}(z-\mathrm{i})\mathrm{e}^{-z}\mathrm{d}z$；　　（6）$\int_0^1 z\sin z\mathrm{d}z$．

8．计算下列积分．

（1）$\int_C\left(\frac{4}{z+1}+\frac{3}{z+2\mathrm{i}}\right)\mathrm{d}z$，其中，$C:|z|=3$取正向；

（2）$\int_C\frac{1}{z-\mathrm{i}}\mathrm{d}z$，其中，曲线$C$为以$\pm\frac{1}{2},\pm\frac{6}{5}\mathrm{i}$为顶点的正向菱形；

（3）$\int_C\frac{\mathrm{e}^z}{z(z^2-1)}\mathrm{d}z$，其中，曲线$C$为圆环$\frac{1}{2}\leqslant|z|\leqslant 2$；

（4）$\int_C\frac{\mathrm{e}^z}{z(1-z)^3}\mathrm{d}z$，其中，曲线$C$为不经过 0 和 1 的简单闭曲线，取正向；

（5）$\int_C\frac{\mathrm{e}^{2z}}{2z+1}\mathrm{d}z$，其中，$C:|z|=1$取正向；

（6）$\int_C \frac{e^z}{z-3}dz$，其中，$C:|z|=2$ 取正向.

9．求 $\int_C \frac{1}{z+3}dz$，其中，曲线 C 为正向单位圆周 $|z|=1$，并进一步证明：

$$\int_0^{\pi} \frac{1+3\cos\theta}{10+6\cos\theta}d\theta = 0 .$$

10．证明：若曲线 C 为不经过 1 的简单闭曲线，则

$$\int_C \frac{2}{(z-1)^3}dz = 0 .$$

11．已知 $f(z)=\int_C \frac{3\zeta^2+7\zeta+1}{\zeta-z}d\zeta$，其中，$C$ 为 $|\zeta|=2$，求 $f'(1+i)$.

12．设 $f(z)$ 与 $g(z)$ 是单连通区域 D 内的解析函数，α,β 是 D 内的任意两点，则

$$\int_\alpha^\beta f(z)g'(z)dz = [f(z)g(z)]\Big|_\alpha^\beta - \int_\alpha^\beta g(z)f'(z)dz .$$

13．设 $f(z)=u(x,y)+iv(x,y)$ 在圆域 $|z|\leqslant 1$ 上解析，证明：

$$u(0,0)=\frac{1}{2\pi}\int_0^{2\pi} u(\cos\theta,\sin\theta)d\theta ,$$

$$v(0,0)=\frac{1}{2\pi}\int_0^{2\pi} v(\cos\theta,\sin\theta)d\theta .$$

14．计算 $\int_C \frac{z}{z^2-a^2}dz$，其中，$C$ 为不经过 a 与 $-a$ 的任意简单闭曲线.

15．计算下列积分.

（1）$\int_C \frac{\sin z}{\left(z-\frac{\pi}{2}\right)^2}dz$，其中，$C:|z|=2$ 取正向；

（2）$\int_C \frac{e^z}{z^5}dz$，其中，$C:|z|=1$ 取正向；

（3）$\int_{|z|=\frac{3}{2}} \frac{1}{(z^2+1)(z^4+4)}dz$；　　（4）$\int_{|z-2|=1} \frac{e^z}{z-2}dz$；

（5）$\int_{|z-2i|=\frac{3}{2}} \frac{e^{iz}}{z^2+1}dz$；　　（6）$\int_C \frac{1}{(z^2-1)(z^3-1)}dz$，其中，$C:|z|=r<1$.

16．验证 $u(x,y)=y^3-3x^2y$ 为调和函数，并求其共轭调和函数 $v(x,y)$，使得函数 $f(z)=u(x,y)+iv(x,y)$ 在整个平面内处处解析.

17．已知 $u(x,y)=e^x\cos y$，求函数 $v(x,y)$，使得 $f(z)=u(x,y)+iv(x,y)$ 在整个平面内解析.

18．已知 $v(x,y)=\frac{y}{x^2+y^2}$，求函数 $u(x,y)$，使得 $f(z)=u(x,y)+iv(x,y)$ 解析，且满足 $f(2)=0$.

19．已知$u(x,y)=x^2-y^2$，$v(x,y)=\dfrac{y}{x^2+y^2}$都是调和函数，试验证$f(z)=u(x,y)+\mathrm{i}v(x,y)$的解析性．

20．已知$u(x,y)$是区域D内的调和函数，且$f=\dfrac{\partial u}{\partial x}-\mathrm{i}\dfrac{\partial u}{\partial y}$，试问：$f$是$D$内的解析函数吗？为什么？

21．若$u=u(x^2-y^2)$是调和函数，求$v(x,y)$，使得$f(z)=u(x,y)+\mathrm{i}v(x,y)$解析．

读书补天然之不足，经验又补读书之不足.

——培根

第 4 章　复变函数的级数

➢　级数的起源

无穷级数源于哲学和逻辑的悖论，最早出现在原始的极限观念中. 例如，我国战国时期的《庄子》中有“一尺之棰，日取其半，万世不竭”，用数学语言表示就是 $1-\frac{1}{2}-\frac{1}{4}-\frac{1}{8}-\cdots$，那么该式最终的结果是怎样的呢？又如，古希腊时期，伊利亚学派的芝诺（Zeno）提出的阿喀琉斯追乌龟悖论，阿喀琉斯是传说中世界上跑得最快的人，芝诺断言，如果让一只行动缓慢的乌龟的起跑点领先阿喀琉斯一段距离，阿喀琉斯将永远也追不上这只乌龟. 如果假设阿喀琉斯的速度是乌龟速度的 2 倍，那么用数学语言表示就是 $1+\frac{1}{2}+\frac{1}{4}+\frac{1}{8}+\cdots$ 的和的问题. 17 世纪中叶，格雷戈里（J.Gregory）在其《几何的通用部分》中，证明了阿喀琉斯确实在一个确定的时间和确定的地点能够追上乌龟，这实际上是和为有限的问题. 严格地说，这一时期还没有级数的概念，只是人们发现了这样的现象而已.

奥雷姆（N.Oresme）是 14 世纪欧洲重要的神学家与数学家，被认为是无穷级数研究方面的杰出的代表人物. 一方面，他明确指出，在几何级数 $\sum_{n=0}^{\infty} a_n r^n$ 中，当公比 $r \geqslant 1$ 时级数有无穷和；当公比 $r<1$ 时级数有有限和；另一方面，他在《欧几里得几何问题》(1350 年）中，他严格证明：当无穷级数的项不是按比例减少时，虽然逐项减小，但其和也可以是无穷. 例如，调和级数 $\sum_{n=1}^{\infty}\frac{1}{n}$ 的和为无穷. 虽然这一时期奥雷姆在无穷级数方面有重要贡献，推进了级数的发展，得出了无穷多项的和可以是有限的结论，但仍然没有提出级数的收敛、发散及级数的求和问题.

17～18 世纪，无穷级数得到了一定的发展，如法国数学家韦达（F.Vieta）研究了无穷级数的求和公式 $S=\frac{a_1^{\,2}}{a_1-a_2}\left(\frac{a_1}{a_2}>1\right)$；门戈里（P.Mengoli）研究了倒数的求和问题，再次证明调和级数是发散的；莱布尼茨考虑了级数 $\sum_{n=1}^{\infty}\frac{1}{n(n-1)}$，但是级数 $\sum_{n=1}^{\infty}\frac{1}{n^2}$ 仍未解决；伯努利（Bernoulli）兄弟先后给出了调和级数的不同证明方法. 直到 19 世纪，人们才开始关注级数的敛散性问题，1812 年，高斯引进了超几何级数，并研究了级数的敛散性；1821 年，柯西在《分析教程》中首次给出了级数收敛的精确定义，并给出了柯西收敛准则，该结果使数学界轰动一时，紧接着出现了比较判别法、柯西判别法、高斯判别法等各种判别方法，无穷级数得到长足发展．此外，为了研究较复杂的函数，将复杂函数转化成简单函数的级数，使得级数在各个领域有广泛的应用，这也是无穷级数大力发展的重要原因．

柯西在解析函数的导数和积分方面做了大量工作，建立了相应的复变函数理论．19 世纪 40 年代，魏尔斯特拉斯开辟了一条新的探讨复变函数的途径——构造复变函数的严格算术理论．他借助幂级数建立起解析函数的理论，把解析函数定义为可展开为幂级数的函数，把多项式与有理函数的理论推广到超越函数，利用函数的奇点来讨论超越函数的性质．法国数学家洛朗（A.Laurent）在 1843 年发表了一个重要结果：当一个函数在孤立点不连续时，就必须用变数的升幂及降幂展开式来代替泰勒展开式．这个变数的升幂及降幂展开式就是在一个圆环内收敛的洛朗展开式：

$$f(z)=\sum_{n=-\infty}^{+\infty}c_n(z-a)^n,$$

它是泰勒展开式的一个推广．

本章从级数的角度研究解析函数，首先介绍复数项级数、函数项级数的敛散性，然后讨论幂级数的敛散性、收敛半径，进一步介绍泰勒级数．最后，作为泰勒级数的推广，讨论洛朗级数的敛散性．

4.1 复数项级数

复数项级数是实数项级数的推广，有关实数项级数的定义、性质都可以类似地推广到复数项级数．通过类比，在学习过程中要注意实级数与复级数的异同点．

4.1.1 复数项数列的极限

定义 4.1 设 $\{z_n\}$ 是复数列，$z_n=a_n+\mathrm{i}b_n$，$\{a_n\},\{b_n\}$ 是实数列．若存在常数 A，对任意 $\varepsilon>0$，总存在 $N\in\mathbf{Z}^+$，当 $n>N$ 时，有 $|z_n-A|<\varepsilon$ 成立，则称数列 $\{z_n\}$ 收敛于 A，称 A 为当 $n\to\infty$ 时复数列 $\{z_n\}$ 的极限，记作 $\lim\limits_{n\to\infty}z_n=A$ 或 $z_n\to A$，$n\to\infty$．

$\lim\limits_{n\to\infty}z_n=A$ 的数学语言描述：$\forall\varepsilon>0$，$\exists N\in\mathbf{Z}^+$，当 $n>N$ 时，有 $|z_n-A|<\varepsilon$．

注 若数列极限存在，则值必唯一．这与实数列极限的唯一性一致．

若两个复数列的极限存在，则其和、差、积、商的极限是极限的和、差、积、商，即若 $\lim\limits_{n\to\infty}z_n=A$，$\lim\limits_{n\to\infty}w_n=B$，则

$$\lim_{n\to\infty}(z_n\pm w_n)=\lim_{n\to\infty}z_n\pm\lim_{n\to\infty}w_n=A\pm B,$$

$$\lim_{n\to\infty}(z_nw_n)=\lim_{n\to\infty}z_n\lim_{n\to\infty}w_n=AB,$$

$$\lim_{n\to\infty}\frac{z_n}{w_n}=\frac{\lim\limits_{n\to\infty}z_n}{\lim\limits_{n\to\infty}w_n}=\frac{A}{B}(B\neq 0).$$

除了用极限的定义外，如何求解数列 $\{z_n\}$ 的极限？复数列与实数列的极限之间有什么关系呢？

定理 4.1　已知复数列 $z_n=a_n+\mathrm{i}b_n$，$A=a+\mathrm{i}b$，则 $\lim\limits_{n\to\infty}z_n=A$ 的充要条件是 $\lim\limits_{n\to\infty}a_n=a$ 且 $\lim\limits_{n\to\infty}b_n=b$．

证明　必要性　因为 $\lim\limits_{n\to\infty}z_n=A$，即对 $\forall\varepsilon>0$，$\exists N\in\mathbf{Z}^+$，当 $n>N$ 时，有 $|z_n-A|<\varepsilon$，亦即

$$|z_n-A|=|(a_n-a)+\mathrm{i}(b_n-b)|<\varepsilon,$$

故 $|a_n-a|<\varepsilon$ 且 $|b_n-b|<\varepsilon$，从而

$$\lim_{n\to\infty}a_n=a \text{ 且 } \lim_{n\to\infty}b_n=b.$$

充分性　因为 $\lim\limits_{n\to\infty}a_n=a$ 且 $\lim\limits_{n\to\infty}b_n=b$，即对 $\forall\varepsilon>0$，$\exists N_1\in\mathbf{Z}^+$，当 $n>N_1$ 时，有 $|a_n-a|<\dfrac{\varepsilon}{2}$，对上述 ε，$\exists N_2\in\mathbf{Z}^+$，当 $n>N_2$ 时，有 $|b_n-b|<\dfrac{\varepsilon}{2}$，取 $N=\max\{N_1,N_2\}$，当 $n>N$ 时，有

$$|z_n-A|=|(a_n-a)+\mathrm{i}(b_n-b)|\leqslant|a_n-a|+|b_n-b|<\frac{\varepsilon}{2}+\frac{\varepsilon}{2}=\varepsilon,$$

即 $\lim\limits_{n\to\infty}z_n=A$．证毕.

例 4.1　求下列极限：（1）$\lim\limits_{n\to\infty}\dfrac{1-n\mathrm{i}}{1+n\mathrm{i}}$；（2）$\lim\limits_{n\to\infty}\left(\dfrac{\mathrm{i}}{2}\right)^n$；（3）$\lim\limits_{n\to\infty}\mathrm{e}^{-\frac{n\pi}{3}\mathrm{i}}$．

解　（1）因为

$$\frac{1-n\mathrm{i}}{1+n\mathrm{i}}=\frac{1-n^2}{1+n^2}-\mathrm{i}\frac{2n}{1+n^2},$$

$$\lim_{n\to\infty}\frac{1-n^2}{1+n^2}=-1,\quad \lim_{n\to\infty}\frac{-2n}{1+n^2}=0,$$

所以

$$\lim_{n\to\infty}\frac{1-n\mathrm{i}}{1+n\mathrm{i}}=-1+\mathrm{i}0=-1.$$

（2）因为

$$\begin{aligned}\left(\frac{\mathrm{i}}{2}\right)^n&=\frac{1}{2^n}\left(\cos\frac{\pi}{2}+\mathrm{i}\sin\frac{\pi}{2}\right)^n\\&=\frac{1}{2^n}\left(\cos\frac{n\pi}{2}+\mathrm{i}\sin\frac{n\pi}{2}\right)\\&=\frac{1}{2^n}\cos\frac{n\pi}{2}+\mathrm{i}\frac{1}{2^n}\sin\frac{n\pi}{2},\end{aligned}$$

而

$$\lim_{n\to\infty}\frac{1}{2^n}\cos\frac{n\pi}{2}=0，\quad \lim_{n\to\infty}\frac{1}{2^n}\sin\frac{n\pi}{2}=0，$$

所以

$$\lim_{n\to\infty}\left(\frac{\mathrm{i}}{2}\right)^n=0 .$$

（3）因为

$$\mathrm{e}^{-\frac{n\pi}{3}\mathrm{i}}=\cos\frac{n\pi}{3}-\mathrm{i}\sin\frac{n\pi}{3}，$$

而 $\lim\limits_{n\to\infty}\cos\frac{n\pi}{3}$ 不存在，所以 $\lim\limits_{n\to\infty}\mathrm{e}^{-\frac{n\pi}{3}\mathrm{i}}$ 不存在.

4.1.2　复数项级数的敛散性

称 $\sum\limits_{n=1}^{\infty}z_n=z_1+z_2+\cdots+z_n+\cdots$ 为复数项级数（也称为无穷级数），$S_n=z_1+z_2+\cdots+z_n$ 为级数的部分和.

显然部分和 $\{S_n\}$ 是一个数列，若部分和数列 $\{S_n\}$ 极限存在，则称级数 $\sum\limits_{n=1}^{\infty}z_n$ 收敛，若 $\lim\limits_{n\to\infty}S_n=S$，则称级数 $\sum\limits_{n=1}^{\infty}z_n$ 的和为 S，记作 $S=\sum\limits_{n=1}^{\infty}z_n$.

若部分和数列 $\{S_n\}$ 极限不存在，则称级数 $\sum\limits_{n=1}^{\infty}z_n$ 发散.

下面给出复数项级数与复数列的实部和虚部对应级数的关系.

定理 4.2　已知数列 $z_n=a_n+\mathrm{i}b_n$，$S=a+\mathrm{i}b$，则 $\sum\limits_{n=1}^{\infty}z_n=S$ 的充要条件是

$$\sum_{n=1}^{\infty}a_n=a \text{ 且 } \sum_{n=1}^{\infty}b_n=b .$$

证明　必要性　因为 $\sum\limits_{n=1}^{\infty}z_n=S$，即 $\lim\limits_{n\to\infty}S_n=S$，而数列

$$S_n=\sum_{k=1}^{n}z_k=\sum_{k=1}^{n}(a_k+\mathrm{i}b_k)=\sum_{k=1}^{n}a_k+\mathrm{i}\sum_{k=1}^{n}b_k\overset{\text{记}}{=}\sigma_n+\mathrm{i}\eta_n，$$

所以 $\lim\limits_{n\to\infty}\sigma_n=a$，$\lim\limits_{n\to\infty}\eta_n=b$，于是

$$\sum_{n=1}^{\infty}a_n=a，\quad \sum_{n=1}^{\infty}b_n=b .$$

充分性　因为 $\sum\limits_{n=1}^{\infty}a_n=a$ 且 $\sum\limits_{n=1}^{\infty}b_n=b$，设部分和 $\sigma_n=\sum\limits_{k=1}^{n}a_k$，$\eta_n=\sum\limits_{k=1}^{n}b_k$，则 $\lim\limits_{n\to\infty}\sigma_n=a$ 且 $\lim\limits_{n\to\infty}\eta_n=b$，所以

$$S_n=\sigma_n+\mathrm{i}\eta_n=\sum_{k=1}^{n}a_k+\mathrm{i}\sum_{k=1}^{n}b_k=\sum_{k=1}^{n}z_k\to a+\mathrm{i}b，\quad n\to\infty .$$

因此，$\sum_{n=1}^{\infty} z_n = S$．证毕．

例如，对于级数 $\sum_{n=1}^{\infty}\left(\frac{1}{n^2}+\mathrm{i}\frac{1}{n}\right)$，因为 $\sum_{n=1}^{\infty}\frac{1}{n^2}$ 收敛，$\sum_{n=1}^{\infty}\frac{1}{n}$ 发散，故原级数发散；又如，对于级数 $\sum_{n=1}^{\infty}\left(\frac{1}{n^2}+\mathrm{i}\frac{1}{2^n}\right)$，因为 $\sum_{n=1}^{\infty}\frac{1}{n^2}$ 和 $\sum_{n=1}^{\infty}\frac{1}{2^n}$ 都收敛，故 $\sum_{n=1}^{\infty}\left(\frac{1}{n^2}+\mathrm{i}\frac{1}{2^n}\right)$ 收敛．

由复级数与实级数的关系可知，复级数 $\sum_{n=1}^{\infty} z_n$ 收敛的必要条件为 $\lim\limits_{n\to\infty} z_n = 0$．事实上，因 $\sum_{n=1}^{\infty} a_n$ 与 $\sum_{n=1}^{\infty} b_n$ 收敛，故 $\lim\limits_{n\to\infty} a_n = \lim\limits_{n\to\infty} b_n = 0$，于是

$$\lim_{n\to\infty} z_n = \lim_{n\to\infty} a_n + \mathrm{i}\lim_{n\to\infty} b_n = 0.$$

实级数中，若 $\sum_{n=1}^{\infty}|x_n|$ 收敛，则 $\sum_{n=1}^{\infty} x_n$ 收敛，复级数中也有同样的结论．

定理 4.3　若级数 $\sum_{n=1}^{\infty}|z_n|$ 收敛，则 $\sum_{n=1}^{\infty} z_n$ 必收敛，且 $\left|\sum_{n=1}^{\infty} z_n\right| \leqslant \sum_{n=1}^{\infty}|z_n|$．

证明　令 $z_n = a_n + \mathrm{i}b_n$，则

$$|z_n| = \sqrt{a_n^{\ 2} + b_n^{\ 2}}，\quad |a_n| \leqslant |z_n|，\quad |b_n| \leqslant |z_n|.$$

由正项级数的比较判别法，得 $\sum_{n=1}^{\infty}|a_n|$ 与 $\sum_{n=1}^{\infty}|b_n|$ 都收敛，因此 $\sum_{n=1}^{\infty} a_n$ 与 $\sum_{n=1}^{\infty} b_n$ 收敛，即 $\sum_{n=1}^{\infty} z_n$ 收敛．

因为

$$\left|\sum_{k=1}^{n} z_k\right| \leqslant \sum_{k=1}^{n}|z_k|,$$

$$\lim_{n\to\infty}\left|\sum_{k=1}^{n} z_k\right| \leqslant \lim_{n\to\infty}\sum_{k=1}^{n}|z_k|,$$

所以

$$\left|\sum_{n=1}^{\infty} z_n\right| \leqslant \sum_{n=1}^{\infty}|z_n|.$$

证毕．

类似于实级数中的绝对收敛与条件收敛，复级数中也有同样的结论．

定义 4.2　若级数 $\sum_{n=1}^{\infty}|z_n|$ 收敛，则称级数 $\sum_{n=1}^{\infty} z_n$ 为绝对收敛；若 $\sum_{n=1}^{\infty}|z_n|$ 发散，但 $\sum_{n=1}^{\infty} z_n$ 收敛，则称级数 $\sum_{n=1}^{\infty} z_n$ 为条件收敛．

设 $z_n = a_n + \mathrm{i}b_n$，则 $|a_n| \leqslant |z_n|$，$|b_n| \leqslant |z_n|$．根据比较判别法，若 $\sum_{n=1}^{\infty}|z_n|$ 收敛，则 $\sum_{n=1}^{\infty}|a_n|$

与$\sum_{n=1}^{\infty}|b_n|$都收敛，也就是说，若$\sum_{n=1}^{\infty}z_n$绝对收敛，则$\sum_{n=1}^{\infty}a_n$与$\sum_{n=1}^{\infty}b_n$都绝对收敛；反过来，因为$|z_n|\leqslant|a_n|+|b_n|$，若$\sum_{n=1}^{\infty}a_n$与$\sum_{n=1}^{\infty}b_n$都是绝对收敛的，则$\sum_{n=1}^{\infty}z_n$也绝对收敛．于是得到下面的推论．

推论　设$z_n=a_n+\mathrm{i}b_n$，则$\sum_{n=1}^{\infty}z_n$绝对收敛的充要条件是$\sum_{n=1}^{\infty}a_n$与$\sum_{n=1}^{\infty}b_n$都绝对收敛．

例 4.2　讨论下列级数的敛散性．

（1）$\sum_{n=1}^{\infty}\frac{\mathrm{i}^n}{1+n}$；（2）$\sum_{n=1}^{\infty}\sin \mathrm{i}n$；（3）$\sum_{n=1}^{\infty}\frac{(2+3\mathrm{i})^n}{6^n}$．

解　（1）因为

$$\frac{\mathrm{i}^n}{1+n}=\frac{1}{1+n}\left(\cos\frac{n\pi}{2}+\mathrm{i}\sin\frac{n\pi}{2}\right),$$

而

$$\sum_{n=1}^{\infty}\frac{1}{1+n}\cos\frac{n\pi}{2},\quad \sum_{n=1}^{\infty}\frac{1}{1+n}\sin\frac{n\pi}{2}$$

均收敛，所以$\sum_{n=1}^{\infty}\frac{\mathrm{i}^n}{1+n}$收敛，而级数$\sum_{n=1}^{\infty}\left|\frac{\mathrm{i}^n}{1+n}\right|=\sum_{n=1}^{\infty}\frac{1}{1+n}$发散，故$\sum_{n=1}^{\infty}\frac{\mathrm{i}^n}{1+n}$是条件收敛．

（2）注意到$\sin \mathrm{i}n=\frac{\mathrm{e}^{-n}-\mathrm{e}^n}{2\mathrm{i}}$，因为

$$\lim_{n\to\infty}\sin \mathrm{i}n=\lim_{n\to\infty}\frac{\mathrm{e}^{-n}-\mathrm{e}^n}{2\mathrm{i}}\neq 0,$$

所以$\sum_{n=1}^{\infty}\sin \mathrm{i}n$发散．

（3）因为

$$\sum_{n=1}^{\infty}\left|\frac{(2+3\mathrm{i})^n}{6^n}\right|=\sum_{n=1}^{\infty}\frac{|2+3\mathrm{i}|^n}{6^n}=\sum_{n=1}^{\infty}\left(\frac{\sqrt{13}}{6}\right)^n$$

收敛，所以$\sum_{n=1}^{\infty}\frac{(2+3\mathrm{i})^n}{6^n}$绝对收敛．

4.2　函数项级数与幂级数

思考　复变函数的某些性质可以拆分成实部和虚部分别进行研究，那么，我们熟知的实函数级数的性质在复级数中是否仍然成立呢？它们对应的幂级数是否一致呢？

本节首先讨论函数项级数的敛散性及性质，然后讨论幂级数的定义及性质．

4.2.1　函数项级数的敛散性

定义在集合 D 上的复函数列 $\{f_n(z)\}$，称

$$\sum_{n=1}^{\infty} f_n(z) = f_1(z) + f_2(z) + \cdots + f_n(z) + \cdots$$

为复函数项级数或函数项级数，称

$$S_n(z) = f_1(z) + f_2(z) + \cdots + f_n(z)$$

为复函数项级数的部分和．若对任意 $z \in D$，$\lim\limits_{n\to\infty} S_n(z) = S(z)$，则称函数项级数 $\sum\limits_{n=1}^{\infty} f_n(z)$ 收敛，$S(z)$ 为级数的和；若 $\lim\limits_{n\to\infty} S_n(z)$ 不存在，则称函数项级数 $\sum\limits_{n=1}^{\infty} f_n(z)$ 发散．

取定 $z_0 \in D$，$\sum\limits_{n=1}^{\infty} f_n(z_0)$ 是复数项级数，若 $\sum\limits_{n=1}^{\infty} f_n(z_0)$ 收敛，则称函数项级数 $\sum\limits_{n=1}^{\infty} f_n(z)$ 在 z_0 处收敛，z_0 为级数的收敛点；若函数项级数 $\sum\limits_{n=1}^{\infty} f_n(z)$ 在集合 D 内的每个点都收敛，则称 $\sum\limits_{n=1}^{\infty} f_n(z)$ 在 D 上收敛，集合 D 称为级数的收敛域．函数项级数 $\sum\limits_{n=1}^{\infty} f_n(z)$ 在集合 D 内的某些点收敛，某些点发散，不同级数的敛散性需要具体分析．

例 4.3　讨论级数 $\sum\limits_{n=0}^{\infty} z^n$ 是收敛还是发散，若收敛，求其收敛域．

解　因为

$$S_n = 1 + z + z^2 + \cdots + z^{n-1} = \frac{1-z^n}{1-z},$$

$$\lim_{n\to\infty} S_n = \lim_{n\to\infty} \frac{1-z^n}{1-z} = \frac{1-\lim\limits_{n\to\infty} z^n}{1-z},$$

为了计算极限 $\lim\limits_{n\to\infty} z^n$，假设 $z = r(\cos\theta + \mathrm{i}\sin\theta)$，则 $z^n = r^n(\cos n\theta + \mathrm{i}\sin n\theta)$，注意到当 $r = |z| < 1$ 时，

$$\lim_{n\to\infty} r^n \cos n\theta = \lim_{n\to\infty} r^n \sin n\theta = 0,$$

故 $\lim\limits_{n\to\infty} z^n = 0$．而当 $r = |z| \geqslant 1$ 时，$\lim\limits_{n\to\infty} r^n \cos n\theta$ 不存在，故 $\lim\limits_{n\to\infty} z^n$ 发散．因此，当 $|z| < 1$ 时，

$$\lim_{n\to\infty} S_n = \frac{1}{1-z},$$

于是级数 $\sum\limits_{n=0}^{\infty} z_n$ 收敛，收敛域为单位圆域 $|z| < 1$．

下面引入函数项级数的一致收敛性，一致收敛性在级数的证明中有着非常重要的作用．

定义 4.3　设 $\{f_n(z)\}$ 在集合 D 上有定义，$S_n(z)$ 为级数 $\sum\limits_{n=1}^{\infty} f_n(z)$ 的部分和，若对任意 $\varepsilon > 0$，存在仅依赖于 ε 的正整数 N，当 $n > N$ 时，在集合 D 上恒有 $|S_n(z) - S(z)| < \varepsilon$ 成

立，则称级数$\sum_{n=1}^{\infty} f_n(z)$在集合$D$上一致收敛于$S(z)$．

与实级数一致，判断函数项级数$\sum_{n=1}^{\infty} f_n(z)$的一致收敛性时，常用优级数判别法：

若存在数列$\{M_n\}$，对一切$z \in D$，都有$|f_n(z)| \leqslant M_n$成立，而级数$\sum_{n=1}^{\infty} M_n$收敛，那么级数$\sum_{n=1}^{\infty} f_n(z)$在$D$上一致收敛．

与实级数类似，在级数一致收敛的基础上，有如下结论．

定理 4.4　若级数$\sum_{n=1}^{\infty} f_n(z)$在集合$D$上一致收敛于$S(z)$，且$f_n(z)(n=1,2,\cdots)$在$D$上连续，则和函数$S(z)$在$D$上连续．

定理 4.5　若级数$\sum_{n=1}^{\infty} f_n(z)$在曲线$C$上一致收敛于$S(z)$，且$f_n(z)(n=1,2,\cdots)$在曲线$C$上可积分，则和函数$S(z)$在$C$上可积分，且求和与求积分运算可交换顺序，即

$$\int_C \sum_{n=1}^{\infty} f_n(z)\mathrm{d}z = \sum_{n=1}^{\infty} \int_C f_n(z)\mathrm{d}z .$$

在实级数$\sum_{n=1}^{\infty} u_n(x)$中，通项$u_n(x)$在$[a,b]$上有连续的导函数，$x_0 \in [a,b]$为$\sum_{n=1}^{\infty} u_n(x)$的收敛点且$\sum_{n=1}^{\infty} u_n'(x)$在$[a,b]$上一致收敛，则求导与求和运算可交换顺序，即

$$\sum_{n=1}^{\infty}\left[\frac{\mathrm{d}}{\mathrm{d}x}u_n(x)\right] = \frac{\mathrm{d}}{\mathrm{d}x}\sum_{n=1}^{\infty} u_n(x) .$$

复级数中则有下面逐项求导的结论．

定理 4.6　若级数$\sum_{n=1}^{\infty} f_n(z)$在区域$D$内任意有界闭区域上一致收敛，且$f_n(z)(n=1,2,\cdots)$在$D$内解析，则和函数$S(z)$在$D$内解析，且

$$S^{(p)}(z) = \left[\sum_{n=1}^{\infty} f_n(z)\right]^{(p)} = \sum_{n=1}^{\infty} f_n^{(p)}(z), \quad p=1,2,\cdots, \quad z \in D . \tag{4-1}$$

证明　任取$z_0 \in D$，取$K: |z-z_0| < R$，使得$\overline{K} \subset D$，则级数$\sum_{n=1}^{\infty} f_n(z)$在$\overline{K}$上一致收敛于$S(z)$．又因为$f_n(z)$在$\overline{K}$上解析，由定理 4.4 可知，$S(z)$在$\overline{K}$上连续，也有$\int_{|z-z_0|=R} f_n(z)\mathrm{d}z = 0$，所以

$$\int_{|z-z_0|=R} S(z)\mathrm{d}z = \int_{|z-z_0|=R} \sum_{n=1}^{\infty} f_n(z)\mathrm{d}z = \sum_{n=1}^{\infty} \int_{|z-z_0|=R} f_n(z)\mathrm{d}z = 0 ,$$

根据定理 3.15，得到$S(z)$在$\overline{K}$上解析，由z_0的任意性可知，$S(z)$在区域D内解析．

下面根据高阶求导公式，证明式（4-1）在$\overline{K}$：$|\xi - z| \leqslant R$（$\forall z \in D$）上成立．因为

$$S^{(p)}(z)=\frac{p!}{2\pi\mathrm{i}}\int_{|\xi-z|=R}\frac{S(\xi)}{(\xi-z)^{p+1}}\mathrm{d}\xi\text{，}\quad p=1,2,\cdots\text{，}$$

$$S_n^{(p)}(z)=\frac{p!}{2\pi\mathrm{i}}\int_{|\xi-z|=R}\frac{f_n(\xi)}{(\xi-z)^{p+1}}\mathrm{d}\xi\text{，}\quad p=1,2,\cdots\text{，}$$

而

$$\sum_{n=1}^{\infty}\frac{f_n(\xi)}{(\xi-z)^{p+1}}=\frac{S(\xi)}{(\xi-z)^{p+1}}$$

是一致收敛的，所以由定理 4.5，可知

$$\begin{aligned}\frac{p!}{2\pi\mathrm{i}}\int_{|\xi-z|=R}\frac{S(\xi)}{(\xi-z)^{p+1}}\mathrm{d}\xi&=\frac{p!}{2\pi\mathrm{i}}\int_{|\xi-z|=R}\sum_{n=1}^{\infty}\frac{f_n(\xi)}{(\xi-z)^{p+1}}\mathrm{d}\xi\\&=\sum_{n=1}^{\infty}\frac{p!}{2\pi\mathrm{i}}\int_{|\xi-z|=R}\frac{f_n(\xi)}{(\xi-z)^{p+1}}\mathrm{d}\xi,\end{aligned}$$

即

$$S^{(p)}(z)=\left[\sum_{n=1}^{\infty}f_n(z)\right]^{(p)}=\sum_{n=1}^{\infty}f_n^{(p)}(z)\text{，}\quad p=1,2,\cdots.$$

证毕.

4.2.2　幂级数的敛散性

选取函数为形如 $C_n(z-a)^n$ 的函数项级数：

$$C_0+C_1(z-a)+C_2(z-a)^2+\cdots+C_n(z-a)^n+\cdots=\sum_{n=0}^{\infty}C_n(z-a)^n\text{，}\tag{4-2}$$

称式(4-2)为幂级数，$C_n(z-a)^n$ 为幂级数的通项或一般项，复常数 C_n 为幂级数的系数. 当 $z\neq a$ 时幂级数（4-2）的敛散性如何呢？正如实级数中的阿贝尔（Abel）定理，复级数中也有相应的阿贝尔定理成立.

定理 4.7　若级数 $\sum\limits_{n=0}^{\infty}C_n(z-a)^n$ 在 z_1 处收敛，则该级数在满足 $|z-a|<|z_1-a|$ 的所有 z 处绝对收敛；若级数 $\sum\limits_{n=0}^{\infty}C_n(z-a)^n$ 在 z_2 处发散，则该级数在满足 $|z-a|>|z_2-a|$ 的所有 z 处发散.

证明　因为 $\sum\limits_{n=0}^{\infty}C_n(z_1-a)^n$ 收敛，故 $\lim\limits_{n\to\infty}C_n(z_1-a)^n=0$，存在 $M>0$，使得 $|C_n(z_1-a)^n|\leqslant M$，而

$$\sum_{n=0}^{\infty}|C_n(z-a)^n|=\sum_{n=0}^{\infty}|C_n(z_1-a)^n|\left|\left(\frac{z-a}{z_1-a}\right)^n\right|\leqslant M\sum_{n=0}^{\infty}\left|\frac{z-a}{z_1-a}\right|^n\text{，}$$

因为 $|z-a|<|z_1-a|$，所以 $\sum\limits_{n=0}^{\infty}\left|\frac{z-a}{z_1-a}\right|^n$ 收敛. 由实级数的比较判别法，知 $\sum\limits_{n=0}^{\infty}|C_n(z-a)^n|$ 收敛，故级数 $\sum\limits_{n=0}^{\infty}C_n(z-a)^n$ 绝对收敛.

反设$\sum_{n=0}^{\infty}C_n(z-a)^n$在满足$|z_3-a|>|z_2-a|$的$z_3$处收敛，于是$\sum_{n=0}^{\infty}C_n(z-a)^n$在$|z-a|<|z_3-a|$内绝对收敛，故级数在$z_2$处收敛，但级数$\sum_{n=0}^{\infty}C_n(z-a)^n$在$z_2$处发散，矛盾．故级数$\sum_{n=0}^{\infty}C_n(z-a)^n$在满足$|z-a|>|z_2-a|$的所有$z$处均发散．证毕.

注 阿贝尔定理表明，若级数$\sum_{n=0}^{\infty}C_n(z-a)^n$在$z_1$处收敛，可以确定在以$a$为圆心的圆域内级数处处收敛且绝对收敛；若$\sum_{n=0}^{\infty}C_n(z-a)^n$在$z_2$处发散，可以确定圆域外级数处处发散.

推论 级数$\sum_{n=0}^{\infty}C_n(z-a)^n$在圆$|z-a|<R$内的任一有界闭区域上一致收敛.

证明 设级数$\sum_{n=0}^{\infty}C_n(z-a)^n$在满足$|z_0-a|<R$的$z_0$处收敛，由收敛级数的必要性可知，必存在$M>0$，使得$|C_n(z_0-a)^n|\leqslant M$，从而

$$\sum_{n=0}^{\infty}|C_n(z-a)^n|=\sum_{n=0}^{\infty}|C_n(z_0-a)^n|\left|\left(\frac{z-a}{z_0-a}\right)^n\right|\leqslant M\sum_{n=0}^{\infty}\left|\frac{z-a}{z_0-a}\right|^n\leqslant M\sum_{n=0}^{\infty}q^n,$$

其中，z满足$|z-a|\leqslant r<R$，$q=\dfrac{|z-a|}{|z_0-a|}\leqslant\dfrac{r}{|z_0-a|}<1$，级数$\sum_{n=0}^{\infty}q^n$收敛，因此$\sum_{n=0}^{\infty}C_n(z-a)^n$在$|z-a|<R$内绝对收敛且在$|z-a|<R$内的任意有界闭区域上一致收敛．证毕.

阿贝尔定理给出了确定幂级数收敛半径的方法：

若级数$\sum_{n=0}^{\infty}C_n(z-a)^n$在圆域$|z-a|<R$收敛，在圆外$|z-a|>R$发散，则称$R$为级数的收敛半径，级数在圆周$|z-a|=R$上的敛散性不确定，有三种可能：

（1）在$|z-a|=R$上处处收敛；

（2）在$|z-a|=R$上处处发散；

（3）在$|z-a|=R$上有收敛点也有发散点.

例如，$\sum_{n=0}^{\infty}z^n(|z|\leqslant q<1)$在圆周$|z|=q$上处处收敛；$\sum_{n=0}^{\infty}\frac{z^n}{2^n}(|z|<2)$在圆周$|z|=2$上处处发散；$\sum_{n=1}^{\infty}(-1)^n\frac{z^n}{n}(|z|<1)$在$z=1$处收敛，在$z=-1$处发散.

下面将正项级数的达朗贝尔判别法和柯西根值判别法推广，引入类似于实级数收敛半径的计算方法.

定理 4.8　若级数 $\sum_{n=0}^{\infty} C_n(z-a)^n$ 的系数 C_n 满足

$$\lim_{n\to\infty}\left|\frac{C_{n+1}}{C_n}\right|=\rho \text{ 或 } \lim_{n\to\infty}\sqrt[n]{|C_n|}=\rho,$$

则收敛半径

$$R=\begin{cases}\dfrac{1}{\rho}, & 0<\rho<+\infty;\\ +\infty, & \rho=0;\\ 0, & \rho=+\infty.\end{cases}$$

证明　因为

$$\lim_{n\to\infty}\left|\frac{C_{n+1}(z-a)^{n+1}}{C_n(z-a)^n}\right|=\lim_{n\to\infty}\left|\frac{C_{n+1}}{C_n}\right||z-a|=\rho|z-a|,$$

对于 $0<\rho<+\infty$，当 $|z-a|<\dfrac{1}{\rho}$ 时，根据正项级数的比值判别法，知 $\sum_{n=0}^{\infty}|C_n(z-a)^n|$ 收敛，故 $\sum_{n=0}^{\infty}C_n(z-a)^n$ 在 $|z-a|<\dfrac{1}{\rho}$ 内收敛；当 $|z-a|\geqslant\dfrac{1}{\rho}$ 时，$\sum_{n=0}^{\infty}|C_n(z-a)^n|$ 发散，故 $\sum_{n=0}^{\infty}C_n(z-a)^n$ 发散．因此，收敛半径 $R=\dfrac{1}{\rho}$．

当 $\rho=0$ 时，有

$$\lim_{n\to\infty}\left|\frac{C_{n+1}(z-a)^{n+1}}{C_n(z-a)^n}\right|=\lim_{n\to\infty}\left|\frac{C_{n+1}}{C_n}\right||z-a|=0|z-a|<1$$

对平面上的所有 z 都成立，故收敛半径 $R=+\infty$．

当 $\rho=+\infty$ 时，有

$$\lim_{n\to\infty}\left|\frac{C_{n+1}(z-a)^{n+1}}{C_n(z-a)^n}\right|=\lim_{n\to\infty}\left|\frac{C_{n+1}}{C_n}\right||z-a|>1.$$

于是，级数在任何 $z(z\neq a)$ 处都发散，而只在 $z=a$ 处收敛．因此，收敛半径 $R=0$．

同理，当

$$\lim_{n\to\infty}\sqrt[n]{|C_n(z-a)^n|}=\lim_{n\to\infty}\sqrt[n]{|C_n|}\,|z-a|=\rho|z-a|$$

时，用与比值判别法类似的方法讨论，结论仍然成立．证毕．

例 4.4　计算下列级数的收敛半径，并指出收敛范围．

（1）$\sum_{n=1}^{\infty}\dfrac{z^n}{n^2}$；　（2）$\sum_{n=0}^{\infty}z^n$；　（3）$\sum_{n=1}^{\infty}\dfrac{z^{2n}}{n-3^{2n}}$；　（4）$\sum_{n=1}^{\infty}\dfrac{(z-2)^{3n}}{n}$．

解　（1）因为

$$\lim_{n\to\infty}\left|\frac{C_{n+1}}{C_n}\right|=\lim_{n\to\infty}\frac{\frac{1}{(n+1)^2}}{\frac{1}{n^2}}=1=\rho,$$

所以 $R=1$．又 $|z|=1$ 时，$\sum\limits_{n=1}^{\infty}\dfrac{1}{n^2}$ 收敛，故 $\sum\limits_{n=1}^{\infty}\dfrac{z^n}{n^2}$ 在 $|z|\leqslant 1$ 上收敛．

（2）因为 $\lim\limits_{n\to\infty}\left|\dfrac{C_{n+1}}{C_n}\right|=1=\rho$，所以 $R=1$．在圆周 $|z|=1$ 上，令 $z=\mathrm{e}^{\mathrm{i}\theta}$ $(0\leqslant\theta\leqslant 2\pi)$，则

$$\lim_{n\to\infty} z^n=\lim_{n\to\infty}\mathrm{e}^{\mathrm{i}n\theta}=\begin{cases}1, & \theta=0,2\pi\\ \text{不存在}, & 0<\theta<2\pi\end{cases},$$

这与级数 $\sum\limits_{n=0}^{\infty} z^n$ 收敛时 $\lim\limits_{n\to\infty} z^n=0$ 矛盾．于是，级数在单位圆周上处处发散，故级数 $\sum\limits_{n=0}^{\infty} z^n$ 收敛范围为 $|z|<1$．

（3）注意到级数的项是跳跃的，根据收敛半径的证明过程，有

$$\lim_{n\to\infty}\sqrt[n]{\left|\frac{z^{2n}}{n-3^{2n}}\right|}=\frac{1}{9}\lim_{n\to\infty}\sqrt[n]{\frac{1}{\left|1-\dfrac{n}{3^{2n}}\right|}}\,|z|^2=\frac{|z|^2}{9}.$$

当 $\dfrac{|z|^2}{9}<1$，即 $|z|<3$ 时级数收敛，当 $z=\pm 3$ 时级数为 $\sum\limits_{n=1}^{\infty}\dfrac{3^{2n}}{n-3^{2n}}$，又

$$\lim_{n\to\infty}\frac{3^{2n}}{n-3^{2n}}=-1\neq 0,$$

故级数 $\sum\limits_{n=1}^{\infty}\dfrac{3^{2n}}{n-3^{2n}}$ 发散．因此，级数的收敛半径 $R=3$，收敛范围为 $|z|<3$．

（4）注意到级数的项是跳跃的，根据收敛半径的证明过程，有

$$\lim_{n\to\infty}\left|\frac{\dfrac{(z-2)^{3(n+1)}}{n+1}}{\dfrac{(z-2)^{3n}}{n}}\right|=\lim_{n\to\infty}\frac{n}{n+1}|z-2|^3=|z-2|^3.$$

当 $|z-2|^3<1$，即 $|z-2|<1$ 时，级数收敛，当 $|z-2|^3\geqslant 1$ 即 $|z-2|\geqslant 1$ 时，级数发散．因此，收敛半径 $R=1$，级数的收敛范围为 $|z-2|<1$．

4.2.3　幂级数的和函数

与实函数中的幂级数一样，复变函数中的幂级数也有同样的性质．

若级数 $\sum\limits_{n=0}^{\infty} C_n(z-a)^n$ 在 $|z-a|<R$ 内收敛于 $f(z)$，则

（1）和函数 $f(z)$ 在圆域 $|z-a|<R$ 连续；

（2）和函数 $f(z)$ 在圆域 $|z-a|<R$ 解析，且

$$f'(z)=\left[\sum_{n=0}^{\infty} C_n(z-a)^n\right]'=\sum_{n=1}^{\infty} nC_n(z-a)^{n-1};$$

（3）和函数 $f(z)$ 在圆域 $|z-a|<R$ 可积分，且

$$\int_0^z f(z)\mathrm{d}z=\int_0^z\sum_{n=0}^{\infty} C_n(z-a)^n\mathrm{d}z=\sum_{n=0}^{\infty} C_n\int_0^z (z-a)^n\mathrm{d}z=\sum_{n=0}^{\infty} C_n\frac{(z-a)^{n+1}}{n+1}.$$

例 4.5　求级数$\sum_{n=1}^{\infty}(-1)^{n-1}n^2z^n$的和函数.

解　易知$R=1$，收敛范围为$|z|<1$. 设级数的和函数为$S(z)$，则

$$S(z)=\sum_{n=1}^{\infty}(-1)^{n-1}n^2z^n=z\sum_{n=1}^{\infty}(-1)^{n-1}n^2z^{n-1}=zh(z).$$

对$h(z)=\sum_{n=1}^{\infty}(-1)^{n-1}n^2z^{n-1}$积分，得到

$$\begin{aligned}\int_0^z h(z)\mathrm{d}z&=\int_0^z\sum_{n=1}^{\infty}(-1)^{n-1}n^2z^{n-1}\mathrm{d}z\\&=\sum_{n=1}^{\infty}(-1)^{n-1}n^2\int_0^z z^{n-1}\mathrm{d}z\\&=\sum_{n=1}^{\infty}(-1)^{n-1}nz^n=zg(z),\end{aligned}$$

对函数$g(z)=\sum_{n=1}^{\infty}(-1)^{n-1}nz^{n-1}$积分，得到

$$\begin{aligned}\int_0^z g(z)\mathrm{d}z&=\int_0^z\sum_{n=1}^{\infty}(-1)^{n-1}nz^{n-1}\mathrm{d}z\\&=\sum_{n=1}^{\infty}(-1)^{n-1}z^n=\frac{z}{1+z}.\end{aligned}$$

于是

$$g(z)=\left(\frac{z}{1+z}\right)'=\frac{1}{(1+z)^2},$$

$$h(z)=[zg(z)]'=\left[\frac{z}{(1+z)^2}\right]'=\frac{1-z}{(1+z)^3},$$

$$S(z)=[zh(z)]'=\frac{z^2-4z+1}{(1+z)^4},\quad |z|<1.$$

例 4.6　试计算幂级数$\sum_{n=1}^{\infty}n^2z^n$的和函数，并求$\sum_{n=1}^{\infty}\frac{n^2}{6^n}$的值.

解　运用$\sum_{n=0}^{\infty}z^n=\frac{1}{1-z}$，$|z|<1$间接求和. 因为

$$\begin{aligned}\sum_{n=1}^{\infty}n^2z^n&=z\sum_{n=1}^{\infty}n^2z^{n-1}=z\sum_{n=1}^{\infty}n\cdot nz^{n-1}=z\sum_{n=1}^{\infty}n(z^n)'\\&=z\left(\sum_{n=1}^{\infty}nz^n\right)'=z\left(z\sum_{n=1}^{\infty}nz^{n-1}\right)'=z\left[z\sum_{n=1}^{\infty}(z^n)'\right]'\\&=z\left[z\left(\frac{1}{1-z}-1\right)'\right]'=z\left[z\left(\frac{z}{1-z}\right)'\right]'=\frac{z(1+z)}{(1-z)^3},\end{aligned}$$

所以

$$\sum_{n=1}^{\infty}\frac{n^2}{6^n}=\frac{z(1+z)}{(1-z)^3}\bigg|_{z=\frac{1}{6}}=\frac{42}{125}.$$

4.3 泰勒级数

思考　实函数中具有任意阶导数的函数可以用泰勒级数表示，那么，复变函数中的解析函数是不是也可以用泰勒级数表示呢？

幂级数 $\sum_{n=0}^{\infty}C_n(z-a)^n$ 的和函数 $S(z)$ 在圆域 $|z-a|<R$ 内解析，反过来，在圆域 $|z-a|<R$ 内解析的任意函数能否展开成幂级数 $\sum_{n=0}^{\infty}C_n(z-a)^n$？展开形式是否唯一呢？

定理 4.9　若函数 $f(z)$ 在区域 D 内解析，a 为 D 内一点，a 到 D 边界的最短距离为 R，则

$$f(z)=\sum_{n=0}^{\infty}C_n(z-a)^n,\quad |z-a|<R, \tag{4-3}$$

其中，

$$C_n=\frac{1}{2\pi i}\int_{C_\rho}\frac{f(\xi)}{(\xi-a)^{n+1}}d\xi=\frac{f^{(n)}(a)}{n!},\quad n=0,1,2,\cdots.$$

证明　在 $|z-a|<R$ 内任取一点 z，作一圆周 $C_\rho:|z-a|=\rho$，使得 z 含于 C_ρ 内，如图 4.1 所示．根据柯西积分公式

$$f(z)=\frac{1}{2\pi i}\int_{C_\rho}\frac{f(\xi)}{\xi-z}d\xi$$

和

$$\frac{1}{1-z}=\sum_{n=0}^{\infty}z^n\ (|z|<1)$$

构造幂级数．

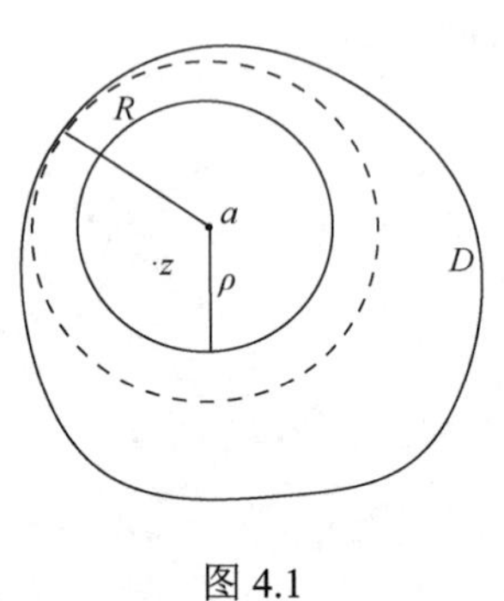

图 4.1

由于

$$\frac{f(\xi)}{\xi-z}=\frac{f(\xi)}{(\xi-a)-(z-a)}=\frac{f(\xi)}{\xi-a}\frac{1}{1-\frac{z-a}{\xi-a}}$$

$$=\frac{f(\xi)}{\xi-a}\sum_{n=0}^{\infty}\left(\frac{z-a}{\xi-a}\right)^n=\sum_{n=0}^{\infty}\frac{f(\xi)}{(\xi-a)^{n+1}}(z-a)^n,$$

所以

$$
\begin{aligned}
\frac{1}{2\pi \mathrm{i}}\int_{C_\rho}\frac{f(\xi)}{\xi-z}\mathrm{d}\xi &= \frac{1}{2\pi \mathrm{i}}\int_{C_\rho}\sum_{n=0}^{\infty}\frac{f(\xi)}{(\xi-a)^{n+1}}(z-a)^n\mathrm{d}\xi \\
&= \sum_{n=0}^{\infty}\frac{1}{2\pi \mathrm{i}}(z-a)^n\int_{C_\rho}\frac{f(\xi)}{(\xi-a)^{n+1}}\mathrm{d}\xi \\
&= \sum_{n=0}^{\infty}\frac{f^{(n)}(a)}{n!}(z-a)^n.
\end{aligned}
$$

级数 $\sum_{n=0}^{\infty}\frac{f(\xi)}{(\xi-a)^{n+1}}(z-a)^n$ 关于 ξ 是一致收敛的．事实上，$f(z)$ 在 C_ρ 上连续，故存在 $M>0$，使得 $|f(\xi)|\leqslant M$，所以

$$
\sum_{n=0}^{\infty}\left|\frac{f(\xi)}{(\xi-a)^{n+1}}(z-a)^n\right| = \sum_{n=0}^{\infty}|f(\xi)|\frac{|z-a|^n}{|\xi-a|^{n+1}} \leqslant M\sum_{n=0}^{\infty}\frac{|z-a|^n}{\rho^{n+1}},
$$

而 $\sum_{n=0}^{\infty}\frac{|z-a|^n}{\rho^{n+1}}$ 收敛．因此，$\sum_{n=0}^{\infty}\frac{f(\xi)}{(\xi-a)^{n+1}}(z-a)^n$ 在 C_ρ 上一致收敛．证毕．

式(4-3)称为函数 $f(z)$ 在点 a 处的泰勒展开式，右侧的级数称为函数 $f(z)$ 在点 a 处的泰勒级数，C_n 为泰勒系数．虽然泰勒级数形式与实级数中的一致，但两者的推导思路完全不同．

下面是判断解析函数的又一充要条件．

定理 4.10　函数 $f(z)$ 在点 a 处解析的充要条件是函数 $f(z)$ 在点 a 的某邻域内能够展开成泰勒级数．

定理 4.11　若函数 $f(z)$ 在点 a 处能展开成幂级数，则该幂级数只能是泰勒级数，即展开级数形式是唯一的．

证明　设

$$
f(z)=b_0+b_1(z-a)+b_2(z-a)^2+\cdots+b_n(z-a)^n+\cdots,
$$

当 $z=a$ 时，

$$
b_0=f(a),\quad f'(z)=b_1+2b_2(z-a)+\cdots+nb_n(z-a)^{n-1}+\cdots;
$$

取 $z=a$ 时，

$$
b_1=f'(a),\quad f''(z)=2b_2+\cdots+n(n-1)b_n(z-a)^{n-2}+\cdots;
$$

再取 $z=a$ 时，

$$
b_2=\frac{f''(a)}{2},
$$

以此类推，得到

$$
b_3=\frac{f'''(a)}{3!},\cdots,b_n=\frac{f^{(n)}(a)}{n!},
$$

得到的系数与泰勒级数对应的系数形式一致，故展开的幂级数只能是泰勒级数，且展开形式是唯一的．证毕．

定理 4.11 表明，函数展开成幂级数时可以采用任何形式，但结果是唯一的，简单的函数可以直接运用泰勒级数展开，而复杂函数可以借助已知级数进行间接展开．

例 4.7　求 e^z 在 $z=0$ 处的泰勒级数.

解　因为 $(e^z)^{(n)}=e^z$，$(e^z)^{(n)}|_{z=0}=1$，e^z 在整个复平面内处处解析，所以 $R=+\infty$．故

$$e^z=1+z+\frac{1}{2!}z^2+\frac{1}{3!}z^3+\cdots+\frac{1}{n!}z^n+\cdots,\quad |z|<+\infty .$$

例 4.8　将 $\sin z$ 在 $z=0$ 附近展开成幂级数.

解　因为

$$(\sin z)'=\cos z=\sin\left(z+\frac{\pi}{2}\right),$$

$$(\sin z)''=\cos\left(z+\frac{\pi}{2}\right)=\sin\left(z+2\frac{\pi}{2}\right),$$

$$\cdots\cdots$$

$$(\sin z)^{(n)}=\sin\left(z+n\frac{\pi}{2}\right),$$

而

$$(\sin z)^{(n)}|_{z=0}=\begin{cases}0, & n=2k\\ (-1)^k, & n=2k+1\end{cases}.$$

于是

$$\sin z=z-\frac{z^3}{3!}+\frac{z^5}{5!}+\cdots+(-1)^k\frac{1}{2k+1}z^{2k+1}+\cdots,\quad |z|<+\infty .$$

也可以运用 $\sin z$ 的定义展开．由 $\sin z=\dfrac{e^{iz}-e^{-iz}}{2i}$，且

$$e^{iz}=1+iz-\frac{1}{2!}z^2-\frac{1}{3!}iz^3+\frac{1}{4!}z^4+\cdots+\frac{1}{n!}(iz)^n+\cdots,\quad |z|<+\infty ,$$

$$e^{-iz}=1-iz-\frac{1}{2!}z^2+\frac{1}{3!}iz^3+\frac{1}{4!}z^4+\cdots+\frac{1}{n!}(-iz)^n+\cdots,\quad |z|<+\infty ,$$

得

$$\sin z=\frac{e^{iz}-e^{-iz}}{2i}=z-\frac{z^3}{3!}+\frac{z^5}{5!}+\cdots+(-1)^k\frac{1}{2k+1}z^{2k+1}+\cdots,\quad |z|<+\infty .$$

同理，可得

$$\cos z=1-\frac{z^2}{2!}+\frac{z^4}{4!}+\cdots+(-1)^k\frac{1}{2k}z^{2k}+\cdots,\quad |z|<+\infty .$$

下面用间接方法将函数展开成泰勒级数.

例 4.9　将 $\arctan z$ 展开成形如 $\sum\limits_{n=0}^{\infty}C_nz^n$ 的级数.

解　因为

$$\frac{1}{1-z}=\sum_{n=0}^{\infty}z^n,\quad |z|<1,$$

$$(\arctan z)'=\frac{1}{1+z^2}=\sum_{n=0}^{\infty}(-1)^nz^{2n},\quad |z|<1,$$

所以

$$\begin{aligned}\arctan z &= \int_0^z \frac{1}{1+z^2}\mathrm{d}z = \int_0^z \sum_{n=0}^{\infty}(-1)^n z^{2n}\mathrm{d}z \\ &= \sum_{n=0}^{\infty}(-1)^n \int_0^z z^{2n}\mathrm{d}z = \sum_{n=0}^{\infty}(-1)^n \frac{z^{2n+1}}{2n+1},\quad |z|<1.\end{aligned}$$

例 4.10　将函数 $\dfrac{1}{(1-z)^2}$ 在 $z=0$ 处展开成幂级数.

解　因为

$$\frac{1}{1-z}=\sum_{n=0}^{\infty}z^n,\quad |z|<1,$$

所以

$$\frac{1}{(1-z)^2}=\left(\frac{1}{1-z}\right)'=\left(\sum_{n=0}^{\infty}z^n\right)'=\sum_{n=1}^{\infty}nz^{n-1},\quad |z|<1.$$

例 4.11　将函数 $f(z)=\dfrac{1}{3+z}$ 在 $z=-1$ 处展开成幂级数.

解　因为

$$f(z)=\frac{1}{3+z}=\frac{1}{2}\frac{1}{1+\dfrac{z+1}{2}}=\frac{1}{2}\sum_{n=0}^{\infty}(-1)^n\frac{(z+1)^n}{2^n}=\sum_{n=0}^{\infty}\frac{(-1)^n}{2^{n+1}}(z+1)^n,$$

又 $\left|\dfrac{z+1}{2}\right|<1$，所以 $|z+1|<2$.

例 4.12　将函数 $f(z)=\ln(1+z)$（对数主值函数）在 $z=0$ 处展开成泰勒级数.

解　注意到 $\ln(1+z)$ 在 x 轴上除去 $\{x\,|\,x\leqslant -1\}$ 外解析，自然在 $z=0$ 处解析，则

$$\begin{aligned}\ln(1+z) &= \int_0^z \frac{1}{1+z}\mathrm{d}z = \int_0^z \sum_{n=0}^{\infty}(-1)^n z^n\mathrm{d}z \\ &= \sum_{n=0}^{\infty}(-1)^n \int_0^z z^n\mathrm{d}z = \sum_{n=0}^{\infty}(-1)^n \frac{z^{n+1}}{n+1},\ |z|<1.\end{aligned}$$

例 4.13　将函数 $f(z)=\dfrac{\mathrm{e}^z}{1-z}$ 在 $z=0$ 处展开成幂级数.

解　因为 $\dfrac{\mathrm{e}^z}{1-z}$ 在 $|z|<1$ 内解析，故在 $z=0$ 处可以展开成幂级数. 又因为

$$\mathrm{e}^z=1+z+\frac{1}{2!}z^2+\frac{1}{3!}z^3+\cdots+\frac{1}{n!}z^n+\cdots,\quad |z|<+\infty,$$

$$\frac{1}{1-z}=1+z+z^2+z^3+\cdots+z^n+\cdots,\quad |z|<1.$$

将两式相乘，得到

$$\frac{\mathrm{e}^z}{1-z}=1+\left(1+\frac{1}{1!}\right)z+\left(1+\frac{1}{1!}+\frac{1}{2!}\right)z^2+\cdots,\quad |z|<1.$$

例 4.14　求函数 $\mathrm{e}^{\frac{z}{1-z}}$ 在 $z=0$ 处的泰勒展开式.

解　令$F(t)=\mathrm{e}^t$，$t=\dfrac{z}{1-z}$，而

$$F(t)=1+t+\frac{t^2}{2!}+\cdots+\frac{t^n}{n!}+\cdots,\quad |t|<+\infty,$$
$$t=z(1+z+z^2+z^3+\cdots+z^n+\cdots),\quad |z|<1.$$

将t代入$F(t)$，得

$$\begin{aligned}
\mathrm{e}^{\frac{z}{1-z}}&=1+\frac{z}{1!}(1+z+z^2+z^3+\cdots+z^n+\cdots)+\frac{z^2}{2!}(1+z+z^2+z^3+\cdots+z^n+\cdots)^2\\
&\quad+\frac{z^3}{3!}(1+z+z^2+z^3+\cdots+z^n+\cdots)^3+\frac{z^4}{4!}(1+z+z^2+z^3+\cdots+z^n+\cdots)^4+\cdots\\
&=1+z(1+z+z^2+z^3+\cdots+z^n+\cdots)+\frac{z^2}{2!}(1+2z+3z^2+4z^3+\cdots)\\
&\quad+\frac{z^3}{3!}(1+3z+6z^2+10z^3+\cdots)+\frac{z^4}{4!}(1+4z+10z^2+\cdots)+\cdots\\
&=1+z+\left(1+\frac{1}{2!}\right)z^2+\left(1+\frac{2}{2!}+\frac{1}{3!}\right)z^3+\left(1+\frac{3}{2!}+\frac{3}{3!}+\frac{1}{4!}\right)z^4+\cdots\\
&=1+z+\frac{3}{2}z^2+\frac{13}{6}z^3+\frac{73}{24}z^4+\cdots,\quad |z|<1.
\end{aligned}$$

例 4.15　将函数$f(z)=\mathrm{e}^{\frac{1}{1-z}}$在$z=0$处展开成幂级数.

解　注意到$z=1$是函数$f(z)$的奇点，故$f(z)$在圆域$|z|<1$内可以展开成泰勒级数. 由于$f'(z)=\dfrac{\mathrm{e}^{\frac{1}{1-z}}}{(1-z)^2}$，故

$$(1-z)^2f'(z)-f(z)=0,$$
$$(1-z)^2f''(z)+(2z-3)f'(z)=0,$$
$$(1-z)^2f'''(z)+(4z-5)f''(z)+2f'(z)=0,$$

因为$f(0)=\mathrm{e}$，分别代入上式，得

$$f'(0)=\mathrm{e},\quad f''(0)=3\mathrm{e},\quad f'''(0)=13\mathrm{e},\quad\cdots.$$

于是

$$\mathrm{e}^{\frac{1}{1-z}}=\mathrm{e}\left(1+z+\frac{3}{2!}z^2+\frac{13}{3!}z^3+\cdots\right).$$

例 4.16　将函数$f(z)=(1+z)^\alpha$（α为复常数)满足$f(0)=1$的主值函数$f(z)=\mathrm{e}^{\alpha\ln(1+z)}$在$z=0$处展开成泰勒级数.

解　因为$f(z)=\mathrm{e}^{\alpha\ln(1+z)}$在除去$\{x\,|\,x\leqslant-1\}$外处处解析，又

$$f'(z)=\frac{\alpha}{1+z}\mathrm{e}^{\alpha\ln(1+z)}=\alpha\mathrm{e}^{(\alpha-1)\ln(1+z)},$$
$$f''(z)=\frac{\alpha(\alpha-1)}{1+z}\mathrm{e}^{(\alpha-1)\ln(1+z)}=\alpha(\alpha-1)\mathrm{e}^{(\alpha-2)\ln(1+z)},$$

$$f'''(z)=\frac{\alpha(\alpha-1)(\alpha-2)}{1+z}\mathrm{e}^{(\alpha-2)\ln(1+z)}=\alpha(\alpha-1)(\alpha-2)\mathrm{e}^{(\alpha-3)\ln(1+z)},$$

……

$$f^{(n)}(z)=\alpha(\alpha-1)(\alpha-2)\cdots[\alpha-(n-1)]\mathrm{e}^{(\alpha-n)\ln(1+z)},$$

故求出 $\frac{f^{(n)}(0)}{n!}$，即可得到函数在 $z=0$ 处的泰勒级数：

$$\mathrm{e}^{\alpha\ln(1+z)}=1+\alpha z+\frac{\alpha(\alpha-1)}{2!}z^2+\frac{\alpha(\alpha-1)(\alpha-2)}{3!}z^3+\cdots$$
$$+\frac{\alpha(\alpha-1)(\alpha-2)\cdots[\alpha-(n-1)]}{n!}z^n+\cdots,\quad |z|<1.$$

也可以用待定系数法将函数展开成泰勒级数．由

$$f'(z)=\frac{\alpha}{1+z}\mathrm{e}^{\alpha\ln(1+z)},$$

可知

$$(1+z)f'(z)=\alpha f(z).$$

设 $f(z)=\sum_{n=0}^{\infty}c_nz^n$，则

$$(1+z)\sum_{n=1}^{\infty}c_nnz^{n-1}=\alpha\sum_{n=0}^{\infty}c_nz^n,$$

比较两边同次幂的系数，得到方程组

$$\begin{cases}c_1=\alpha c_0\\ c_1+2c_2=\alpha c_1\\ 2c_2+3c_3=\alpha c_2\\ \quad\cdots\cdots\\ (n-1)c_{n-1}+nc_n=\alpha c_{n-1}\\ \quad\cdots\cdots\end{cases},$$

依次求出 $c_i(i=0,1,2,3,\cdots)$，代入 $f(z)=\sum_{n=0}^{\infty}c_nz^n$，从而得到泰勒级数的展开式．

4.4 洛朗级数

思考　4.3 节介绍的级数展开式中的项都是幂次为正的函数，那么，是否存在幂次为负的函数项？在什么情况下会出现幂次为负的函数项？

若函数 $f(z)$ 在区域 D 内解析，则 $f(z)$ 在区域 D 内部某点能展开成泰勒级数，展开范围一定是圆域．若函数 $f(z)$ 在区域 D 内有奇点，则在该奇点处是否也能展开成级数？展开范围是什么呢？

为此，先看一个例子：将 $f(z)=\frac{1}{z(z-1)}$ 在奇点 $z=0$ 和 $z=1$ 处展开成级数．当 $z=0$ 时，有展开式

$$f(z)=\frac{1}{z-1}-\frac{1}{z}=-\frac{1}{z}-1-z-z^2-\cdots-z^n-\cdots,\quad 0<|z|<1,$$

当 $z=1$ 时，$f(z)$ 在圆环 $0<|z-1|<1$ 内解析，有

$$f(z)=\frac{1}{z-1}\cdot\frac{1}{1+(z-1)}=\frac{1}{z-1}-1+(z-1)-(z-1)^2+\cdots+(-1)^n(z-1)^{n-1}+\cdots.$$

易见两个级数中都含有负幂项，并且函数是在圆环上展开的，这说明展开的级数不是熟知的泰勒级数．本节主要讨论这种类型的级数——洛朗级数，它是后文研究孤立奇点和留数的理论基础．

4.4.1　双边幂级数及其性质

定义 4.4　称级数

$$\sum_{n=-\infty}^{+\infty}C_n(z-a)^n=\sum_{n=-1}^{-\infty}C_n(z-a)^n+\sum_{n=0}^{+\infty}C_n(z-a)^n$$

为双边幂级数，其中，

$$\sum_{n=0}^{+\infty}C_n(z-a)^n=C_0+C_1(z-a)+C_2(z-a)^2+\cdots+C_n(z-a)^n+\cdots \tag{4-4}$$

为正幂项部分；

$$\sum_{n=-1}^{-\infty}C_n(z-a)^n=C_{-1}(z-a)^{-1}+C_{-2}(z-a)^{-2}+\cdots+C_{-n}(z-a)^{-n}+\cdots \tag{4-5}$$

为负幂项部分；$C_n(n=0,\pm1,\pm2,\cdots)$ 及 a 都是复常数．

下面讨论双边幂级数的收敛范围．

式（4-4）在圆域 $|z-a|<R$ 收敛；令 $\xi=(z-a)^{-1}$，则式（4-5）为

$$C_{-1}\xi+C_{-2}\xi^2+\cdots+C_{-n}\xi^n+\cdots, \tag{4-6}$$

式（4-6）为正幂项级数，假设该级数的收敛半径为 $\frac{1}{r}$，则收敛范围为 $|\xi|<\frac{1}{r}(r>0)$，也就是 $|\xi|=\left|\frac{1}{z-a}\right|<\frac{1}{r}$．于是 $|z-a|>r$，即式（4-5）在 $|z-a|>r$ 收敛．

当 $r<R$ 时，式（4-4）和式（4-5）同时收敛，故双边幂级数收敛；当 $r\geqslant R$ 时，式（4-4）在 $|z-a|<R$ 收敛，式（4-5）在 $|z-a|>r$ 收敛，故双边幂级数发散．因此，双边幂级数的收敛范围是圆环：$r<|z-a|<R\ (r\geqslant 0,R\leqslant+\infty)$．

若双边幂级数收敛，则其和函数的性质与幂级数和函数性质是否一致呢？注意到双边幂级数本质是两个幂级数的和，若

$$\sum_{n=0}^{+\infty}C_n(z-a)^n=f_1(z),\quad \sum_{n=-1}^{-\infty}C_n(z-a)^n=f_2(z),$$

且 $f(z)=f_1(z)+f_2(z)$，则有以下性质成立：

（1）$f_1(z),f_2(z),f(z)$ 在圆环 $r<|z-a|<R$ 内都是解析函数；

（2）$f(z)$ 在 $r<|z-a|<R$ 内的任意有界闭集上是一致收敛的；

（3）$f(z)$ 在 $r<|z-a|<R$ 内可逐项求导、逐项积分，即

$$f'(z)=\left[\sum_{n=-\infty}^{+\infty}C_n(z-a)^n\right]'=\sum_{n=-\infty}^{+\infty}nC_n(z-a)^{n-1},$$

$$\int_0^z f(z)\mathrm{d}z=\int_0^z\sum_{n=-\infty}^{+\infty}C_n(z-a)^n\mathrm{d}z=\sum_{n=-\infty}^{+\infty}C_n\int_0^z(z-a)^n\mathrm{d}z=\sum_{n=-\infty}^{+\infty}C_n\frac{(z-a)^{n+1}}{n+1};$$

（4）和函数 $f(z)$ 在圆环 $r<|z-a|<R$ 内可以任意次求导，且

$$f'(z)=\sum_{n=-\infty}^{+\infty}nC_n(z-a)^{n-1},$$

$$f''(z)=\sum_{n=-\infty}^{+\infty}n(n-1)C_n(z-a)^{n-2},$$

$$f'''(z)=\sum_{n=-\infty}^{+\infty}n(n-1)(n-2)C_n(z-a)^{n-3},$$

……

4.4.2　洛朗级数及其展开

若函数 $f(z)$ 在圆环内解析，则函数能够展开成双边幂级数.

定理 4.12　设函数 $f(z)$ 在圆环: $r<|z-a|<R$ $(r\geqslant 0, R\leqslant +\infty)$ 内解析，则 $f(z)$ 在 $z=a$ 处可以展开成双边幂级数:

$$f(z)=\sum_{n=-\infty}^{+\infty}C_n(z-a)^n, \tag{4-7}$$

其中，

$$C_n=\frac{1}{2\pi\mathrm{i}}\int_C\frac{f(z)}{(z-a)^{n+1}}\mathrm{d}z,\quad n=0,\pm1,\pm2,\cdots;$$

C 是圆环内绕 a 的任一简单闭曲线.

证明　在圆环 $r<|z-a|<R$ 中任取一点 z，分别作圆 $C_1:|\xi-a|=\rho_1$，$C_2:|\xi-a|=\rho_2$，$\rho_1<\rho_2$，使得 z 含在环 $\rho_1<|z-a|<\rho_2$ 内，如图 4.2 所示，则 $f(z)$ 在环内解析，根据柯西积分公式，得

$$f(z)=\frac{1}{2\pi\mathrm{i}}\int_{C_2}\frac{f(\xi)}{\xi-z}\mathrm{d}\xi-\frac{1}{2\pi\mathrm{i}}\int_{C_1}\frac{f(\xi)}{\xi-z}\mathrm{d}\xi.$$

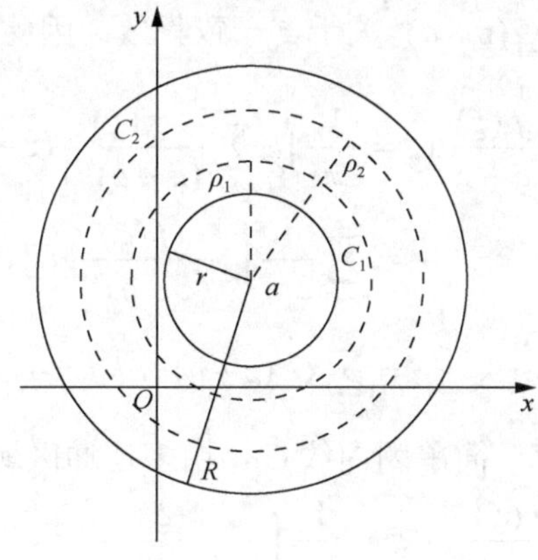

图 4.2

在 $C_2:|\xi-a|=\rho_2$ 上，有

$$\frac{f(\xi)}{\xi-z}=\frac{f(\xi)}{(\xi-a)-(z-a)}=\frac{f(\xi)}{\xi-a}\frac{1}{1-\dfrac{z-a}{\xi-a}}$$

$$=\frac{f(\xi)}{\xi-a}\sum_{n=0}^{+\infty}\left(\frac{z-a}{\xi-a}\right)^n=\sum_{n=0}^{+\infty}\frac{f(\xi)}{(\xi-a)^{n+1}}(z-a)^n\text{，}\quad |z-a|<|\xi-a|\text{.}$$

与泰勒级数证明过程类似，$\sum\limits_{n=0}^{+\infty}\dfrac{f(\xi)}{(\xi-a)^{n+1}}(z-a)^n$ 在 C_2 上一致收敛，于是

$$\begin{aligned}\frac{1}{2\pi\mathrm{i}}\int_{C_2}\frac{f(\xi)}{\xi-z}\mathrm{d}\xi&=\frac{1}{2\pi\mathrm{i}}\int_{C_2}\sum_{n=0}^{+\infty}\frac{f(\xi)}{(\xi-a)^{n+1}}(z-a)^n\mathrm{d}\xi\\&=\sum_{n=0}^{+\infty}\frac{(z-a)^n}{2\pi\mathrm{i}}\int_{C_2}\frac{f(\xi)}{(\xi-a)^{n+1}}\mathrm{d}\xi\\&=\sum_{n=0}^{+\infty}C_n(z-a)^n\text{，}\quad n=0,1,2,\cdots\text{.}\end{aligned}$$

在 $C_1:|\xi-a|=\rho_1$ 上，有

$$\begin{aligned}\frac{-f(\xi)}{\xi-z}&=\frac{-f(\xi)}{(\xi-a)-(z-a)}=\frac{f(\xi)}{z-a}\frac{1}{1-\dfrac{\xi-a}{z-a}}\\&=\frac{f(\xi)}{z-a}\sum_{n=0}^{+\infty}\left(\frac{\xi-a}{z-a}\right)^n=\sum_{n=0}^{+\infty}\frac{f(\xi)}{(z-a)^{n+1}}(\xi-a)^n\\&=\sum_{n=-1}^{-\infty}\frac{f(\xi)}{(\xi-a)^{n+1}}(z-a)^n\text{，}\quad |\xi-a|<|z-a|\text{.}\end{aligned}$$

因为 $f(\xi)$ 在 C_1 上连续，所以存在 M，使得 $|f(\xi)|\leqslant M$，于是

$$\sum_{n=-1}^{-\infty}\frac{f(\xi)}{(\xi-a)^{n+1}}(z-a)^n=\sum_{n=1}^{+\infty}\frac{f(\xi)}{(z-a)^n}(\xi-a)^{n-1}\text{，}$$

$$\sum_{n=1}^{+\infty}\left|\frac{f(\xi)}{(z-a)^n}(\xi-a)^{n-1}\right|=\sum_{n=1}^{+\infty}\frac{|f(\xi)|}{|z-a|^n}|\xi-a|^{n-1}\leqslant\frac{M}{|z-a|}\sum_{n=1}^{+\infty}\left(\frac{\rho_1}{|z-a|}\right)^{n-1}\text{，}$$

而 $\dfrac{\rho_1}{|z-a|}<1$，故 $\sum\limits_{n=-1}^{-\infty}\dfrac{f(\xi)}{(\xi-a)^{n+1}}(z-a)^n$ 关于 ξ 一致收敛．因此

$$\begin{aligned}-\frac{1}{2\pi\mathrm{i}}\int_{C_1}\frac{f(\xi)}{\xi-z}\mathrm{d}\xi&=\frac{1}{2\pi\mathrm{i}}\int_{C_1}\sum_{n=-1}^{-\infty}\frac{f(\xi)}{(\xi-a)^{n+1}}(z-a)^n\mathrm{d}\xi\\&=\sum_{n=-1}^{-\infty}\frac{1}{2\pi\mathrm{i}}\int_{C_1}\frac{f(\xi)}{(\xi-a)^{n+1}}\mathrm{d}\xi(z-a)^n\\&=\sum_{n=-1}^{-\infty}C_n(z-a)^n\text{，}\quad n=-1,-2,\cdots\text{.}\end{aligned}$$

在 $\rho_1<|z-a|<\rho_2$ 内任取一简单闭曲线 C，由多连通区域的柯西积分定理，知

$$C_n=\frac{1}{2\pi\mathrm{i}}\int_{C_2}\frac{f(\xi)}{(\xi-a)^{n+1}}\mathrm{d}\xi=\frac{1}{2\pi\mathrm{i}}\int_{C}\frac{f(\xi)}{(\xi-a)^{n+1}}\mathrm{d}\xi\text{，}\quad n=0,1,2,\cdots\text{，}$$

$$C_n=\frac{1}{2\pi i}\int_{C_1}\frac{f(\xi)}{(\xi-a)^{n+1}}d\xi=\frac{1}{2\pi i}\int_C\frac{f(\xi)}{(\xi-a)^{n+1}}d\xi\ ,\quad n=-1,-2,\cdots .$$

注意到C_n中的积分与z无任何关系，于是，在圆环$r<|z-a|<R$内，有

$$f(z)=\sum_{n=-1}^{-\infty}C_n(z-a)^n+\sum_{n=0}^{+\infty}C_n(z-a)^n=\sum_{n=-\infty}^{+\infty}C_n(z-a)^n\ ,$$

其中，

$$C_n=\frac{1}{2\pi i}\int_C\frac{f(\xi)}{(\xi-a)^{n+1}}d\xi\ ,\quad n=0,\pm1,\pm2,\cdots .$$

证毕.

称式（4-7）为函数$f(z)$在$z=a$处的洛朗展开式，右侧级数为洛朗级数，C_n为洛朗级数的系数.

定理 4.13　若函数$f(z)$在圆环内解析，则展开的洛朗级数是唯一的.

证明　假设$f(z)$在圆环$r<|z-a|<R$内解析，$C:|z-a|=\rho(r<\rho<R)$为圆环内一简单闭曲线，则$f(z)=\sum\limits_{n=-\infty}^{+\infty}B_n(z-a)^n$在曲线$C$上一致收敛. 对于有界函数$\dfrac{1}{(z-a)^m}$，级数

$$\frac{f(z)}{(z-a)^{m+1}}=\sum_{n=-\infty}^{+\infty}B_n\frac{(z-a)^n}{(z-a)^{m+1}}$$

在曲线C上仍然一致收敛，于是

$$\int_C\frac{f(\xi)}{(\xi-a)^{m+1}}d\xi=\sum_{n=-\infty}^{+\infty}B_n\int_C\frac{(\xi-a)^n}{(\xi-a)^{m+1}}d\xi=2\pi iB_n\ ,$$

这里运用了重要积分（见例 3.10），当$n=m$时，上式右侧积分值为$2\pi i$，其余情形下积分值均为0，于是

$$B_n=\frac{1}{2\pi i}\int_C\frac{f(\xi)}{(\xi-a)^{n+1}}d\xi=C_n\ ,\quad n=0,\pm1,\pm2,\cdots ,$$

即洛朗级数的系数唯一，故洛朗级数的展开式唯一. 证毕.

注　（1）函数$f(z)$在$z=a$处解析时就能够在$z=a$的邻域内展开成泰勒级数，而$f(z)$在以$z=a$为圆心的圆环内解析时就能展开成洛朗级数，若重新定义$f(a)$，则泰勒级数是洛朗级数的特殊情况.

（2）虽然泰勒级数与洛朗级数的系数都可以用$C_n=\dfrac{1}{2\pi i}\displaystyle\int_C\frac{f(\xi)}{(\xi-a)^{n+1}}d\xi$表示，但泰勒系数可通过$C_n=\dfrac{f^{(n)}(a)}{n!}(n=0,1,2,\cdots)$求解，而洛朗级数的系数$C_n(n=0,\pm1,\pm2,\cdots)$只能通过求积分得到.

（3）若函数$f(z)$在圆环内解析，则$f(z)$展开成的洛朗级数是唯一的，因此在洛朗级数的展开过程中，一般采用最简单的方法进行运算.

（4）洛朗级数的展开式中不一定始终含有负幂项，只要函数在圆环内展开的级数都是洛朗级数，例如，

$$\frac{\sin z}{z}=1-\frac{z^2}{3!}+\frac{z^5}{5!}-\cdots,\quad 0<|z|<+\infty$$

是 $\frac{\sin z}{z}$ 在 $z=0$ 处展开的洛朗级数.

(5) 函数能否展开成洛朗级数的关键在于圆环的确定，而函数只有在孤立奇点处才能确定圆环.

注意到洛朗级数的系数用求积分的方法确定比较复杂，故在求解时通常运用简单函数如 $e^z,\sin z,\cos z,\frac{1}{1-z}$ 等的展开式将函数间接展开.

我们熟知，

$$e^z=1+z+\frac{1}{2!}z^2+\frac{1}{3!}z^3+\cdots+\frac{1}{n!}z^n+\cdots,\quad |z|<+\infty,$$

$$\frac{1}{1-z}=1+z+z^2+z^3+\cdots+z^n+\cdots,\quad |z|<1,$$

$$\sin z=z-\frac{z^3}{3!}+\frac{z^5}{5!}+\cdots+(-1)^k\frac{1}{2k+1}z^{2k+1}+\cdots,\quad |z|<+\infty,$$

$$\cos z=1-\frac{z^2}{2!}+\frac{z^4}{4!}+\cdots+(-1)^k\frac{1}{2k}z^{2k}+\cdots,\quad |z|<+\infty.$$

例 4.17　将函数 $f(z)=e^{\frac{1}{z}}$ 在 $z=0$ 处展开成洛朗级数.

解　因为 $e^{\frac{1}{z}}$ 在除去 $z=0$ 处外处处解析，函数在 $0<|z|<+\infty$ 内解析，所以

$$e^{\frac{1}{z}}=1+\frac{1}{z}+\frac{1}{2!}\frac{1}{z^2}+\frac{1}{3!}\frac{1}{z^3}+\cdots+\frac{1}{n!}\frac{1}{z^n}+\cdots,\quad 0<|z|<+\infty.$$

例 4.18　将函数 $f(z)=\frac{1}{(z-2)(z-3)}$ 在 $z=0$ 处展开成幂级数.

解　$f(z)=\frac{1}{(z-2)(z-3)}=\frac{1}{z-3}-\frac{1}{z-2}$，奇点 $z=2$，$z=3$ 所在圆周 $|z|=2$，$|z|=3$ 将平面分成三部分：$|z|<2$，$|z|>3$，$2<|z|<3$.

当 $|z|<2$ 时，因为 $\left|\frac{z}{3}\right|<1$，$\left|\frac{z}{2}\right|<1$，所以

$$f(z)=\frac{1}{z-3}-\frac{1}{z-2}=\frac{1}{-3}\frac{1}{1-\frac{z}{3}}+\frac{1}{2}\frac{1}{1-\frac{z}{2}}$$

$$=-\frac{1}{3}\sum_{n=0}^{+\infty}\frac{1}{3^n}z^n+\frac{1}{2}\sum_{n=0}^{+\infty}\frac{1}{2^n}z^n=\sum_{n=0}^{+\infty}\left(\frac{1}{2^{n+1}}-\frac{1}{3^{n+1}}\right)z^n;$$

当 $|z|>3$ 时，因为 $\left|\frac{3}{z}\right|<1$，$\left|\frac{2}{z}\right|<1$，所以

$$f(z)=\frac{1}{z-3}-\frac{1}{z-2}=\frac{1}{z}\frac{1}{1-\frac{3}{z}}-\frac{1}{z}\frac{1}{1-\frac{2}{z}}$$

$$=\frac{1}{z}\sum_{n=0}^{+\infty}\frac{1}{z^n}3^n-\frac{1}{z}\sum_{n=0}^{+\infty}\frac{1}{z^n}2^n$$

$$=\sum_{n=0}^{+\infty}(3^n-2^n)\frac{1}{z^{n+1}};$$

当$2<|z|<3$时，因为$\left|\frac{2}{z}\right|<1$，$\left|\frac{z}{3}\right|<1$，所以

$$f(z)=\frac{1}{z-3}-\frac{1}{z-2}=\frac{1}{-3}\frac{1}{1-\frac{z}{3}}-\frac{1}{z}\frac{1}{1-\frac{2}{z}}$$

$$=-\frac{1}{3}\sum_{n=0}^{+\infty}\frac{1}{3^n}z^n-\frac{1}{z}\sum_{n=0}^{+\infty}\frac{1}{z^n}2^n$$

$$=\sum_{n=0}^{+\infty}\left(-\frac{1}{3^{n+1}}z^n-2^n\frac{1}{z^{n+1}}\right).$$

例 4.19　将函数$f(z)=\frac{1}{(z-2)(z-3)}$在圆环$0<|z-2|<1$，$1<|z-2|<+\infty$内展开成洛朗级数.

解　当$0<|z-2|<1$时，有

$$\frac{1}{z-3}=\frac{1}{-1+(z-2)}=-\sum_{n=0}^{+\infty}(z-2)^n,$$

则

$$f(z)=\frac{1}{(z-2)(z-3)}=-\frac{1}{z-2}\sum_{n=0}^{+\infty}(z-2)^n=-\sum_{n=0}^{+\infty}(z-2)^{n-1};$$

当$1<|z-2|<+\infty$时，有

$$\frac{1}{z-3}=\frac{1}{-1+(z-2)}=\frac{1}{z-2}\frac{1}{1-\frac{1}{z-2}}=\sum_{n=0}^{+\infty}\frac{1}{(z-2)^{n+1}},$$

则

$$f(z)=\frac{1}{(z-2)(z-3)}=\frac{1}{z-2}\sum_{n=0}^{+\infty}\frac{1}{(z-2)^{n+1}}=\sum_{n=0}^{+\infty}\frac{1}{(z-2)^{n+2}}.$$

例 4.20　将函数$f(z)=\sin\frac{z}{z-1}$在$1<|z-1|<+\infty$内展开成洛朗级数.

解　因为

$$f(z)=\sin\left(1+\frac{1}{z-1}\right)=\sin1\cos\frac{1}{z-1}+\cos1\sin\frac{1}{z-1},$$

而

$$\cos\frac{1}{z-1}=1-\frac{1}{2!}\frac{1}{(z-1)^2}+\frac{1}{4!}\frac{1}{(z-1)^4}+\cdots+(-1)^k\frac{1}{(2k)!}\frac{1}{(z-1)^{2k}}+\cdots,$$

$$\sin\frac{1}{z-1}=\frac{1}{1!}\frac{1}{z-1}-\frac{1}{3!}\frac{1}{(z-1)^3}+\frac{1}{5!}\frac{1}{(z-1)^5}+\cdots+(-1)^k\frac{1}{(2k+1)!}\frac{1}{(z-1)^{2k+1}}+\cdots,$$

所以

$$f(z)=\sin 1\left[1-\frac{1}{2!}\frac{1}{(z-1)^2}+\frac{1}{4!}\frac{1}{(z-1)^4}+\cdots+(-1)^k\frac{1}{(2k)!}\frac{1}{(z-1)^{2k}}+\cdots\right]$$

$$+\cos 1\left[\frac{1}{1!}\frac{1}{z-1}-\frac{1}{3!}\frac{1}{(z-1)^3}+\frac{1}{5!}\frac{1}{(z-1)^5}+\cdots+(-1)^k\frac{1}{(2k+1)!}\frac{1}{(z-1)^{2k+1}}+\cdots\right]$$

$$=\sin 1+\cos 1\frac{1}{z-1}-\frac{1}{2!}\sin 1\frac{1}{(z-1)^2}-\frac{1}{3!}\cos 1\frac{1}{(z-1)^3}+\cdots,\quad 1<|z-1|<+\infty .$$

本 章 小 结

本章从级数的角度研究解析函数．首先讨论复函数项级数的敛散性，作为函数项级数的一种——幂级数，有着和实函数幂级数相似的结论——阿贝尔定理，但它们的应用范围不同，实函数中的阿贝尔定理表明，由点的收敛能够确定幂级数在对称区间内的收敛；而复函数项级数的阿贝尔定理表明，由点的收敛能够确定幂级数在圆域内的收敛．在圆域内解析的函数可以展开成泰勒级数，在圆环上解析的函数可以展开成洛朗级数．

（1）与实数项级数相比，复数项级数有相似的定义：

称 $\sum\limits_{n=1}^{\infty}z_n=z_1+z_2+\cdots+z_n+\cdots$ 为复数项级数（也称无穷级数），$z_1+z_2+\cdots+z_n=S_n$ 为级数的部分和．若 $\lim\limits_{n\to\infty}S_n=S$，则称级数 $\sum\limits_{n=1}^{\infty}z_n$ 收敛，S 为级数 $\sum\limits_{n=1}^{\infty}z_n$ 的和，记作 $\sum\limits_{n=1}^{\infty}z_n=S$．若 $\lim\limits_{n\to\infty}S_n$ 不存在，则称级数 $\sum\limits_{n=1}^{\infty}z_n$ 发散．

于是，得到一些相似的结论：

① 若 $\lim\limits_{n\to\infty}z_n\neq 0$，则复级数 $\sum\limits_{n=1}^{\infty}z_n$ 必发散．

② 若复级数 $\sum\limits_{n=1}^{\infty}|z_n|$ 收敛，则 $\sum\limits_{n=1}^{\infty}z_n$ 必收敛，且 $\left|\sum\limits_{n=1}^{\infty}z_n\right|\leqslant\sum\limits_{n=1}^{\infty}|z_n|$．

③ 若级数 $\sum\limits_{n=1}^{\infty}|z_n|$ 收敛，则称 $\sum\limits_{n=1}^{\infty}z_n$ 为绝对收敛；若 $\sum\limits_{n=1}^{\infty}|z_n|$ 发散，但 $\sum\limits_{n=1}^{\infty}z_n$ 收敛，则称 $\sum\limits_{n=1}^{\infty}z_n$ 为条件收敛．

④ 若级数 $\sum\limits_{n=1}^{\infty}f_n(z)$ 在集合 D 上一致收敛于 $S(z)$，且 $f_n(z)(n=1,2,\cdots)$ 在 D 上连续，则和函数 $S(z)$ 在 D 上连续．

⑤ 若级数 $\sum\limits_{n=1}^{\infty}f_n(z)$ 在曲线 C 上一致收敛于 $S(z)$，且 $f_n(z)(n=1,2,\cdots)$ 在曲线 C 上可积分，则和函数 $S(z)$ 在 C 上可积分，且

$$\int_C \sum_{n=1}^{\infty} f_n(z)\mathrm{d}z = \sum_{n=1}^{\infty}\int_C f_n(z)\mathrm{d}z .$$

结论⑤是保证求和与求积分运算交换顺序的充分条件.

与实级数不同，复级数有下面的结论：

① 已知 $z_n = a_n + \mathrm{i}b_n$，$S = a + \mathrm{i}b$，则 $\sum_{n=1}^{\infty} z_n = S$ 的充要条件是 $\sum_{n=1}^{\infty} a_n = a$ 且 $\sum_{n=1}^{\infty} b_n = b$.

② 若级数 $\sum_{n=1}^{\infty} f_n(z)$ 在区域 D 内任意有界闭区域上一致收敛，且 $f_n(z)\,(n=1,2,\cdots)$ 在 D 内解析，则和函数 $S(z)$ 在 D 内解析，且

$$S^{(p)}(z) = \left[\sum_{n=1}^{\infty} f_n(z)\right]^{(p)} = \sum_{n=1}^{\infty} f_n^{(p)}(z),\quad p=1,2,\cdots,\quad z\in D .$$

该结论是保证求和与求导运算交换顺序的充分条件.

（2）幂级数是函数项级数中的一种级数，类似于实级数中的阿贝尔定理，但这里的阿贝尔定理描述如下：

若 $\sum_{n=0}^{\infty} C_n(z-a)^n$ 在 z_1 处收敛，则该级数在满足 $|z-a|<|z_1-a|$ 的所有 z 处绝对收敛，且在圆域内部任一有界闭集上一致收敛；若 $\sum_{n=0}^{\infty} C_n(z-a)^n$ 在 z_2 处发散，则在满足 $|z-a|>|z_2-a|$ 的所有 z 处均发散.

阿贝尔定理表明，级数在一点的收敛确定了对应圆域内的收敛，级数在一点的发散确定了圆外区域的发散，同时给出了确定收敛半径的方法：级数在圆内收敛，在圆外发散，在圆周不确定，于是得到收敛半径的计算方法.

若 $\sum_{n=0}^{\infty} C_n(z-a)^n$ 的系数 C_n 满足 $\lim_{n\to\infty}\left|\frac{C_{n+1}}{C_n}\right| = \rho$ 或 $\lim_{n\to\infty}\sqrt[n]{|C_n|} = \rho$，则收敛半径为

$$R = \begin{cases} \dfrac{1}{\rho}, & 0<\rho<+\infty \\ +\infty, & \rho = 0 \\ 0, & \rho = +\infty \end{cases} .$$

该结论与实级数中收敛半径的计算方法一致，证明思路也是一致的.

（3）幂级数的和函数在圆内 $|z-a|<R$ 解析，反过来，圆内的解析函数在圆心处能够展开成唯一的幂级数——泰勒级数.

若函数 $f(z)$ 在区域 D 内解析，a 为 D 内一点，a 到 D 的边界的最短距离为 R，则

$$f(z) = \sum_{n=0}^{\infty} C_n(z-a)^n,\quad |z-a|<R ,$$

其中，

$$C_n = \frac{1}{2\pi\mathrm{i}}\int_{C_\rho} \frac{f(\xi)}{(\xi-a)^{n+1}}\mathrm{d}\xi = \frac{f^{(n)}(a)}{n!},\quad n=0,1,2,\cdots .$$

（4）重新定义 $f(a)$ 的值，泰勒级数是洛朗级数的特殊情形，泰勒级数是定义在圆域上的级数，洛朗级数则是定义在圆环上的级数.

假设函数 $f(z)$ 在圆环 $r<|z-a|<R(r\geqslant 0,R\leqslant +\infty)$ 内解析，则 $f(z)$ 在 $z=a$ 处可以展开成双边幂级数

$$f(z)=\sum_{n=-\infty}^{+\infty}C_n(z-a)^n,$$

其中，

$$C_n=\frac{1}{2\pi \mathrm{i}}\int_C\frac{f(z)}{(z-a)^{n+1}}\mathrm{d}z,\quad n=0,\pm1,\pm2,\cdots,$$

C 是圆环内围绕 a 的任一简单闭曲线.

称 $f(z)=\sum\limits_{n=-\infty}^{+\infty}C_n(z-a)^n$ 为函数的洛朗展开式，$\sum\limits_{n=-\infty}^{+\infty}C_n(z-a)^n$ 为洛朗级数，C_n 为洛朗级数的系数.

注 ① 泰勒级数要求 $f(z)$ 在点 a 的邻域内解析，洛朗级数要求 $f(z)$ 在点 a 的去心邻域内解析，若规定 $f(a)$ 有意义，则泰勒级数是洛朗级数的特殊情况.

② 虽然泰勒级数和洛朗级数的系数形式相同，但泰勒级数的系数可以用 $C_n=\dfrac{f^{(n)}(a)}{n!}$（$n=0,1,2,\cdots$）计算，而洛朗级数的系数不能用 $C_n=\dfrac{f^{(n)}(a)}{n!}$ 求解，因为当 n 取负数时导数没有意义. 注意到洛朗级数的系数 $C_n=\dfrac{1}{2\pi \mathrm{i}}\displaystyle\int_C\frac{f(z)}{(z-a)^{n+1}}\mathrm{d}z$（$n=0,\pm1,\pm2,\cdots$），但是，当用定义展开式求洛朗级数时，计算洛朗级数的系数比较麻烦，故在求解时往往采用间接方法将函数展开成洛朗级数.

【数学家那些事儿】

高斯（1777—1855）是一位数学家、物理学家及天文学家.

高斯的数学天赋表现得很早，据说高斯 3 岁时就发现了父亲账簿上的一处错误，9 岁那年能把 1～100 这些数加起来得出正确的结果. 他在近 19 岁时解决了具有两千多年历史的数学难题，对正多边形的欧几里得作图理论（只用圆规和没有刻度的直尺）做出了惊人的贡献，尤其发现了作正十七边形的方法. 大学毕业后，22 岁的高斯在黑尔姆施泰特大学取得了博士学位，论文题目是《关于任何单变量有理整函数都可以分解为一阶或二阶实因子的新证明》，高斯对这个定理还给出了另外三种证明. 1801 年，24 岁的高斯出版了《算术研究》，给出了有关正多边形的作图方法、同余记号及二次反律的首次证明等，开创了现代数论的新纪元. 这本书的出版，确立了高斯作为大数学家的地位. 1827 年，高斯引入了一系列新的概念和理论，发表了里程碑论文《曲面的一般研究》，他把欧氏几何推广到曲面上的“弯曲”几何——曲面的内蕴几何学，奠定了近代形式曲面论的基础，使微分几何学作为一门独立的学科正式诞生. 高斯一生治学严谨，“宁可少些，但要好些”的精益求精的治学态度使他在纯粹数学与应用数学中取得了辉煌成果，成为“数学之王”.

高斯还是那个时代伟大的天文学家之一. 1801 年元旦，一位意大利天文学家在西西里岛观察到一颗彗星（现在称其为谷神星），该颗星被发现后只有三次观测记载，之后它就躲进太阳的阴影里不见了. 天文学家们按照波得定律推测它在 1801 年底或 1802 年初会在天空某处再现，但具体的运行轨道仍然未知. 高斯于同年 9 月底着手研究这一问题，11 月便把他求出的谷神星轨道发表在《天文月刊》上. 于是，天文学家们根据高斯计算的轨道在 1801 年底和 1802 年初观测到谷神星. 至此，高斯作为理论天文学家的名声大噪.

高斯也是物理学家，在力学、测地学、水工学、电动学、磁学和光学等方面的贡献突出，最引人注目的便是在 1833 年和物理学家韦伯（M.Weber）共同发明了有线电报，这使高斯的声望超出了学术圈而进入了公众社会.

高斯培养的学生黎曼、狄利克雷（Dirichlet）、戴特金（Dedekind）和艾森斯坦（F.Eisenstein）等都对数学做出过杰出的贡献. 高斯于 1855 年 2 月 23 日清晨与世长辞，享年 77 岁. 他曾要求在他的墓碑上刻上一个正十七边形，雕刻工认为正十七边形刻出来后几乎和圆一模一样，于是在高斯纪念塔上刻的是一颗有十七个角的星.

习题 4

1．判断下列数列的敛散性.

（1）$z_n=\left(\dfrac{1+\mathrm{i}}{2}\right)^n$；　　（2）$z_n=\dfrac{1+n^2\mathrm{i}}{1-n^2\mathrm{i}}$；

（3）$z_n=\left(1+\dfrac{\mathrm{i}}{\sqrt{3}}\right)^{-n}$；　　（4）$z_n=\mathrm{e}^{-n\pi\mathrm{i}}$.

2．判断下列级数是否收敛，若收敛，是条件收敛还是绝对收敛？

（1）$\sum\limits_{n=1}^{\infty}\dfrac{\mathrm{i}^n}{n}$；　　（2）$\sum\limits_{n=1}^{\infty}\dfrac{(2\mathrm{i})^n}{n!}$；

（3）$\sum\limits_{n=2}^{\infty}\dfrac{\mathrm{i}^n}{\ln n}$；　　（4）$\sum\limits_{n=1}^{\infty}\dfrac{(1+4\mathrm{i})^n}{2}$.

3．求下列级数的收敛半径.

（1）$\sum\limits_{n=1}^{\infty}\dfrac{n!}{n^n}z^n$；　　（2）$\sum\limits_{n=1}^{\infty}\dfrac{1}{n}(z-\mathrm{i})^n$；

（3）$\sum\limits_{n=0}^{\infty}\dfrac{1}{n!}z^n$；　　（4）$\sum\limits_{n=0}^{\infty}\dfrac{1}{n^2}(z-3)^n$.

4．幂级数 $\sum\limits_{n=0}^{\infty}a_n(z-2)^n$ 能否在 $z=0$ 处收敛而在 $z=3$ 处发散？

5．已知幂级数 $\sum\limits_{n=0}^{\infty}a_n(z+\mathrm{i})^n$ 在 $z=2$ 处收敛，则判断级数在 $z=\mathrm{i}$ 处的敛散性.

6．把下列各函数展开成 z 的幂级数，并指出收敛域.

（1）$\cos z^2$；　　（2）$e^{z^2}\sin z^2$；

（3）$\sin\dfrac{1}{1-z}$；　　（4）$\dfrac{1}{1+z^3}$；

（5）$\dfrac{1}{(1+z^2)^2}$；　　（6）$\int_0^z e^{z^2}\,dz$；

（7）$\dfrac{1}{(z-1)(z+2)}$；　　（8）$\dfrac{z}{z+4}$.

7．把下列函数在指定点处展开成泰勒级数，并指出收敛域.

（1）$\dfrac{z-1}{z+1}$，$z=1$；　　（2）$\dfrac{1}{z^2}$，$z=3$；

（3）$\sin z$，$z=\pi$；　　（4）$\dfrac{z}{(z+1)(z+2)}$，$z=2$；

（5）$\dfrac{1}{3-2z}$，$z=1$；　　（6）$\cos z$，$z=2$.

8．将下列函数在对应圆环内展开成洛朗级数.

（1）$\dfrac{1}{z(1-z)^2}$，$0<|z|<1$，$0<|z-1|<1$，$1<|z-1|<+\infty$，$1<|z|<+\infty$；

（2）$\cos\dfrac{1}{1-z}$，$0<|z-1|<+\infty$；

（3）$\sin\dfrac{z}{z-1}$，$1<|z-1|<+\infty$；

（4）$\dfrac{z-1}{(z+1)z^2}$，$0<|z|<1$，$0<|z+1|<1$，$1<|z+1|<+\infty$，$1<|z|<+\infty$；

（5）$\dfrac{1}{(z-2)(z-3)}$，$0<|z-2|<1$，$2<|z|<3$，$1<|z-2|<+\infty$；

（6）$\dfrac{1}{z^2+1}$，$0<|z-\mathrm{i}|<2$，$2<|z-\mathrm{i}|<+\infty$，$2<|z+\mathrm{i}|<+\infty$，$0<|z+\mathrm{i}|<2$.

9．将函数 $f(z)=\dfrac{z}{(2z+1)(z-2)}$ 在指定点 $z=0$ 与 $z=2$ 处展开成相应的级数.

10．讨论函数 $f(z)=\dfrac{1}{\cos\frac{1}{z}}$ 在 $z=0$ 的任意邻域内能否展开成洛朗级数.

处处是创造之地，天天是创造之时，人人是创造之人.

——陶行知

第5章　留　　数

➢ 留数的起源

欧拉在晚年（1776—1783）写了一系列论文（这些论文从 1788 年起开始发表）说明用复函数去计算实积分的值. 他指出 z 任意函数若对 $z=x+\mathrm{i}y$ 具有形式 $M+\mathrm{i}N$，其中，M, N 为实数，则对于 $z=x-\mathrm{i}y$ 就有 $M-\mathrm{i}N$ 的形式，欧拉将其称为复数基本定理. 他利用这一定理去求实积分的值. 拉普拉斯也使用了复数去求实积分的值，方法与欧拉类似，在推导过程中引入了求解微分方程的拉普拉斯变换.

柯西在研究复变函数理论求解实积分方面做到了极致，他的第一篇论文是 1814 年宣读于巴黎科学院的《关于定积分理论的报告》. 在这篇论文中，柯西处理了关系式

$$\int_a^b\int_c^d f(x,y)\mathrm{d}y\mathrm{d}x=\int_c^d\int_a^b f(x,y)\mathrm{d}x\mathrm{d}y\ ,\tag{5-1}$$

当 $f(x,y)$ 在区域内连续时，积分可以交换次序. 紧接着，引入两个函数 $V(x,y), S(x,y)$，使得

$$\frac{\partial V}{\partial y}=\frac{\partial S}{\partial x},\quad \frac{\partial V}{\partial x}=-\frac{\partial S}{\partial y}\ .\tag{5-2}$$

现在将式（5-1）左边的 $f(x,y)$ 换成 $\dfrac{\partial V}{\partial y}$，将右边的 $f(x,y)$ 换成 $\dfrac{\partial S}{\partial x}$，得

$$\int_a^b\int_c^d \frac{\partial V}{\partial y}\mathrm{d}y\mathrm{d}x=\int_c^d\int_a^b \frac{\partial S}{\partial x}\mathrm{d}x\mathrm{d}y\ .\tag{5-3}$$

根据式（5-2），有

$$\int_a^b\int_c^d \frac{\partial S}{\partial y}\mathrm{d}y\mathrm{d}x=-\int_c^d\int_a^b \frac{\partial V}{\partial x}\mathrm{d}x\mathrm{d}y\ .\tag{5-4}$$

这些等式可用来在任一次序下计算二重积分的值，不过它们并不涉及复函数. 柯西注意到式（5-2）包含了由实到复过渡的重要理论，但是该式并没有明确显现出复函数理论的具体形式.

1822 年，柯西进一步深入研究，根据式（5-3）和式（5-4），得

$$\int_a^b[V(x,d)-V(x,c)]\mathrm{d}x=\int_c^d[S(b,y)-S(a,y)]\mathrm{d}y\ ,\tag{5-5}$$

$$\int_a^b[S(x,d)-S(x,c)]\mathrm{d}x=-\int_c^d[V(b,y)-V(a,y)]\mathrm{d}y\ .\tag{5-6}$$

他尝试以 i 乘式（5-5），再把式（5-5）与式（5-6）相加，得

$$\int_a^b F(x+\mathrm{i}d)\mathrm{d}x-\int_a^b F(x+\mathrm{i}c)\mathrm{d}x=\int_c^d F(b+\mathrm{i}y)\mathrm{i}\mathrm{d}y-\int_c^d F(a+\mathrm{i}y)\mathrm{i}\mathrm{d}y\ ,$$

或

$$\int_c^d F(a+\mathrm{i}y)\mathrm{i}\mathrm{d}y+\int_a^b F(x+\mathrm{i}d)\mathrm{d}x=\int_a^b F(x+\mathrm{i}c)\mathrm{d}x+\int_c^d F(b+\mathrm{i}y)\mathrm{i}\mathrm{d}y .$$

这说明在矩形的边界上积分与路径无关，因此得到 $F(x+\mathrm{i}y)=S+\mathrm{i}V$ 的表达式.

1825 年，柯西在考虑 $f(z)$ 在矩形域内不连续时，发现沿着不同路径的两个积分值有可能不同. 如果在点 z 处 $f(z)$ 为无穷，但存在有限的极限 $\lim\limits_{z\to z_1}(z-z_1)f(z)=A$，即 $f(z)$ 在 z_1 处有一个单极点，那么两积分的差是 $2\pi\mathrm{i}A$. 1826 年，柯西在《数学练习》中称数 A 为残数，并认为残数演算已成为“一种类似于微积分的新型计算方法”，可以应用于大量问题. 他指出，$f(z)$ 在 z_1 的残数也是 $f(z)$ 展开成 $z-z_1$ 的幂级数的展开式中 $(z-z_1)^{-1}$ 的系数. 1841 年，柯西又给出了在极点处的残数的一个新的表达式，即

$$\operatorname{Res}[f(z),z_1]=\frac{1}{2\pi\mathrm{i}}\oint f(z)\mathrm{d}z ,$$

其中，积分路径是沿着一个包含 $z=z_1$ 的小圆周.

1846 年，柯西给出了关于沿着一条任意简单闭曲线的积分 $\oint f(z)\mathrm{d}z$ 的一个新表述：若曲线包含着一些极点，则积分之值是函数在这些极点处的残数之和的 $2\pi\mathrm{i}$ 倍. 他一直热衷于残数演算的研究，在去世前三个月还发表了《残数新理论》. 残数的概念及其发展是柯西的一个重要贡献，到此为止，柯西给出的所有结论都可以直接用于定积分的计算. 残数（residue）也称为留数.

留数定理是复变函数中很重要的结论之一，工程中很多与积分有关的问题常常可以用留数定理来解决. 本章在洛朗级数的基础上首先对孤立奇点进行分类，然后介绍留数定理，并将留数定理用于解决复杂实积分，最后进一步讨论零点个数与极点个数的关系问题.

5.1 孤 立 奇 点

首先，观察例题：$z=1$ 及 $z=2$ 是函数 $f(z)=\dfrac{1}{(z-1)(z-2)}$ 的两个孤立奇点，$z=0$ 及 $z=\dfrac{1}{k\pi}$ $(k=\pm1,\pm2,\cdots)$ 是函数 $f(z)=\dfrac{1}{\sin\dfrac{1}{z}}$ 的奇点，但当 $k\to\infty$ 时，$\dfrac{1}{k\pi}\to0$，故 $z=0$ 是极限点，非孤立奇点.

我们发现，有些函数的奇点是孤立奇点，可以确定相应的圆环，而有些奇点是非孤立奇点，无法确定对应的圆环. 当函数 $f(z)$ 在对应的圆环内解析时，就可以将函数展开成洛朗级数，从而对孤立奇点进行分类，为留数定理奠定理论基础.

5.1.1 有限孤立奇点的分类

设函数 $f(z)$ 在圆环 $r<|z-a|<R(r\geqslant0,R\leqslant+\infty)$ 内解析，则

$$f(z)=\cdots+c_{-m}\frac{1}{(z-a)^m}+c_{-m+1}\frac{1}{(z-a)^{m-1}}+\cdots+c_{-1}\frac{1}{z-a}+c_0+c_1(z-a)+c_2(z-a)^2+\cdots. \tag{5-7}$$

根据洛朗级数展开式中的负幂项，介绍孤立奇点的类型.

定义 5.1　对式（5-7）中的系数 c_m，有

（1）若 $c_{-1}=c_{-2}=\cdots=c_{-m}=\cdots=0$，则

$$f(z)=c_0+c_1(z-a)+c_2(z-a)^2+\cdots,$$

称 a 为函数 $f(z)$ 的可去奇点；

（2）若 $c_{-m}\neq 0$，而 $c_{-(m+1)}=c_{-(m+2)}=\cdots=0$，则

$$f(z)=c_{-m}\frac{1}{(z-a)^m}+c_{-m+1}\frac{1}{(z-a)^{m-1}}+\cdots+c_{-1}\frac{1}{z-a}+c_0+c_1(z-a)+c_2(z-a)^2+\cdots,$$

称 a 为函数 $f(z)$ 的 m 阶极点；

（3）若系数中有无穷多 $c_n\ (n=-1,-2,\cdots)$ 不为零，则称 a 为函数 $f(z)$ 的本性奇点.

注　从可去奇点的定义可以看出，虽然展开的级数中不含有负幂项，a 不是奇点，但 $c_0\neq f(a)$，因为 $f(z)$ 在点 a 处没有意义；若重新定义 $f(a)=c_0$，则 $f(z)$ 在点 a 处解析.

根据孤立奇点分类的定义，容易得到：

（1）若洛朗级数展开式中无负幂项，则 a 为 $f(z)$ 的可去奇点；

（2）若洛朗级数展开式中有有限个负幂项，则 a 为 $f(z)$ 的极点，负幂项 $C_{-m}\dfrac{1}{(z-a)^m}$ 中幂次 $m\,(m>0)$ 为极点的阶；

（3）若洛朗级数展开式中有无穷多个负幂项，则 a 为函数 $f(z)$ 的本性奇点.

例如，因为

$$\frac{\sin z}{z}=\frac{1}{z}\left(z-\frac{z^3}{3!}+\frac{z^5}{5!}-\frac{z^7}{7!}+\cdots\right)=1-\frac{z^2}{3!}+\frac{z^4}{5!}-\frac{z^6}{7!}+\cdots,$$

所以 $z=0$ 是 $\dfrac{\sin z}{z}$ 的可去奇点.

因为

$$\frac{\sin z}{z^3}=\frac{1}{z^3}\left(z-\frac{z^3}{3!}+\frac{z^5}{5!}-\frac{z^7}{7!}+\cdots\right)=\frac{1}{z^2}-\frac{1}{3!}+\frac{z^2}{5!}-\frac{z^4}{7!}+\cdots,$$

所以 $z=0$ 是 $\dfrac{\sin z}{z^3}$ 的二阶极点.

因为

$$\mathrm{e}^{\frac{1}{z}}=1+\frac{1}{z}+\frac{1}{2!}\frac{1}{z^2}+\frac{1}{3!}\frac{1}{z^3}+\cdots,$$

所以 $z=0$ 是 $\mathrm{e}^{\frac{1}{z}}$ 的本性奇点.

5.1.2　用极限方法判别孤立奇点的类型

定理 5.1　a 为 $f(z)$ 的可去奇点的充要条件是 $\lim\limits_{z\to a}f(z)=C$（$C$ 为任意常数）.

证明　**必要性**　若 a 为 $f(z)$ 的可去奇点，则

$$f(z)=c_0+c_1(z-a)+c_2(z-a)^2+\cdots,$$

故

$$\lim_{z\to a}f(z)=C.$$

充分性　若 $\lim\limits_{z\to a}f(z)=C$，根据极限的有界性，必存在 $M>0$，对点 a 的去心邻域 $0<|z-a|<\delta$ 中的任意 z，都有 $|f(z)|\leqslant M$. 在该去心邻域内将 $f(z)$ 展开成洛朗级数，洛朗系数

$$|c_{-n}|=\left|\frac{1}{2\pi\mathrm{i}}\int_{C_\delta}\frac{f(\xi)}{(\xi-a)^{-n+1}}\mathrm{d}\xi\right|\leqslant\frac{1}{2\pi}M\frac{1}{\delta^{-n+1}}2\pi\delta=M\delta^n,\quad n=1,2,\cdots$$

对任意 δ 成立，则 $c_{-n}=0\,(n=1,\,2,\cdots)$. 因此，$f(z)$ 在 $z=a$ 的去心邻域内展开的洛朗级数不含负幂项，故 a 为函数 $f(z)$ 的可去奇点.

根据定理 5.1 的证明过程，可得到判断可去奇点的充分条件.

推论　若函数 $f(z)$ 在点 a 的某去心邻域内有界，则 a 是 $f(z)$ 的可去奇点.

定理 5.2　a 为 $f(z)$ 的极点的充要条件是 $\lim\limits_{z\to a}f(z)=\infty$.

证明　**必要性**　若 a 为 $f(z)$ 的 m 阶极点，由极点的定义，有

$$f(z)=c_{-m}\frac{1}{(z-a)^m}+c_{-m+1}\frac{1}{(z-a)^{m-1}}+\cdots+c_{-1}\frac{1}{z-a}+c_0+c_1(z-a)+c_2(z-a)^2+\cdots,$$

则

$$\lim_{z\to a}f(z)=\lim_{z\to a}\frac{1}{(z-a)^m}[c_{-m}+c_{-m+1}(z-a)+\cdots+c_{-1}(z-a)^{m-1}+c_0(z-a)^m+\cdots]=\infty.$$

充分性　若 $\lim\limits_{z\to a}f(z)=\infty$，令 $g(z)=\dfrac{1}{f(z)}$，则 $\lim\limits_{z\to a}g(z)=0$，故 a 是 $g(z)$ 的可去奇点. 于是，

$$\begin{aligned}g(z)&=b_m(z-a)^m+b_{m+1}(z-a)^{m+1}+\cdots\\&=(z-a)^m[b_m+b_{m+1}(z-a)+b_{m+2}(z-a)^2+\cdots]\\&=(z-a)^m\phi(z),\end{aligned}$$

其中，$\phi(z)$ 是

$$b_m+b_{m+1}(z-a)+b_{m+2}(z-a)^2+\cdots$$

的和函数，其在点 a 的邻域内解析，$\phi(a)=b_m\neq 0$，故

$$f(z)=\frac{1}{g(z)}=\frac{1}{(z-a)^m}\frac{1}{\phi(z)}=\frac{1}{(z-a)^m}\psi(z),$$

这里，$\psi(z)=\dfrac{1}{\phi(z)}$，$\psi(a)\neq 0$，$\psi(z)$ 在点 a 的某邻域内解析. 于是，

$$f(z)=\frac{1}{(z-a)^m}[\psi(a)+\psi'(a)(z-a)+\frac{\psi''(a)}{2!}(z-a)^2+\cdots]$$

$$=\frac{1}{(z-a)^m}\psi(a)+\frac{\psi'(a)}{(z-a)^{m-1}}+\cdots.$$

证毕.

注　定理 5.2 能够判断孤立奇点是否是极点，但不能判断是几阶极点.

定理 5.3　a 为 $f(z)$ 的 m 阶极点的充要条件是 $f(z)=\frac{1}{(z-a)^m}\phi(z)$，其中，$\phi(z)$ 在 a 的某邻域内解析且 $\phi(a)\neq 0$.

证明　必要性　若 a 为 $f(z)$ 的 m 阶极点，根据定义，知

$$f(z)=c_{-m}\frac{1}{(z-a)^m}+c_{-m+1}\frac{1}{(z-a)^{m-1}}+\cdots+c_{-1}\frac{1}{z-a}+c_0+c_1(z-a)+c_2(z-a)^2+\cdots$$

$$=\frac{1}{(z-a)^m}[c_{-m}+c_{-m+1}(z-a)+\cdots+c_{-1}(z-a)^{m-1}+c_0(z-a)^m+\cdots]$$

$$=\frac{1}{(z-a)^m}\phi(z),$$

其中，$\phi(z)$ 是上式括号内级数的和函数，$\phi(z)$ 在某邻域 $|z-a|<R$ 内解析且 $\phi(a)=c_{-m}\neq 0$.

充分性　若 $f(z)=\frac{1}{(z-a)^m}\phi(z)$，因为 $\phi(z)$ 在邻域 $|z-a|<R$ 内解析，所以

$$\phi(z)=\phi(a)+\frac{\phi'(a)}{1!}(z-a)+\frac{\phi''(a)}{2!}(z-a)^2+\cdots+\frac{\phi^{(n)}(a)}{n!}(z-a)^n+\cdots.$$

于是

$$f(z)=\frac{1}{(z-a)^m}\left[\phi(a)+\frac{\phi'(a)}{1!}(z-a)+\frac{\phi''(a)}{2!}(z-a)^2+\cdots+\frac{\phi^{(n)}(a)}{n!}(z-a)^n+\cdots\right].$$

因为 $\phi(a)\neq 0$，所以 a 为 $f(z)$ 的 m 阶极点. 证毕.

注　定理 5.3 的判断方法更适合于能够分解出因式 $\frac{1}{(z-a)^m}$ 的函数.

如果孤立奇点不是可去奇点、极点，那么只能是本性奇点，于是也有相应的结论.

定理 5.4　a 为 $f(z)$ 的本性奇点的充要条件为 $\lim\limits_{z\to a}f(z)$ 不存在也不为 ∞.

例如，因为 $\lim\limits_{z\to 0}\frac{\sin z}{z}=1$，所以 $z=0$ 是 $f(z)=\frac{\sin z}{z}$ 的可去奇点；$\lim\limits_{z\to 0}\frac{\sin z}{z^3}=\infty$，故 $z=0$ 是 $f(z)=\frac{\sin z}{z^3}$ 的极点，但无法判断极点的阶数；而 $\lim\limits_{z\to 1}\mathrm{e}^{\frac{1}{z-1}}$ 不存在也不为 ∞，故 $z=1$ 是 $\mathrm{e}^{\frac{1}{z-1}}$ 的本性奇点.

例 5.1　已知函数 $f(z)=\frac{\mathrm{e}^z}{(z-1)(z+2)^2}$，则孤立奇点 $z=1, z=-2$ 是什么类型？

解　因为 $f(z)=\dfrac{1}{(z+2)^2}\dfrac{e^z}{z-1}$，$\phi(z)=\dfrac{e^z}{z-1}$ 在 $z=-2$ 的某邻域内解析，$\phi(-2)=-\dfrac{1}{3e^2}\neq 0$，所以 $z=-2$ 是 $f(z)$ 的二阶极点.

因为 $f(z)=\dfrac{1}{z-1}\dfrac{e^z}{(z+2)^2}$，$\phi(z)=\dfrac{e^z}{(z+2)^2}$ 在 $z=1$ 的某邻域内解析，$\phi(1)=\dfrac{e}{9}\neq 0$，所以 $z=1$ 是 $f(z)$ 的一阶极点.

5.1.3　用零点的方法判别极点

对于函数 $f(z)=\dfrac{1}{\sin z}$，易见 $z_k=k\pi\,(k=0,\pm1,\pm2\cdots)$ 是函数的孤立奇点，又 $\lim\limits_{z\to z_k}\dfrac{1}{\sin z}=\infty$，故 $z=z_k$ 是函数的极点，那么极点的阶是多少呢？我们发现这个问题用已知的方法都不易判断，下面介绍用零点的阶判别极点阶的方法.

若函数 $f(z)$ 在点 a 处解析，则 $f(z)$ 在点 a 的邻域内可以展开成泰勒级数：

$$f(z)=f(a)+\frac{f'(a)}{1!}(z-a)+\frac{f''(a)}{2!}(z-a)^2+\cdots+\frac{f^{(n)}(a)}{n!}(z-a)^n+\cdots. \tag{5-8}$$

定义 5.2　若解析函数 $f(z)$ 在区域 D 内一点 a 的值 $f(a)=0$，则称 a 为函数 $f(z)$ 的零点；若 $f(a)=f'(a)=f''(a)=\cdots=f^{(m-1)}(a)=0$，但 $f^{(m)}(a)\neq 0$，则称 a 为函数 $f(z)$ 的 m 阶零点，m 为零点的阶.

若 a 为函数 $f(z)$ 的 m 阶零点，则式（5-8）为

$$\begin{aligned}f(z)&=\frac{f^{(m)}(a)}{m!}(z-a)^m+\frac{f^{(m+1)}(a)}{(m+1)!}(z-a)^{m+1}+\frac{f^{(m+2)}(a)}{(m+2)!}(z-a)^{m+2}+\cdots\\&=(z-a)^m\left[\frac{f^{(m)}(a)}{m!}+\frac{f^{(m+1)}(a)}{(m+1)!}(z-a)+\frac{f^{(m+2)}(a)}{(m+2)!}(z-a)^2+\cdots\right]\\&=(z-a)^m\psi(z),\end{aligned}$$

其中，$\psi(z)$ 是右侧括号内级数的和函数，$\psi(z)$ 在点 a 的某邻域内解析，且

$$\psi(a)=\frac{f^{(m)}(a)}{m!}\neq 0.$$

于是，得到判断零点阶的方法.

若函数

$$f(z)=\frac{f^{(m)}(a)}{m!}(z-a)^m+\frac{f^{(m+1)}(a)}{(m+1)!}(z-a)^{m+1}+\frac{f^{(m+2)}(a)}{(m+2)!}(z-a)^{m+2}+\cdots,$$

则 a 为函数 $f(z)$ 的 m 阶零点.

定理 5.5　a 为函数 $f(z)$ 的 m 零点的充要条件为 $f(z)=(z-a)^m\psi(z)$，其中，$\psi(z)$ 在邻域 $|z-a|<\delta$ 内解析且 $\psi(a)\neq 0$.

证明　下面只需证充分性. 因为 $\psi(z)$ 在 $|z-a|<\delta$ 内解析，所以函数可以展开成泰勒级数：

$$\psi(z)=\psi(a)+\frac{\psi'(a)}{1!}(z-a)+\frac{\psi''(a)}{2!}(z-a)^2+\cdots+\frac{\psi^{(n)}(a)}{n!}(z-a)^n+\cdots.$$

于是

$$\begin{aligned}f(z)&=(z-a)^m\psi(z)\\&=(z-a)^m\left[\psi(a)+\frac{\psi'(a)}{1!}(z-a)+\frac{\psi''(a)}{2!}(z-a)^2+\cdots+\frac{\psi^{(n)}(a)}{n!}(z-a)^n+\cdots\right]\\&=\psi(a)(z-a)^m+\frac{\psi'(a)}{1!}(z-a)^{m+1}+\frac{\psi''(a)}{2!}(z-a)^{m+2}+\cdots+\frac{\psi^{(n)}(a)}{n!}(z-a)^{n+m}+\cdots.\end{aligned}$$

注意到 $\psi(a)\neq 0$，故 a 为 $f(z)$ 的 m 阶零点. 证毕.

综上，有如下零点阶的判别方法：

（1）将函数展开成幂级数，最低幂项中的次数 m 是零点的阶，该方法适合于简单易展开的函数；

（2）将函数求导代值，若 $f(a)=f'(a)=f''(a)=\cdots=f^{(m-1)}(a)=0$，但 $f^{(m)}(a)\neq 0$，则 a 为 $f(z)$ 的 m 阶零点；

（3）若函数 $f(z)=(z-a)^m\psi(z)$，必须验证 $\psi(z)$ 的性质：$\psi(z)$ 在邻域 $|z-a|<R$ 内解析且 $\psi(a)\neq 0$，则 a 为函数 $f(z)$ 的 m 阶零点，该方法适合于函数的因式是连乘连除的形式.

例 5.2　已知 $f(z)=1-\cos z$，求 $z=0$ 的阶.

解　方法一：因为

$$f(z)=1-\left(1-\frac{1}{2!}z^2+\frac{1}{4!}z^4-\frac{1}{6!}z^6+\cdots\right)=\frac{1}{2!}z^2-\frac{1}{4!}z^4+\frac{1}{6!}z^6+\cdots,$$

所以 $z=0$ 是函数 $f(z)$ 的二阶零点.

方法二：因为 $f(0)=0$，所以 $z=0$ 是函数 $f(z)$ 的零点，又

$$f'(0)=\sin z|_{z=0}=0,\quad f''(0)=\cos z|_{z=0}=1\neq 0,$$

根据定义 5.2 知，$z=0$ 是函数 $f(z)$ 的二阶零点.

例 5.3　已知 $f(z)=(z-2)^3\dfrac{\mathrm{e}^z}{z+2}$，那么 $z=2$ 是函数的几阶零点？

解　因为 $\dfrac{\mathrm{e}^z}{z+2}$ 在 $|z-2|<1$ 内解析，$\left.\dfrac{\mathrm{e}^z}{z+2}\right|_{z=2}=\dfrac{\mathrm{e}^2}{4}\neq 0$，根据定理 5.5 知，$z=2$ 是 $f(z)$ 的三阶零点.

下面讨论零点与极点的关系.

定理 5.6　a 为函数 $f(z)$ 的 m 阶极点的充要条件是 a 为 $\dfrac{1}{f(z)}$ 的 m 阶零点.

证明　**必要性**　若 a 为函数 $f(z)$ 的 m 阶极点，则 $f(z)=\dfrac{1}{(z-a)^m}\phi(z)$，其中，$\phi(z)$ 在点 a 的某邻域内解析且 $\phi(a)\neq 0$. 于是，在 a 的某邻域内 $\phi(z)\neq 0$，令

$$g(z)=\frac{1}{f(z)}=(z-a)^m\frac{1}{\phi(z)},$$

则 $\dfrac{1}{\phi(z)}$ 在点 a 的邻域内解析且 $\dfrac{1}{\phi(a)}\neq 0$，故 a 是 $g(z)$ 的 m 阶零点.

充分性 若 a 为 $\dfrac{1}{f(z)}$ 的 m 阶零点，即 $\dfrac{1}{f(z)}=(z-a)^m\psi(z)$，其中，$\psi(z)$ 在点 a 的某邻域内解析且 $\psi(a)\neq 0$，故 $\dfrac{1}{\psi(z)}$ 在点 a 的某邻域内仍不为零，从而

$$\lim_{z\to a}\frac{1}{f(z)}=\lim_{z\to a}(z-a)^m\psi(z)=0,$$

$\lim\limits_{z\to a}f(z)=\infty$，于是点 a 是函数 $f(z)$ 的极点，而且

$$f(z)=\frac{1}{(z-a)^m}\frac{1}{\psi(z)}=\frac{1}{(z-a)^m}\phi(z),$$

其中，$\phi(z)=\dfrac{1}{\psi(z)}$ 在点 a 的某邻域内解析且 $\phi(a)=\dfrac{1}{\psi(a)}\neq 0$. 因此，$a$ 是 $f(z)$ 的 m 阶极点.

例 5.4 已知 $f(z)=\dfrac{1}{\sin z}$，试对函数的孤立奇点进行分类.

解 因为 $z_k=k\pi\ (k=0,\pm1,\pm2,\cdots)$ 是 $\sin z$ 的零点，故 $\lim\limits_{z\to z_k}\dfrac{1}{\sin z}=\infty$，$z_k\ (k=0,\pm1,\pm2,\cdots)$ 是 $f(z)$ 的极点. 令 $g(z)=\dfrac{1}{f(z)}=\sin z$，则 $g(z_k)=0$，故 $z_k\ (k=0,\pm1,\pm2,\cdots)$ 是 $g(z)$ 的零点，又 $g'(z_k)=\cos z|_{z=z_k}\neq 0$，于是 z_k 是 $g(z)$ 的一阶零点，根据零点与极点的关系，$z_k\ (k=0,\pm1,\pm2,\cdots)$ 是 $f(z)$ 的一阶极点.

例 5.5 已知 $f(z)=\dfrac{1}{e^z-2}+\dfrac{1}{z-2}$，求孤立奇点的分类.

解 设 $e^z-2=0$，则 $z_k=\ln 2=\ln 2+2k\pi i\ (k=0,\pm1,\pm2,\cdots)$，$z=2$ 是函数 $f(z)$ 的奇点. 因为 $\lim\limits_{z\to 2}\left(\dfrac{1}{e^z-2}+\dfrac{1}{z-2}\right)=\infty$，所以 $z=2$ 是极点. 又

$$\frac{1}{e^z-2}+\frac{1}{z-2}=\frac{z+e^z-4}{(e^z-2)(z-2)}=\frac{1}{z-2}\cdot\frac{z+e^z-4}{e^z-2},$$

$\left.\dfrac{z+e^z-4}{e^z-2}\right|_{z=2}=1$，$\dfrac{z+e^z-4}{e^z-2}$ 在 $z=2$ 的某邻域内解析，故 $z=2$ 是函数 $f(z)$ 的一阶极点.

因为 $\lim\limits_{z\to z_k}\left(\dfrac{1}{e^z-2}+\dfrac{1}{z-2}\right)=\infty$，所以 z_k 是函数 $f(z)$ 的极点. 令

$$g(z)=\frac{1}{f(z)}=\frac{(e^z-2)(z-2)}{z+e^z-4},$$

则 z_k 是 $g(z)$ 的零点. 又因为 $g'(z_k)=\dfrac{e^{z_k}(z_k-2)}{z_k+e^{z_k}-4}\neq 0$，故 z_k 是 $g(z)$ 的一阶零点. 因此，z_k 是 $f(z)$ 的一阶极点.

5.1.4 无穷远点“ ∞ ”的分类

首先引入无穷远点，建立扩充复平面.

如图 5.1 所示，在 z 平面上过原点建立与 z 平面相切的球面，将原点作为球面的南极，与原点对称的点作为北极，记为 N. 在 z 平面上任取一点 z_1，连接 Nz_1 的直线与球面相交于点 P_1；在球面上任取一点 P_2，连接 NP_2 的直线与 z 平面相交于 z_2，当球面上的点 P 越来越接近于点 N 时，连线 NP 与 z 平面相交的点 z 越来越远离坐标原点，当球面上的点 P 与北极 N 重合时连线 NP 与 z 平面平行. 注意到球面上除北极 N 外的点都与 z 平面上的点一一对应，为了与北极 N 对应，我们引入对应点——无穷远点，记为∞. 将 z 平面与∞构成的新平面称为扩充复平面. 因此，扩充复平面与球面形成一一对应的关系，该球面称为复球面. 后文中，若无特殊说明，平面均指一般的复平面.

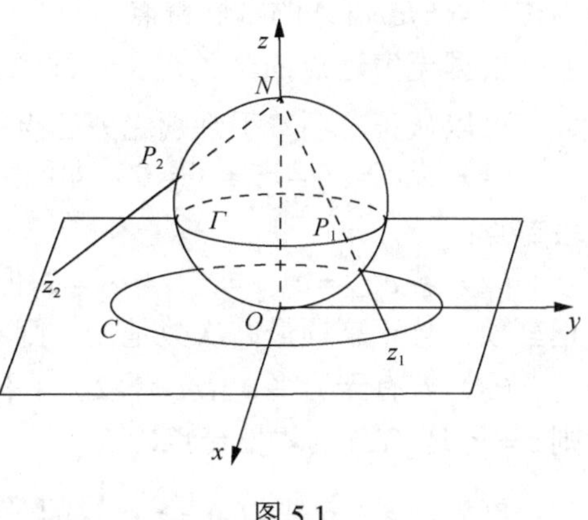

图 5.1

无穷远点“ ∞ ”的模为$+\infty$，“ ∞ ”的辐角、实部及虚部均无意义. 规定：

（1） $a\pm\infty=\infty\pm a=\infty$，$a\cdot\infty=\infty\cdot a=\infty$；

（2） $\dfrac{a}{0}=\infty\,(a\neq 0)$，$\dfrac{a}{\infty}=0$；

（3） $\infty\pm\infty$，$0\cdot\infty$，$\dfrac{\infty}{\infty}$ 无意义;

（4） ∞的邻域：对任意 $R\geqslant 0$，满足$|z|>R$ 的所有 z 构成的集合称为∞的邻域;

（5）∞的去心邻域：对任意 $R\geqslant 0$，满足 $R<|z|<+\infty$ 的 z 构成的集合称为∞的去心邻域.

下面，对无穷远点进行分类.

若函数 $f(z)$ 在无穷远点的去心邻域 $R<|z|<+\infty\ (R\geqslant 0)$ 内解析，则称 $z=\infty$ 是 $f(z)$ 的孤立奇点.

若设 $z=\dfrac{1}{t}$，则 $z=\infty$ 将转化为 $t=0$. 于是，$f(z)=f\left(\dfrac{1}{t}\right)=\phi(t)$，类似于有限点的孤立奇点的分类，可以用 $\phi(t)$ 的孤立奇点 $t=0$ 的分类定义 $f(z)$ 的孤立奇点 $z=\infty$ 的分类.

若函数 $f(z)$ 在 $R<|z|<+\infty$ 内解析，则可以展开成洛朗级数：

$$f(z)=\cdots+c_{-m}\frac{1}{z^m}+c_{-m+1}\frac{1}{z^{m-1}}+\cdots+c_{-1}\frac{1}{z}+c_0+c_1z+c_2z^2+\cdots+c_mz^m+\cdots.$$

令 $z=\dfrac{1}{t}$，则

$$\phi(t)=f\left(\frac{1}{t}\right)=\cdots+c_{-m}t^m+c_{-m+1}t^{m-1}+\cdots+c_{-1}t+c_0+c_1\frac{1}{t}+c_2\frac{1}{t^2}+\cdots+c_m\frac{1}{t^m}+\cdots.$$

定义 5.3　若当 $c_1=c_2=c_3=\cdots=0$ 时，$t=0$ 是 $\phi(t)$ 的可去奇点，则称 $z=\infty$ 是 $f(z)$ 的可去奇点；若 $c_{m+1}=c_{m+2}=c_{m+3}=\cdots=0$ 但 $c_m\neq 0\,(m>0)$，$t=0$ 是 $\phi(t)$ 的 m 阶极点，则称 $z=\infty$ 是 $f(z)$ 的 m 阶极点；若有无穷多 $c_m\,(m=1,2,\cdots)$ 不为零，$t=0$ 是 $\phi(t)$ 的本性奇点，则称 $z=\infty$ 是 $f(z)$ 的本性奇点.

根据无穷远点的分类定义，注意到 $c_m\,(m=1,2,\cdots)$ 是对应于函数 $f(z)$ 的正幂项的系数，可以从正幂项着手判别无穷远点的类型：

（1）若 $c_1=c_2=c_3=\cdots=0$，即函数 $f(z)$ 的展开式中无正幂项，则 $z=\infty$ 是 $f(z)$ 的可去奇点；

（2）若 $c_{m+1}=c_{m+2}=c_{m+3}=\cdots=0$ 但 $c_m\neq 0\,(m>0)$，即函数 $f(z)$ 的展开式中有有限个正幂项，且正幂项最高次数是 m，则 $z=\infty$ 是 $f(z)$ 的 m 阶极点；

（3）若有无穷多 $c_m\,(m=1,2,\cdots)$ 不为零，即函数 $f(z)$ 的展开式中有无穷多正幂项，则 $z=\infty$ 是 $f(z)$ 的本性奇点.

例如，$z=\infty$ 是 $f(z)=z+\dfrac{1}{z^2}$ 的一阶极点；$z=\infty$ 是

$$\sin\frac{1}{z}=\frac{1}{z}-\frac{1}{3!}\frac{1}{z^3}+\frac{1}{5!}\frac{1}{z^5}-\frac{1}{7!}\frac{1}{z^7}+\cdots$$

的可去奇点.

下面用极限的方法判别无穷远点的类型.

定理 5.7　已知 $\lim\limits_{t\to 0}\phi(t)=C\Leftrightarrow t=0$ 是 $\phi(t)$ 的可去奇点，则 $\lim\limits_{z\to\infty}f(z)=C\Leftrightarrow z=\infty$ 是 $f(z)$ 的可去奇点，其中，C 为任意常数.

若 $\lim\limits_{t\to 0}\phi(t)=\infty\Leftrightarrow t=0$ 是 $\phi(t)$ 的极点，则 $\lim\limits_{z\to\infty}f(z)=\infty\Leftrightarrow z=\infty$ 是 $f(z)$ 的极点；

若 $\lim\limits_{t\to 0}\phi(t)$ 不存在也不为 $\infty\Leftrightarrow t=0$ 是 $\phi(t)$ 的本性奇点，则 $\lim\limits_{z\to\infty}f(z)$ 不存在也不为 $\infty\Leftrightarrow z=\infty$ 是 $f(z)$ 的本性奇点.

例 5.6　确定下列函数的孤立奇点——无穷远点的类型.

（1）$f(z)=\sin\dfrac{1}{z-1}$；　（2）$f(z)=\dfrac{\cos z}{z}$；　（3）$f(z)=\mathrm{e}^{\frac{1}{z}}+z^3$；　（4）$f(z)=\dfrac{1}{\mathrm{e}^z-2}$.

解　（1）**方法一**：在圆环 $0<|z-1|<+\infty$ 内将函数展开：

$$\sin\frac{1}{z-1}=\frac{1}{z-1}-\frac{1}{3!}\frac{1}{(z-1)^3}+\frac{1}{5!}\frac{1}{(z-1)^5}-\frac{1}{7!}\frac{1}{(z-1)^7}+\cdots,$$

展开式中无正幂项，故 $z=\infty$ 是 $f(z)$ 的可去奇点.

方法二：用极限的方法判断，因为 $\lim\limits_{z\to\infty}\sin\dfrac{1}{z-1}=0$，所以 $z=\infty$ 是 $f(z)$ 的可去奇点.

（2）**方法一**：在圆环 $0<|z|<+\infty$ 内将函数展开：

$$f(z)=\frac{\cos z}{z}=\frac{1}{z}-\frac{1}{2!}z+\frac{1}{4!}z^3-\cdots,$$

展开式中有无穷多正幂项，故 $z=\infty$ 是 $f(z)$ 的本性奇点.

方法二：用极限的方法判断，因为 $\lim\limits_{z\to\infty}\dfrac{\cos z}{z}$ 不存在也不为 ∞，所以 $z=\infty$ 是 $f(z)$ 的

本性奇点.

（3）**方法一**：令 $t=\frac{1}{z}$，则

$$f\left(\frac{1}{t}\right)=\mathrm{e}^t+\frac{1}{t^3}=\frac{1}{t^3}+1+t+\frac{t^2}{2}+\frac{t^3}{3!}+\cdots,$$

$t=0$ 是 $f\left(\frac{1}{t}\right)$ 的三阶极点，故 $z=\infty$ 是 $f(z)$ 的三阶极点.

方法二：观察展开式

$$f(z)=\mathrm{e}^{\frac{1}{z}}+z^3=z^3+1+\frac{1}{z}+\frac{1}{2!z^2}+\frac{1}{3!z^3}+\cdots,$$

展开式中只有一项正幂项 z^3，故 $z=\infty$ 是 $f(z)$ 的三阶极点.

（4）因为 $z_k=\ln 2+2k\pi\mathrm{i}\ (k=0,\pm1,\pm2,\cdots)$ 是 e^z-2 的零点，当 $k\to\infty$ 时 $z_k\to\infty$，故 $z=\infty$ 不是孤立奇点，不用分类.

5.2　留数的概念及计算

留数定理在解决流体力学或电磁学问题方面有着重要作用，在微分方程的求解过程中也有广泛的应用. 通过留数的计算，可以把复杂不易求解的问题转化成留数的计算问题.

5.2.1　函数在有限孤立奇点处留数的计算

第 3 章的柯西积分定理告诉我们，若函数 $f(z)$ 在区域 D 内解析，C 为 D 内任一闭曲线，则 $\int_C f(z)\mathrm{d}z=0$. 那么，当 C 所围的内部区域有奇点时，$\int_C f(z)\mathrm{d}z$ 是否也为零呢？该如何计算呢？

设函数 $f(z)$ 在 $0<|z-a|<R$ 内解析，则展开式

$$f(z)=\cdots+c_{-m}\frac{1}{(z-a)^m}+c_{-m+1}\frac{1}{(z-a)^{m-1}}+\cdots+c_{-1}\frac{1}{z-a}+c_0+c_1(z-a)+c_2(z-a)^2+\cdots.$$

设 C 为 $0<|z-a|<R$ 内任一闭曲线，沿曲线 C 对上式两边积分，运用重要公式

$$\int_C\frac{1}{(z-a)^m}\mathrm{d}z=\begin{cases}2\pi\mathrm{i}, & m=1,\\ 0, & m\neq 1\end{cases}$$

及柯西积分定理，得到

$$\begin{aligned}\int_C f(z)\mathrm{d}z&=\cdots+c_{-m}\int_C\frac{1}{(z-a)^m}\mathrm{d}z+\cdots+c_{-1}\int_C\frac{1}{z-a}\mathrm{d}z+c_0\int_C 1\,\mathrm{d}z+c_1\int_C(z-a)\mathrm{d}z+\cdots\\&=c_{-1}2\pi\mathrm{i}\ .\end{aligned}$$

由此可见，当 C 内有孤立奇点 a 时，$\int_C f(z)\mathrm{d}z$ 的值与项 $c_{-1}\int_C\frac{1}{z-a}\mathrm{d}z$ 的系数 c_{-1} 有关.

定义 5.4　设函数 $f(z)$ 在 $0<|z-a|<R$ 内解析，C 为圆环内任意简单正向闭曲线，

则称 $\dfrac{1}{2\pi\mathrm{i}}\int_C f(z)\mathrm{d}z$ 为 $f(z)$ 在点 a 处的留数，记作 $\operatorname*{Res}_{z=a} f(z)$，即

$$\operatorname*{Res}_{z=a} f(z)=\frac{1}{2\pi\mathrm{i}}\int_C f(z)\mathrm{d}z .$$

于是，$\operatorname*{Res}_{z=a} f(z)=c_{-1}$，即函数 $f(z)$ 在点 a 的留数就是项 $c_{-1}\dfrac{1}{z-a}$ 的系数 c_{-1}.

（1）当 a 为函数 $f(z)$ 的可去奇点时，$\operatorname*{Res}_{z=a} f(z)=c_{-1}=0$.

（2）当 a 为函数 $f(z)$ 的本性奇点时，需要将函数展开成洛朗级数，从而得到 $\operatorname*{Res}_{z=a} f(z)=c_{-1}$.

（3）当 a 为函数 $f(z)$ 的极点时，需分类讨论.

① 当 a 为函数 $f(z)$ 的一阶极点时，分下面几种情况进行讨论：

a. 若 $f(z)=\dfrac{1}{z-a}\phi(z)$，其中，$\phi(z)$ 在 $|z-a|<\delta$ 内解析且 $\phi(a)\neq 0$，则

$$\operatorname*{Res}_{z=a} f(z)=\phi(a) . \tag{5-9}$$

因为将函数 $\phi(z)$ 在点 a 处展开成泰勒级数，有

$$\begin{aligned} f(z)&=\frac{1}{z-a}\left[\phi(a)+\frac{\phi'(a)}{1!}(z-a)+\frac{\phi''(a)}{2!}(z-a)^2+\cdots+\frac{\phi^{(n)}(a)}{n!}(z-a)^n+\cdots\right] \\ &=\phi(a)\frac{1}{z-a}+\frac{\phi'(a)}{1!}+\frac{\phi''(a)}{2!}(z-a)+\cdots+\frac{\phi^{(n)}(a)}{n!}(z-a)^{n-1}+\cdots, \end{aligned}$$

所以

$$\operatorname*{Res}_{z=a} f(z)=\phi(a) .$$

b.
$$\operatorname*{Res}_{z=a} f(z)=\lim_{z\to a}(z-a)f(z) . \tag{5-10}$$

因为当 a 为 $f(z)$ 的一阶极点时，$f(z)=\dfrac{1}{z-a}\phi(z)$，$\operatorname*{Res}_{z=a} f(z)=\phi(a)$，而 $\phi(z)=(z-a)f(z)$，所以

$$\phi(a)=\lim_{z\to a}\phi(z)=\lim_{z\to a}(z-a)f(z) .$$

c. 若 $f(z)=\dfrac{P(z)}{Q(z)}$，函数 $P(z),Q(z)$ 在 a 的邻域内解析，$P(a)\neq 0$，$Q(a)=0$，$Q'(a)\neq 0$，则

$$\operatorname*{Res}_{z=a} f(z)=\frac{P(a)}{Q'(a)} . \tag{5-11}$$

因为 $\lim\limits_{z\to a}\dfrac{P(z)}{Q(z)}=\infty$，所以 a 为 $f(z)$ 的极点. 又因 $\dfrac{Q(a)}{P(a)}=0$，$\left.\left[\dfrac{Q(z)}{P(z)}\right]'\right|_{z=a}=\dfrac{Q'(a)}{P(a)}\neq 0$，故 a 为 $\dfrac{1}{f(z)}=\dfrac{Q(z)}{P(z)}$ 的一阶零点，于是 a 为 $f(z)$ 的一阶极点. 因此

$$\operatorname*{Res}_{z=a} f(z) = \lim_{z\to a}(z-a)\frac{P(z)}{Q(z)} = \lim_{z\to a}\frac{P(z)}{\dfrac{Q(z)-Q(a)}{z-a}} = \frac{P(a)}{Q'(a)} .$$

② 当 a 为 $f(z)$ 的 $m\,(m\geqslant 2)$ 阶极点时，分下面几种情况进行讨论：

a．若 $f(z)=\dfrac{1}{(z-a)^m}\phi(z)$，其中，$\phi(z)$ 在 $|z-a|<\delta$ 内解析且 $\phi(a)\neq 0$，则

$$\operatorname*{Res}_{z=a} f(z) = \frac{\phi^{(m-1)}(a)}{(m-1)!} . \tag{5-12}$$

事实上，$\phi(z)$ 在点 a 的某邻域内解析，故

$$f(z)=\frac{1}{(z-a)^m}\left[\phi(a)+\frac{\phi'(a)}{1!}(z-a)+\cdots+\frac{\phi^{(m-1)}(a)}{(m-1)!}(z-a)^{m-1}+\frac{\phi^{(m)}(a)}{m!}(z-a)^m+\cdots\right]$$
$$=\frac{\phi(a)}{(z-a)^m}+\cdots+\frac{\phi^{(m-1)}(a)}{(m-1)!}\frac{1}{z-a}+\frac{\phi^{(m)}(a)}{m!}+\cdots ,$$

于是

$$\operatorname*{Res}_{z=a} f(z) = c_{-1} = \frac{\phi^{(m-1)}(a)}{(m-1)!} .$$

b.
$$\operatorname*{Res}_{z=a} f(z) = \frac{1}{(m-1)!}\lim_{z\to a}[(z-a)^m f(z)]^{(m-1)} . \tag{5-13}$$

因为 a 为 $f(z)$ 的 m 阶极点，则 $f(z)=\dfrac{1}{(z-a)^m}\phi(z)$，故 $\phi(z)=(z-a)^m f(z)$．因为解析函数 $\phi(z)$ 可以任意次求导，所以

$$\frac{\phi^{(m-1)}(a)}{(m-1)!}=\frac{1}{(m-1)!}\lim_{z\to a}\phi^{(m-1)}(z)=\frac{1}{(m-1)!}\lim_{z\to a}[(z-a)^m f(z)]^{(m-1)} .$$

例 5.7　试求函数 $f(z)=\dfrac{\mathrm{e}^{\mathrm{i}z}}{1+z^2}$ 在 $z=\pm\mathrm{i}$ 处的留数.

解　因为 $f(z)=\dfrac{\mathrm{e}^{\mathrm{i}z}}{(z-\mathrm{i})(z+\mathrm{i})}$，$z=\mathrm{i}$ 和 $z=-\mathrm{i}$ 都是一阶极点.

方法一：由式（5-9），可知

$$\operatorname*{Res}_{z=\mathrm{i}} f(z)=\left.\frac{\mathrm{e}^{\mathrm{i}z}}{z+\mathrm{i}}\right|_{z=\mathrm{i}}=-\frac{\mathrm{i}}{2\mathrm{e}} ,\qquad \operatorname*{Res}_{z=-\mathrm{i}} f(z)=\left.\frac{\mathrm{e}^{\mathrm{i}z}}{z-\mathrm{i}}\right|_{z=-\mathrm{i}}=\frac{\mathrm{i}\,\mathrm{e}}{2} .$$

方法二：因为 $P(z)=\mathrm{e}^{\mathrm{i}z}$，$Q(z)=1+z^2$ 在平面都是解析的，$P(\mathrm{i})=\mathrm{e}^{-1}\neq 0$，$Q(\mathrm{i})=0$，$Q'(\mathrm{i})=2\mathrm{i}\neq 0$，由式（5-11），得

$$\operatorname*{Res}_{z=\mathrm{i}} f(z)=\frac{\mathrm{e}^{-1}}{2\mathrm{i}}=-\frac{\mathrm{i}}{2\,\mathrm{e}} .$$

同理，可得

$$\operatorname*{Res}_{z=-\mathrm{i}} f(z)=\frac{\mathrm{i}\,\mathrm{e}}{2} .$$

例 5.8　试求函数 $f(z)=\dfrac{\sin z}{z^3}$ 在孤立奇点的留数.

解 因为$z=0$是函数的孤立奇点，所以

$$\frac{\sin z}{z^3}=\frac{1}{z^3}\left(z-\frac{1}{3!}z^3+\frac{1}{5!}z^5-\frac{1}{7!}z^7+\cdots\right)$$
$$=\frac{1}{z^2}-\frac{1}{3!}+\frac{1}{5!}z^2-\frac{1}{7!}z^4+\cdots.$$

因此

$$\operatorname*{Res}_{z=0}f(z)=0.$$

例 5.9 试求函数$f(z)=\frac{z}{1-z}e^{\frac{1}{z}}$在孤立奇点$z=0$的留数.

解 因为

$$e^{\frac{1}{z}}=1+\frac{1}{z}+\frac{1}{2!}\frac{1}{z^2}+\frac{1}{3!}\frac{1}{z^3}+\cdots,\ 0<|z|<+\infty,$$
$$\frac{z}{1-z}=z+z^2+z^3+\cdots+z^n+\cdots,\ |z|<1,$$

所以

$$\frac{z}{1-z}e^{\frac{1}{z}}=(z+z^2+z^3+\cdots+z^n+\cdots)\left(1+\frac{1}{z}+\frac{1}{2!}\frac{1}{z^2}+\frac{1}{3!}\frac{1}{z^3}+\cdots\right),$$
$$=\cdots+\left(\frac{1}{2!}+\frac{1}{3!}+\frac{1}{4!}+\cdots\right)\frac{1}{z}+\cdots.$$

又因为

$$e=1+\frac{1}{1!}+\frac{1}{2!}+\frac{1}{3!}+\frac{1}{4!}+\cdots,$$

所以

$$\operatorname*{Res}_{z=0}f(z)=\frac{1}{2!}+\frac{1}{3!}+\frac{1}{4!}+\cdots=e-2.$$

例 5.10 试求函数$f(z)=\frac{1}{z^3}\sec z$在$z=0$处的留数.

解 因为$\sec z|_{z=0}=1\neq 0$，$\sec z$在$z=0$的某邻域内解析，所以$z=0$是$f(z)$的三阶极点.

方法一：由式（5-12），可知

$$\operatorname*{Res}_{z=0}f(z)=\frac{(\sec z)''}{2!}\Big|_{z=0}=\frac{1}{2}.$$

方法二：由式（5-13），可知

$$\operatorname*{Res}_{z=0}f(z)=\frac{1}{2!}\lim_{z\to 0}\left(z^3\frac{\sec z}{z^3}\right)''=\frac{1}{2}\lim_{z\to 0}(\sec z\tan^2 z+\sec^3 z)=\frac{1}{2}.$$

例 5.11 试求函数$f(z)=\frac{1}{\sin z}$在孤立奇点的留数.

解 令$\sin z=0$，则$z_k=k\pi(k=0,\pm1,\pm2,\cdots)$是$f(z)$的孤立奇点. 又$P(z)=1$，$Q(z)=\sin z$，$P(z_k)=1$，$Q(z_k)=\sin z_k=0$，$Q'(z_k)=\cos z_k=\pm1\neq 0$，故$z_k$是$f(z)$的一

阶极点，由式（5-11），可知

$$\operatorname*{Res}_{z=z_k} f(z)=\begin{cases}1, & k=2\pi, m\in \mathbf{Z}\\ -1, & k=2m+1, m\in \mathbf{Z}\end{cases}.$$

下面讨论非常重要的留数定理，它是求解积分的常用方法.

定理 5.8 设函数 $f(z)$ 在曲线 C 所围内部除有限多个奇点 $a_1,a_2,\cdots,a_n$ 外解析，在曲线 C 及除去有限多个奇点 $a_1,a_2,\cdots,a_n$ 的内部连续，其中，C 为简单正向闭曲线，则

$$\int_C f(z)\mathrm{d}z=2\pi \mathrm{i}[\operatorname*{Res}_{z=a_1} f(z)+\operatorname*{Res}_{z=a_2} f(z)+\cdots+\operatorname*{Res}_{z=a_n} f(z)].$$

证明 分别以 $a_1,a_2,\cdots,a_n$ 为圆心作逆时针方向的小圆 $C_1,C_2,\cdots,C_n$，使得这些小圆完全含于 C 所围内部且互不相交、互不包含，如图 5.2 所示，则

$$\begin{aligned}\int_C f(z)\mathrm{d}z&=\int_{C_1} f(z)\mathrm{d}z+\int_{C_2} f(z)\mathrm{d}z+\cdots+\int_{C_n} f(z)\mathrm{d}z\\&=2\pi \mathrm{i}\operatorname*{Res}_{z=a_1} f(z)+2\pi \mathrm{i}\operatorname*{Res}_{z=a_2} f(z)+\cdots+2\pi \mathrm{i}\operatorname*{Res}_{z=a_n} f(z)\\&=2\pi \mathrm{i}[\operatorname*{Res}_{z=a_1} f(z)+\operatorname*{Res}_{z=a_2} f(z)+\cdots+\operatorname*{Res}_{z=a_n} f(z)].\end{aligned}$$

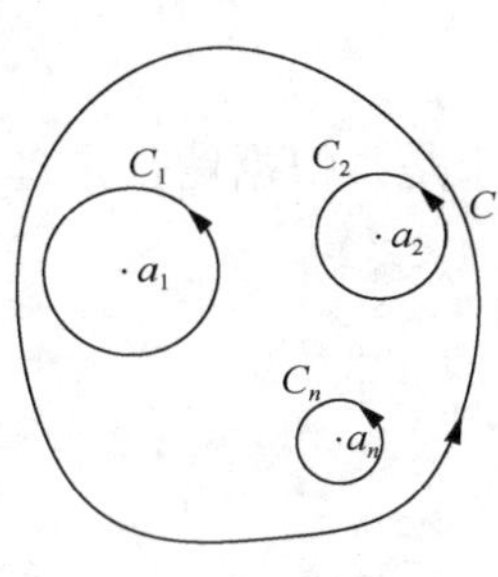

图 5.2

证毕.

注 留数定理提供了计算积分的一种方法，该积分方法涵盖了第 3 章的柯西积分公式和高阶求导公式，只要熟悉留数的计算方法，很多问题便可迎刃而解.

例 5.12 计算 $\int_C \frac{\mathrm{e}^z}{z(z-1)^2}\mathrm{d}z$，其中，$C$ 为 $|z|=2$.

解 因为 $|z|<2$ 内包含奇点 $z=0$，$z=1$，而 $z=0$ 是 $\frac{\mathrm{e}^z}{z(z-1)^2}$ 的一阶极点，故

$$\operatorname*{Res}_{z=0} f(z)=\frac{\mathrm{e}^z}{(z-1)^2}\Big|_{z=0}=1.$$

$z=1$ 是 $\frac{\mathrm{e}^z}{z(z-1)^2}$ 的二阶极点，故

$$\operatorname*{Res}_{z=1} f(z)=\left(\frac{\mathrm{e}^z}{z}\right)'\Bigg|_{z=1}=0,$$

所以根据留数定理，知

$$\begin{aligned}\int_C \frac{\mathrm{e}^z}{z(z-1)^2}\mathrm{d}z&=2\pi \mathrm{i}[\operatorname*{Res}_{z=0} f(z)+\operatorname*{Res}_{z=1} f(z)]\\&=2\pi \mathrm{i}(1+0)=2\pi \mathrm{i}.\end{aligned}$$

例 5.13 计算 $\int_{|z|=2} \frac{\cos z}{z^3}\mathrm{d}z$.

解 因为 $z=0$ 是 $\frac{\cos z}{z^3}$ 的三阶极点，又

$$\operatorname*{Res}_{z=0}\left(\frac{\cos z}{z^3}\right)=\frac{(\cos z)''}{2!}\Bigg|_{z=0}=-\frac{1}{2},$$

根据留数定理，得

$$\int_{|z|=2} \frac{\cos z}{z^3} \mathrm{d}z = 2\pi \mathrm{i}\left(-\frac{1}{2}\right) = -\pi \mathrm{i} .$$

例 5.14　计算 $\int_{|z|=n} \tan \pi z \mathrm{d}z$（$n$ 为正整数）.

解　因为 $z_k = k + \frac{1}{2} (k = 0, \pm 1, \pm 2, \cdots)$ 为 $\tan \pi z = \frac{\sin \pi z}{\cos \pi z}$ 的一阶极点，所以根据式(5-11)，可知

$$\operatorname*{Res}_{z_k = k+\frac{1}{2}} (\tan \pi z) = \left.\frac{\sin \pi z}{(\cos \pi z)'}\right|_{z_k = k+\frac{1}{2}} = -\frac{1}{\pi} .$$

于是，根据留数定理，得

$$\begin{aligned}\int_{|z|=n} \tan \pi z \mathrm{d}z &= 2\pi \mathrm{i} \sum_{\left|k+\frac{1}{2}\right|<n} \operatorname*{Res}_{z_k = k+\frac{1}{2}} \tan \pi z \\ &= 2\pi \mathrm{i}\left(-\frac{2n}{\pi}\right) = -4n\mathrm{i} .\end{aligned}$$

例 5.15　计算 $\int_{|z-1|=3} \frac{\sin z}{(z-\mathrm{i})\left(z+\frac{2}{3}\right)} \mathrm{d}z$.

解　因为 $z = \mathrm{i}$，$z = -\frac{2}{3}$ 是函数 $\frac{\sin z}{(z-\mathrm{i})\left(z+\frac{2}{3}\right)}$ 的两个一阶极点，且

$$\operatorname*{Res}_{z=\mathrm{i}}\left[\frac{\sin z}{(z-\mathrm{i})\left(z+\frac{2}{3}\right)}\right] = \left.\frac{\sin z}{z+\frac{2}{3}}\right|_{z=i} = \frac{\sin \mathrm{i}}{\mathrm{i}+\frac{2}{3}} ,$$

$$\operatorname*{Res}_{z=-\frac{2}{3}}\left[\frac{\sin z}{(z-\mathrm{i})\left(z+\frac{2}{3}\right)}\right] = \left.\frac{\sin z}{z-\mathrm{i}}\right|_{z=-\frac{2}{3}} = \frac{\sin\left(-\frac{2}{3}\right)}{-\frac{2}{3}-\mathrm{i}} ,$$

所以根据留数定理，得

$$\begin{aligned}\int_{|z-1|=3} \frac{\sin z}{(z-\mathrm{i})\left(z+\frac{2}{3}\right)} \mathrm{d}z &= 2\pi \mathrm{i}\left\{\operatorname*{Res}_{z=\mathrm{i}}\left[\frac{\sin z}{(z-\mathrm{i})\left(z+\frac{2}{3}\right)}\right] + \operatorname*{Res}_{z=-\frac{2}{3}}\left[\frac{\sin z}{(z-\mathrm{i})\left(z+\frac{2}{3}\right)}\right]\right\} \\ &= 2\pi \mathrm{i}\left[\frac{\sin \mathrm{i}}{\mathrm{i}+\frac{2}{3}} + \frac{\sin\left(-\frac{2}{3}\right)}{-\frac{2}{3}-\mathrm{i}}\right] \\ &= 2\pi\left[\frac{\sin \mathrm{i} - \sin\left(\frac{2}{3}\right)}{1-\frac{2}{3}\mathrm{i}}\right] .\end{aligned}$$

5.2.2　无穷远点留数的定义及计算

围绕有限的孤立奇点的正向闭曲线是逆时针方向，而围绕无穷远点的正向闭曲线是顺时针方向，根据有限孤立奇点留数的定义，可定义无穷远点的留数.

定义 5.5　若函数 $f(z)$ 在 $0\leqslant R<|z|<+\infty$ 内解析，C 为环内任一正向简单闭曲线，则称 $\frac{1}{2\pi i}\int_{C^-} f(z)dz$ 为函数 $f(z)$ 在"∞"的留数，记作 $\operatorname*{Res}_{z=\infty} f(z)$，即

$$\operatorname*{Res}_{z=\infty} f(z)=\frac{1}{2\pi i}\int_{C^-} f(z)dz.$$

若函数 $f(z)$ 在无穷远点的去心邻域 $0\leqslant R<|z|<+\infty$ 内解析，则 $f(z)$ 必可展开成洛朗级数：

$$f(z)=\cdots+c_{-m}\frac{1}{z^m}+c_{-m+1}\frac{1}{z^{m-1}}+\cdots+c_{-1}\frac{1}{z}+c_0+c_1z+c_2z^2+\cdots,\tag{5-14}$$

$c_m\ (m=0,\pm1,\pm2\cdots)$ 是洛朗系数．对式（5-14）逐项积分，得

$$\begin{aligned}\int_C f(z)\,dz&=\cdots+c_{-m}\int_C\frac{1}{z^m}dz+c_{-m+1}\int_C\frac{1}{z^{m-1}}dz+\cdots+c_{-1}\int_C\frac{1}{z}dz+c_0\int_C 1dz+c_1\int_C zdz+c_2\int_C z^2dz+\cdots\\&=c_{-1}2\pi i,\end{aligned}$$

其中，C 为环内任一正向简单闭曲线.

于是，$\operatorname*{Res}_{z=\infty} f(z)=-c_{-1}$，其中，$c_{-1}$ 是展开式中 $c_{-1}\int_C\frac{1}{z}dz$ 的系数.

例如，$z=0$ 和 $z=\infty$ 都是函数 $f(z)=\sin\frac{1}{z}$ 的两个孤立奇点，

$$\operatorname*{Res}_{z=0} f(z)=c_{-1}=1,\quad \operatorname*{Res}_{z=\infty} f(z)=-c_{-1}=-1\,.$$

下面从无穷远点留数的定义出发，讨论留数的另一种计算方法，将无穷远点留数的计算转化为零点留数的计算.

令 $t=\frac{1}{z}$，$z=\rho e^{i\theta}$，$t=re^{i\phi}$，则 $\rho=\frac{1}{r}$，$\theta=-\phi$，于是

$$\begin{aligned}\operatorname*{Res}_{z=\infty} f(z)&=\frac{1}{2\pi i}\int_C f(z)dz\\&=\frac{1}{2\pi i}\int_0^{-2\pi} f(\rho e^{i\theta})\rho ie^{i\theta}d\theta\\&=-\frac{1}{2\pi i}\int_0^{2\pi} f\left(\frac{1}{re^{i\phi}}\right)\frac{1}{re^{i\phi}}id\phi\\&=-\frac{1}{2\pi i}\int_0^{2\pi} f\left(\frac{1}{re^{i\phi}}\right)\frac{1}{(re^{i\phi})^2}d(re^{i\phi})\\&=-\frac{1}{2\pi i}\int_{|t|=r} f\left(\frac{1}{t}\right)\frac{1}{t^2}dt,\end{aligned}$$

其中，C 为圆环内半径足够大的顺时针圆周，$|t|=r$ 为逆时针圆周．因为 $f(z)$ 在

$R<|z|<+\infty$ 内解析，所以 $f\left(\frac{1}{t}\right)$ 在 $0<|t|<\frac{1}{R}$ 内解析，$f\left(\frac{1}{t}\right)\frac{1}{t^2}$ 也在 $0<|t|\leqslant r$ 内解析. 因此，

$$\operatorname*{Res}_{z=\infty} f(z)=-\operatorname*{Res}_{t=0}\left[f\left(\frac{1}{t}\right)\frac{1}{t^2}\right].$$

习惯上，z 为函数的自变量，于是

$$\operatorname*{Res}_{z=\infty} f(z)=-\operatorname*{Res}_{z=0}\left[f\left(\frac{1}{z}\right)\frac{1}{z^2}\right].$$

例 5.16 求函数 $f(z)=\dfrac{2z}{3+z^2}$ 在 $z=\infty$ 的留数.

解 因为 $f\left(\frac{1}{z}\right)\frac{1}{z^2}=\dfrac{2\frac{1}{z}}{3+\frac{1}{z^2}}\dfrac{1}{z^2}=\dfrac{2}{3z^2+1}\dfrac{1}{z}$，所以

$$\operatorname*{Res}_{z=\infty} f(z)=-\operatorname*{Res}_{z=0}\left[f\left(\frac{1}{z}\right)\frac{1}{z^2}\right]=-\left.\frac{2}{3z^2+1}\right|_{z=0}=-2\,.$$

下面讨论扩充复平面上的函数在无穷远点留数的计算.

定理 5.9 若函数 $f(z)$ 在扩充复平面上除有限个孤立奇点 $a_1,a_2,\cdots,a_n,\infty$ 外解析，则

$$\operatorname*{Res}_{z=a_1} f(z)+\operatorname*{Res}_{z=a_2} f(z)+\cdots+\operatorname*{Res}_{z=a_n} f(z)+\operatorname*{Res}_{z=\infty} f(z)=0\,.$$

证明 首先作正向简单闭曲线 C，使得 $a_1,a_2,\cdots,a_n$ 完全含在 C 所围区域内，根据留数定理，得

$$\int_C f(z)\mathrm{d}z=2\pi\mathrm{i}[\operatorname*{Res}_{z=a_1} f(z)+\operatorname*{Res}_{z=a_2} f(z)+\cdots+\operatorname*{Res}_{z=a_n} f(z)]\,,$$

又

$$\operatorname*{Res}_{z=a_1} f(z)+\operatorname*{Res}_{z=a_2} f(z)+\cdots+\operatorname*{Res}_{z=a_n} f(z)-\frac{1}{2\pi\mathrm{i}}\int_C f(z)\mathrm{d}z=0\,,$$

于是

$$\operatorname*{Res}_{z=a_1} f(z)+\operatorname*{Res}_{z=a_2} f(z)+\cdots+\operatorname*{Res}_{z=a_n} f(z)+\operatorname*{Res}_{z=\infty} f(z)=0\,.$$

例 5.17 求函数 $f(z)=\dfrac{\mathrm{e}^z}{z(z-1)^2}$ 在 $z=\infty$ 的留数.

解 因为 $z=0$，$z=1$，$z=\infty$ 为函数 $f(z)$ 的三个孤立奇点，

$$\operatorname*{Res}_{z=0} f(z)=1\,,\quad \operatorname*{Res}_{z=1} f(z)=0\,,$$

于是

$$\operatorname*{Res}_{z=\infty} f(z)=-[\operatorname*{Res}_{z=0} f(z)+\operatorname*{Res}_{z=1} f(z)]=-1\,.$$

例 5.18 计算 $\displaystyle\int_{|z|=6}\frac{1}{(z-4)(z-5)(z-1)^2(z+\mathrm{i})}\mathrm{d}z$.

解 **方法一**：因为 $z=-\mathrm{i},1,4,5,\infty$ 均为被积函数的孤立奇点，且

$$\operatorname*{Res}_{z=-\mathrm{i}} f(z)=\left.\frac{1}{(z-4)(z-5)(z-1)^2}\right|_{z=-\mathrm{i}}=\frac{1}{(\mathrm{i}+4)(\mathrm{i}+5)(\mathrm{i}+1)^2}\,,$$

$$\operatorname*{Res}_{z=1} f(z)=\left[\frac{1}{(z-4)(z-5)(z+i)}\right]'\Bigg|_{z=1}=\frac{7+5\mathrm{i}}{288},$$

$$\operatorname*{Res}_{z=4} f(z)=\frac{1}{(z-5)(z-1)^2(z+\mathrm{i})}\Bigg|_{z=4}=-\frac{1}{9(4+\mathrm{i})},$$

$$\operatorname*{Res}_{z=5} f(z)=\frac{1}{(z-4)(z-1)^2(z+\mathrm{i})}\Bigg|_{z=5}=\frac{1}{16(5+\mathrm{i})},$$

所以

$$\begin{aligned}&\int_{|z|=6}\frac{1}{(z-4)(z-5)(z-1)^2(z+\mathrm{i})}\mathrm{d}z\\&=2\pi\mathrm{i}[\operatorname*{Res}_{z=-\mathrm{i}} f(z)+\operatorname*{Res}_{z=1} f(z)+\operatorname*{Res}_{z=4} f(z)+\operatorname*{Res}_{z=5} f(z)]\\&=2\pi\mathrm{i}\left[\frac{1}{(\mathrm{i}+4)(\mathrm{i}+5)(\mathrm{i}+1)^2}+\frac{7+5\mathrm{i}}{288}-\frac{1}{9(4+\mathrm{i})}+\frac{1}{16(5+\mathrm{i})}\right]\\&=0.\end{aligned}$$

方法二：根据定理 5.9，知

$$\operatorname*{Res}_{z=-\mathrm{i}} f(z)+\operatorname*{Res}_{z=1} f(z)+\operatorname*{Res}_{z=4} f(z)+\operatorname*{Res}_{z=5} f(z)=-\operatorname*{Res}_{z=\infty} f(z),$$

而

$$-\operatorname*{Res}_{z=\infty} f(z)=\operatorname*{Res}_{z=0}\left[f\left(\frac{1}{z}\right)\frac{1}{z^2}\right]=\operatorname*{Res}_{z=0}\left[\frac{z^3}{(1+z\mathrm{i})(1-z)^2(1-4z)(1-5z)}\right]=0,$$

所以

$$\begin{aligned}&\int_{|z|=6}\frac{1}{(z-4)(z-5)(z-1)^2(z+\mathrm{i})}\mathrm{d}z\\&=2\pi\mathrm{i}[\operatorname*{Res}_{z=-\mathrm{i}} f(z)+\operatorname*{Res}_{z=1} f(z)+\operatorname*{Res}_{z=4} f(z)+\operatorname*{Res}_{z=5} f(z)]\\&=2\pi\mathrm{i}[-\operatorname*{Res}_{z=\infty} f(z)]\\&=0.\end{aligned}$$

明显地，当区域内被积函数奇点较多时，将多个奇点留数的计算问题转化为无穷远点留数的计算问题，可以简化计算过程.

5.3　留数在实积分中的应用

本节介绍留数定理在实积分计算中的应用. 实积分的计算是学习高等数学时必须掌握的内容，但有些积分（如被积函数中含有三角函数的积分、反常积分等）用常规方法不易解决，有些甚至不能解决，而留数定理提供了计算积分的一种简洁可行的途径. 这种方法不是对所有积分都有效，当积分满足一定条件时才可以用留数的方法解决，这里介绍几种特殊的积分.

5.3.1 $\int_0^{2\pi} R(\cos\theta,\sin\theta)\mathrm{d}\theta$ 型积分

令 $z=\mathrm{e}^{\mathrm{i}\theta}$，当 θ 从 0 变到 2π 时，z 沿圆周 $|z|=1$ 逆时针转一圈，根据欧拉公式，知

$$\mathrm{e}^{\mathrm{i}\theta}=\cos\theta+\mathrm{i}\sin\theta=z,\quad \mathrm{e}^{-\mathrm{i}\theta}=\cos\theta-\mathrm{i}\sin\theta=\frac{1}{z},$$

所以

$$\cos\theta=\frac{z+\frac{1}{z}}{2},\qquad \sin\theta=\frac{z-\frac{1}{z}}{2\mathrm{i}},\qquad \mathrm{d}\theta=\frac{1}{\mathrm{i}z}\mathrm{d}z,$$

于是

$$\int_0^{2\pi} R(\cos\theta,\sin\theta)\mathrm{d}\theta=\int_{|z|=1} R\left(\frac{z+\frac{1}{z}}{2},\frac{z-\frac{1}{z}}{2\mathrm{i}}\right)\frac{1}{\mathrm{i}z}\mathrm{d}z,$$

这里，$R(\cos\theta,\sin\theta)$ 是关于 $\cos\theta,\sin\theta$ 的有理分式，$R(\cos\theta,\sin\theta)$ 在 $[0,2\pi]$ 上连续时保证 $R\left(\frac{z+\frac{1}{z}}{2},\frac{z-\frac{1}{z}}{2\mathrm{i}}\right)$ 在 $|z|=1$ 上连续．于是，计算积分时只需关心函数落在 $|z|<1$ 内部的奇点即可，从而将定积分转化为复变函数的积分，运用留数定理进行计算．

注 上述积分的上、下限不是固定的，只要角度转到整数圈，都可以用上面的方法求解．

例 5.19 计算 $\int_0^{2\pi}\frac{1}{3+\sin\theta}\mathrm{d}\theta$．

解 令 $z=\mathrm{e}^{\mathrm{i}\theta}$，则 $\sin\theta=\frac{z-\frac{1}{z}}{2\mathrm{i}}$，$\mathrm{d}\theta=\frac{1}{\mathrm{i}z}\mathrm{d}z$，于是

$$\begin{aligned}
&\int_0^{2\pi}\frac{1}{3+\sin\theta}\mathrm{d}\theta\\
&=\int_{|z|=1}\frac{1}{3+\frac{z-\frac{1}{z}}{2\mathrm{i}}}\frac{1}{\mathrm{i}z}\mathrm{d}z=\int_{|z|=1}\frac{2}{6z\mathrm{i}+z^2-1}\mathrm{d}z\\
&=\int_{|z|=1}\frac{2}{[z-(-3-2\sqrt{2})\mathrm{i}][z-(-3+2\sqrt{2})\mathrm{i}]}\mathrm{d}z\\
&=2\pi\mathrm{i}\left.\frac{2}{z-(-3-2\sqrt{2})\mathrm{i}}\right|_{z=(-3+2\sqrt{2})\mathrm{i}}=\frac{\sqrt{2}}{2}\pi.
\end{aligned}$$

这里，$z_1=(-3+2\sqrt{2})\mathrm{i}$ 在单位圆内，$z_2=(-3-2\sqrt{2})\mathrm{i}$ 在单位圆外．

例 5.20 计算 $\int_0^{2\pi}\frac{1}{2+\sin^2\theta}\mathrm{d}\theta$．

解　令 $z=\mathrm{e}^{\mathrm{i}\theta}$，则 $\sin\theta=\dfrac{z-\dfrac{1}{z}}{2\mathrm{i}}$，$\mathrm{d}\theta=\dfrac{1}{\mathrm{i}z}\mathrm{d}z$，于是

$$\int_0^{2\pi}\frac{1}{2+\sin^2\theta}\mathrm{d}\theta=\int_{|z|=1}\frac{1}{2+\left(\dfrac{z-\dfrac{1}{z}}{2\mathrm{i}}\right)^2}\frac{1}{\mathrm{i}z}\mathrm{d}z$$

$$=\frac{1}{\mathrm{i}}\int_{|z|=1}\frac{4z}{10z^2-z^4-1}\mathrm{d}z=\mathrm{i}\int_{|z|=1}\frac{4z}{z^4-10z^2+1}\mathrm{d}z$$

$$=\mathrm{i}\int_{|u|=1}\frac{2}{u^2-10u+1}\mathrm{d}u\quad（令\ u=z^2）$$

$$=\mathrm{i}\int_{|u|=1}\frac{2}{[u-(5+2\sqrt{6})][u-(5-2\sqrt{6})]}\mathrm{d}u$$

$$=2\pi\mathrm{i}\left.\frac{2\mathrm{i}}{u-(5+2\sqrt{6})}\right|_{u=5-2\sqrt{6}}=\frac{\sqrt{6}\pi}{6}.$$

若函数 $R(\cos\theta,\sin\theta)$ 是偶函数，根据对称性，知

$$\int_{-\pi}^{\pi}R(\cos\theta,\sin\theta)\mathrm{d}\theta=2\int_0^{\pi}R(\cos\theta,\sin\theta)\mathrm{d}\theta.$$

例 5.21　计算 $\displaystyle\int_0^{\pi}\frac{1}{2+\cos\theta}\mathrm{d}\theta$.

解　注意到角度 θ 没有转动一周，故构造新积分使角度 θ 从 $-\pi$ 到 π 转动一周，于是

$$\int_{-\pi}^{\pi}\frac{1}{2+\cos\theta}\mathrm{d}\theta=2\int_0^{\pi}\frac{1}{2+\cos\theta}\mathrm{d}\theta.$$

令 $z=\mathrm{e}^{\mathrm{i}\theta}$，则 $\cos\theta=\dfrac{z+\dfrac{1}{z}}{2}$，$\mathrm{d}\theta=\dfrac{1}{\mathrm{i}z}\mathrm{d}z$，从而

$$\int_{-\pi}^{\pi}\frac{1}{2+\cos\theta}\mathrm{d}\theta=\int_{|z|=1}\frac{1}{2+\dfrac{z+\dfrac{1}{z}}{2}}\frac{1}{\mathrm{i}z}\mathrm{d}z=\frac{2}{\mathrm{i}}\int_{|z|=1}\frac{1}{z^2+4z+1}\mathrm{d}z$$

$$=\frac{2}{\mathrm{i}}\int_{|z|=1}\frac{1}{[z-(-2+\sqrt{3})][z-(-2-\sqrt{3})]}\mathrm{d}z$$

$$=\frac{2}{\mathrm{i}}2\pi\mathrm{i}\left.\frac{1}{z-(-2-\sqrt{3})}\right|_{z=-2+\sqrt{3}}=\frac{2\sqrt{3}\pi}{3}.$$

因此

$$\int_0^{\pi}\frac{1}{2+\cos\theta}\mathrm{d}\theta=\frac{\sqrt{3}\pi}{3}.$$

例 5.22　计算 $\displaystyle\int_0^{\pi}\frac{\cos 2x}{5-4\cos x}\mathrm{d}x$.

解　注意到

$$\int_0^{\pi}\frac{\cos 2x}{5-4\cos x}\mathrm{d}x=\frac{1}{2}\int_{-\pi}^{\pi}\frac{\cos 2x}{5-4\cos x}\mathrm{d}x,$$

令 $z=\mathrm{e}^{\mathrm{i}x}$，则

$$z^2=\mathrm{e}^{\mathrm{i}2x},\quad \cos 2x=\frac{z^2+\frac{1}{z^2}}{2},\quad \cos x=\frac{z+\frac{1}{z}}{2},\quad \mathrm{d}x=\frac{1}{\mathrm{i}z}\mathrm{d}z.$$

方法一：

$$\begin{aligned}\int_{-\pi}^{\pi}\frac{\cos 2x}{5-4\cos x}\mathrm{d}x&=\int_{|z|=1}\frac{\frac{z^2+\frac{1}{z^2}}{2}}{5-4\frac{z+\frac{1}{z}}{2}}\frac{1}{\mathrm{i}z}\mathrm{d}z\\&=\mathrm{i}\int_{|z|=1}\frac{z^4+1}{z^2(4z^2-10z+4)}\mathrm{d}z\\&=\frac{\mathrm{i}}{4}\int_{|z|=1}\frac{z^4+1}{z^2(z-2)\left(z-\frac{1}{2}\right)}\mathrm{d}z\\&=\frac{\mathrm{i}}{4}2\pi\mathrm{i}\left\{\operatorname*{Res}_{z=0}\left[\frac{z^4+1}{z^2(z-2)\left(z-\frac{1}{2}\right)}\right]+\operatorname*{Res}_{z=\frac{1}{2}}\left[\frac{z^4+1}{z^2(z-2)\left(z-\frac{1}{2}\right)}\right]\right\}\\&=-\frac{\pi}{2}\left\{\left[\frac{z^4+1}{(z-2)\left(z-\frac{1}{2}\right)}\right]'\Bigg|_{z=0}+\frac{z^4+1}{z^2(z-2)}\Bigg|_{z=\frac{1}{2}}\right\}\\&=-\frac{\pi}{2}\times\left(\frac{5}{2}-\frac{17}{6}\right)=\frac{\pi}{6}.\end{aligned}$$

因此

$$\int_0^{\pi}\frac{\cos 2x}{5-4\cos x}\mathrm{d}x=\frac{\pi}{12}.$$

方法二：因为

$$\begin{aligned}\int_{-\pi}^{\pi}\frac{\mathrm{e}^{\mathrm{i}2x}}{5-4\cos x}\mathrm{d}x&=\int_{-\pi}^{\pi}\frac{\cos 2x}{5-4\cos x}\mathrm{d}x+\mathrm{i}\int_{-\pi}^{\pi}\frac{\sin 2x}{5-4\cos x}\mathrm{d}x\\&=\int_{-\pi}^{\pi}\frac{\cos 2x}{5-4\cos x}\mathrm{d}x,\end{aligned}$$

而

$$\int_{-\pi}^{\pi}\frac{\mathrm{e}^{\mathrm{i}2x}}{5-4\cos x}\mathrm{d}x=\int_{|z|=1}\frac{z^2}{5-4\frac{z+\frac{1}{z}}{2}}\frac{1}{\mathrm{i}z}\mathrm{d}z=\mathrm{i}\int_{|z|=1}\frac{z^2}{2z^2-5z+2}\mathrm{d}z$$

$$=\frac{\mathrm{i}}{2}\int_{|z|=1}\frac{z^2}{(z-2)\left(z-\frac{1}{2}\right)}\mathrm{d}z=\frac{\mathrm{i}}{2}2\pi\mathrm{i}\frac{z^2}{z-2}\bigg|_{z=\frac{1}{2}}=\frac{\pi}{6},$$

所以

$$\int_0^{\pi}\frac{\cos 2x}{5-4\cos x}\mathrm{d}x=\frac{\pi}{12}.$$

5.3.2 $\int_{-\infty}^{+\infty}\frac{P(x)}{Q(x)}\mathrm{d}x$ 型积分

这种类型的积分中 $P(x),Q(x)$ 是两个多项式函数且互质，$Q(x)$ 在实轴上无零点，$Q(x)$ 的次数比 $P(x)$ 的次数至少高两次．注意到

$$\int_{-\infty}^{+\infty}\frac{P(x)}{Q(x)}\mathrm{d}x=\lim_{R\to+\infty}\int_{-R}^{+R}\frac{P(x)}{Q(x)}\mathrm{d}x,$$

为了求解该类型的反常积分，需要构造封闭正向闭曲线，运用留数定理进行计算．取半径 R 足够大，使函数 $\frac{P(z)}{Q(z)}$ 的有限孤立奇点全部包含在封闭曲线所围区域内，如图 5.3 所示，从 $-R$ 到 R 沿逆时针方向，以原点为圆心作上半圆周 C_R，于是

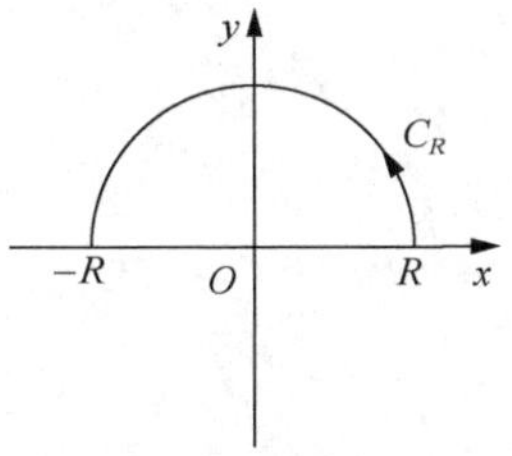

图 5.3

$$\int_{-R}^{+R}\frac{P(x)}{Q(x)}\mathrm{d}x+\int_{C_R}\frac{P(z)}{Q(z)}\mathrm{d}z=2\pi\mathrm{i}\sum_{\operatorname{Im}a_k>0}\operatorname*{Res}_{z=a_k}\left[\frac{P(z)}{Q(z)}\right],$$

注意到上式右侧留数之和是常值，故只需讨论边界 C_R 上的积分．因为 $Q(z)$ 的次数比 $P(z)$ 的次数至少高两次，所以

$$\int_{C_R}\frac{P(z)}{Q(z)}\mathrm{d}z\xlongequal{z=R\mathrm{e}^{\mathrm{i}\theta}}\int_0^{\pi}\frac{P(R\mathrm{e}^{\mathrm{i}\theta})R\mathrm{i}\mathrm{e}^{\mathrm{i}\theta}}{Q(R\mathrm{e}^{\mathrm{i}\theta})}\mathrm{d}\theta\to 0,\quad R\to\infty.$$

因此

$$\lim_{R\to\infty}\int_{-R}^{+R}\frac{P(x)}{Q(x)}\mathrm{d}x=2\pi\mathrm{i}\sum_{\operatorname{Im}a_k>0}\operatorname*{Res}_{z=a_k}\left[\frac{P(z)}{Q(z)}\right],$$

即

$$\int_{-\infty}^{+\infty}\frac{P(x)}{Q(x)}\mathrm{d}x=2\pi\mathrm{i}\sum_{\operatorname{Im}a_k>0}\operatorname*{Res}_{z=a_k}\left[\frac{P(z)}{Q(z)}\right].\tag{5-15}$$

注 根据构造封闭曲线的正方向，式（5-15）中只考虑落在上半平面的孤立奇点．

例 5.23 计算 $\int_{-\infty}^{+\infty}\frac{x^2-1}{(1+x^2)^2}\mathrm{d}x$．

解 考虑函数 $\frac{z^2-1}{(1+z^2)^2}$，注意到分母最高次数是 4，分子最高次数是 2，而分母在实轴上没有奇点，孤立奇点 $z=\mathrm{i}$ 落在上半平面．因此，根据式（5-15），得

$$\int_{-\infty}^{+\infty}\frac{x^2-1}{(1+x^2)^2}\mathrm{d}x=2\pi\mathrm{i}\operatorname*{Res}_{z=\mathrm{i}}\left[\frac{z^2-1}{(1+z^2)^2}\right]=2\pi\mathrm{i}\frac{z^2-1}{(z+\mathrm{i})^2}\bigg|_{z=\mathrm{i}}=\pi\mathrm{i}.$$

例 5.24　计算 $\int_0^{+\infty}\frac{1}{x^4+a^4}\mathrm{d}x$，$a>0$．

解　注意到 $\frac{1}{x^4+a^4}$ 是关于 x 的偶函数，故

$$\int_0^{+\infty}\frac{1}{x^4+a^4}\mathrm{d}x=\frac{1}{2}\int_{-\infty}^{+\infty}\frac{1}{x^4+a^4}\mathrm{d}x .$$

考虑函数 $\frac{1}{z^4+a^4}$，分母比分子次数至少高 2 次，而分母在 x 轴上无零点，所以

$$\frac{1}{z^4+a^4}=\frac{1}{(z-a_0)(z-a_1)(z-a_2)(z-a_3)},$$

其中，$a_k=a\left(\cos\frac{\pi+2k\pi}{4}+\mathrm{i}\sin\frac{\pi+2k\pi}{4}\right)(k=0,1,2,3)$，$a_0,a_1$ 落在上半平面．因此

$$\begin{aligned}\int_{-\infty}^{+\infty}\frac{1}{x^4+a^4}\mathrm{d}x&=2\pi\mathrm{i}\left(\operatorname*{Res}_{z=a_0}\frac{1}{z^4+a^4}+\operatorname*{Res}_{z=a_1}\frac{1}{z^4+a^4}\right)\\&=2\pi\mathrm{i}\left(\left.\frac{1}{4z^3}\right|_{z=a_0}+\left.\frac{1}{4z^3}\right|_{z=a_1}\right)=\frac{\sqrt{2}\pi}{2a^3} .\end{aligned}$$

于是

$$\int_0^{+\infty}\frac{1}{x^4+a^4}\mathrm{d}x=\frac{\sqrt{2}\pi}{4a^3} .$$

5.3.3 $\int_{-\infty}^{+\infty}\frac{P(x)}{Q(x)}\cos mx\,\mathrm{d}x$ 型积分与 $\int_{-\infty}^{+\infty}\frac{P(x)}{Q(x)}\sin mx\,\mathrm{d}x$ 型积分 $(m>0)$

有理分式 $\frac{P(x)}{Q(x)}$ 中 $P(x),Q(x)$ 是互质多项式且 $Q(x)$ 的次数比 $P(x)$ 的次数高，分母 $Q(x)$ 在 x 轴上无零点．注意到 $\mathrm{e}^{\mathrm{i}mx}=\cos mx+\mathrm{i}\sin mx$，于是

$$\int_{-\infty}^{+\infty}\frac{P(x)}{Q(x)}\mathrm{e}^{\mathrm{i}mx}\mathrm{d}x=\int_{-\infty}^{+\infty}\frac{P(x)}{Q(x)}\cos mx\,\mathrm{d}x+\mathrm{i}\int_{-\infty}^{+\infty}\frac{P(x)}{Q(x)}\sin mx\,\mathrm{d}x .$$

因此，为了研究 $\int_{-\infty}^{+\infty}\frac{P(x)}{Q(x)}\cos mx\,\mathrm{d}x$ 和 $\int_{-\infty}^{+\infty}\frac{P(x)}{Q(x)}\sin mx\,\mathrm{d}x$，只需要研究积分 $\int_{-\infty}^{+\infty}\frac{P(x)}{Q(x)}\mathrm{e}^{\mathrm{i}mx}\mathrm{d}x$．

类似于 $\int_{-\infty}^{+\infty}\frac{P(x)}{Q(x)}\mathrm{d}x$，以原点为圆心，$R$ 为半径作逆时针方向的上半圆周 C_R，C_R 与直线段 $[-R,R]$ 构成正向封闭曲线，选取 R 足够大，使得 $\frac{P(z)}{Q(z)}$ 在上半平面的奇点均落在曲线所围区域内，于是

$$\int_{-R}^{+R}\frac{P(x)}{Q(x)}\mathrm{e}^{\mathrm{i}mx}\mathrm{d}x+\int_{C_R}\frac{P(z)}{Q(z)}\mathrm{e}^{\mathrm{i}mz}\mathrm{d}z=2\pi\mathrm{i}\sum_{\operatorname{Im}a_k>0}\operatorname*{Res}_{z=a_k}\left[\frac{P(z)}{Q(z)}\mathrm{e}^{\mathrm{i}mz}\right]\tag{5-16}$$

对任意 R 都是成立的．

在 C_R 上，设 $z=R\mathrm{e}^{\mathrm{i}\theta}$ $(0\leqslant\theta\leqslant\pi)$，则

$$\begin{aligned}&\left|\int_{C_R}\frac{P(z)}{Q(z)}\mathrm{e}^{\mathrm{i}mz}\,\mathrm{d}z\right|\leqslant\int_{C_R}\left|\frac{P(z)}{Q(z)}\mathrm{e}^{\mathrm{i}mz}\right|\mathrm{d}s\\&\leqslant\max_{z\in C_R}\left|\frac{P(z)}{Q(z)}\right|\int_{C_R}|\mathrm{e}^{\mathrm{i}mz}|\,\mathrm{d}s\leqslant\max_{z\in C_R}\left|\frac{P(z)}{Q(z)}\right|\int_0^{\pi}R\mathrm{e}^{-mR\sin\theta}\mathrm{d}\theta\\&=2\max_{z\in C_R}\left|\frac{P(z)}{Q(z)}\right|\int_0^{\frac{\pi}{2}}R\mathrm{e}^{-mR\sin\theta}\mathrm{d}\theta\leqslant2\max_{z\in C_R}\left|\frac{P(z)}{Q(z)}\right|\int_0^{\frac{\pi}{2}}R\mathrm{e}^{-\frac{2mR\theta}{\pi}}\mathrm{d}\theta\\&=2\max_{z\in C_R}\left|\frac{P(z)}{Q(z)}\right|\frac{\pi}{2m}(1-\mathrm{e}^{-mR}),\end{aligned}$$

这里运用若尔当不等式 $\frac{2\theta}{\pi}\leqslant\sin\theta\leqslant\theta\ \left(0\leqslant\theta\leqslant\frac{\pi}{2}\right)$. 因为 $\frac{P(z)}{Q(z)}$ 中分母次数比分子次数高，所以

$$\max_{z\in C_R}\left|\frac{P(z)}{Q(z)}\right|\to0,\quad R\to+\infty,$$

于是

$$\left|\int_{C_R}\frac{P(z)}{Q(z)}\mathrm{e}^{\mathrm{i}mz}\,\mathrm{d}z\right|\to0,\quad R\to+\infty.$$

因此，当 $R\to+\infty$ 时，由式（5-16），得到

$$\int_{-\infty}^{+\infty}\frac{P(x)}{Q(x)}\mathrm{e}^{\mathrm{i}mx}\mathrm{d}x=2\pi\mathrm{i}\sum_{\operatorname{Im}a_k>0}\operatorname*{Res}_{z=a_k}\left[\frac{P(z)}{Q(z)}\mathrm{e}^{\mathrm{i}mz}\right].$$

例 5.25　计算 $\int_{-\infty}^{+\infty}\frac{x\cos x}{x^2-2x+10}\mathrm{d}x$.

解　注意到分母次数比分子次数高，分母在 x 轴上无零点，$\frac{z\mathrm{e}^{\mathrm{i}z}}{z^2-2z+10}$ 的孤立奇点 $z=1+3\mathrm{i}$ 落在上半平面，于是

$$\begin{aligned}\int_{-\infty}^{+\infty}\frac{x\mathrm{e}^{\mathrm{i}x}}{x^2-2x+10}\mathrm{d}x&=2\pi\mathrm{i}\operatorname*{Res}_{z=1+3\mathrm{i}}\frac{z\mathrm{e}^{\mathrm{i}z}}{z^2-2z+10}\\&=\frac{\pi}{3}(1+3\mathrm{i})\mathrm{e}^{\mathrm{i}-3}=\frac{\pi}{3}\mathrm{e}^{-3}(1+3\mathrm{i})(\cos1+\mathrm{i}\sin1)\\&=\frac{\pi}{3}\mathrm{e}^{-3}(\cos1-3\sin1)+\mathrm{i}\frac{\pi}{3}\mathrm{e}^{-3}(3\cos1+\sin1).\end{aligned}$$

而

$$\int_{-\infty}^{+\infty}\frac{x\mathrm{e}^{\mathrm{i}x}}{x^2-2x+10}\mathrm{d}x=\int_{-\infty}^{+\infty}\frac{x\cos x}{x^2-2x+10}\mathrm{d}x+\mathrm{i}\int_{-\infty}^{+\infty}\frac{x\sin x}{x^2-2x+10}\mathrm{d}x,$$

于是

$$\int_{-\infty}^{+\infty}\frac{x\cos x}{x^2-2x+10}\mathrm{d}x=\frac{\pi}{3}\mathrm{e}^{-3}(\cos1-3\sin1).$$

在前面的无穷积分中要求分母在实轴上不能有零点，那么，如果分母在 x 轴上有零点，应该如何计算呢？现举例说明.

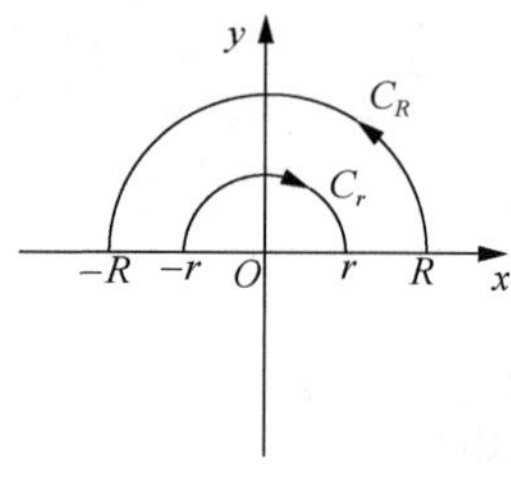

图 5.4

例 5.26　计算$\int_{-\infty}^{+\infty}\frac{\sin x}{x}\mathrm{d}x$．

解　注意到$x=0$是瑕点，以原点为圆心，r,R为半径分别作上半圆周C_r,C_R，方向如图 5.4 所示，于是$[-R,-r],C_r,[r,R]$及C_R构成逆时针方向的闭曲线，$\frac{\mathrm{e}^{\mathrm{i}z}}{z}$在曲线所围区域内解析．因此，由柯西积分定理，得到

$$\int_{-R}^{-r}\frac{\mathrm{e}^{\mathrm{i}x}}{x}\mathrm{d}x+\int_{C_r}\frac{\mathrm{e}^{\mathrm{i}z}}{z}\mathrm{d}z+\int_{r}^{R}\frac{\mathrm{e}^{\mathrm{i}x}}{x}\mathrm{d}x+\int_{C_R}\frac{\mathrm{e}^{\mathrm{i}z}}{z}\mathrm{d}z=0. \tag{5-17}$$

又

$$\left|\int_{C_R}\frac{\mathrm{e}^{\mathrm{i}z}}{z}\mathrm{d}z\right|\leqslant\int_{C_R}\left|\frac{\mathrm{e}^{\mathrm{i}z}}{z}\right|\mathrm{d}s=\int_0^{\pi}\frac{|\mathrm{e}^{\mathrm{i}(R\cos\theta+\mathrm{i}R\sin\theta)}|}{R}R\mathrm{d}\theta$$
$$=\int_0^{\pi}\mathrm{e}^{-R\sin\theta}\mathrm{d}\theta=2\int_0^{\frac{\pi}{2}}\mathrm{e}^{-R\sin\theta}\mathrm{d}\theta\leqslant2\int_0^{\frac{\pi}{2}}\mathrm{e}^{-R\frac{2\theta}{\pi}}\mathrm{d}\theta,$$
$$=\frac{\pi}{mR}(1-\mathrm{e}^{-mR})\to0\quad(R\to\infty),$$

其中，$\frac{2\theta}{\pi}\leqslant\sin\theta\leqslant\theta\left(0\leqslant\theta\leqslant\frac{\pi}{2}\right)$．令$z=r\mathrm{e}^{\mathrm{i}\theta}$，则

$$\int_{C_r}\frac{\mathrm{e}^{\mathrm{i}z}}{z}\mathrm{d}z=\int_{C_r}\left(\frac{1}{z}+\mathrm{i}-\frac{z}{2!}-\frac{\mathrm{i}z^2}{3!}+\cdots\right)\mathrm{d}z$$
$$=\int_{\pi}^{0}\frac{1}{r\mathrm{e}^{\mathrm{i}\theta}}r\mathrm{e}^{\mathrm{i}\theta}\mathrm{i}\mathrm{d}\theta+\int_{\pi}^{0}\mathrm{i}r\mathrm{e}^{\mathrm{i}\theta}\mathrm{i}\,\mathrm{d}\theta-\frac{1}{2!}\int_{\pi}^{0}r\mathrm{e}^{\mathrm{i}\theta}r\mathrm{e}^{\mathrm{i}\theta}\mathrm{i}\mathrm{d}\theta-\frac{\mathrm{i}}{3!}\int_{\pi}^{0}r^2\mathrm{e}^{\mathrm{i}2\theta}r\mathrm{e}^{\mathrm{i}\theta}\mathrm{i}\mathrm{d}\theta+\cdots$$
$$=-\pi\mathrm{i}+r\int_{\pi}^{0}(-\mathrm{e}^{\mathrm{i}\theta})\mathrm{d}\theta-\frac{r^2}{2!}\int_{\pi}^{0}\mathrm{e}^{\mathrm{i}2\theta}\,\mathrm{i}\mathrm{d}\theta-\frac{r^3}{3!}\int_{\pi}^{0}\mathrm{e}^{\mathrm{i}3\theta}\mathrm{i}^2\mathrm{d}\theta+\cdots$$
$$\to-\pi\mathrm{i}\quad(r\to0).$$

于是，当$R\to+\infty$，$r\to0$时，对式（5-17）两边求极限，得到

$$\int_{-\infty}^{0}\frac{\mathrm{e}^{\mathrm{i}x}}{x}\mathrm{d}x-\pi\mathrm{i}+\int_{0}^{+\infty}\frac{\mathrm{e}^{\mathrm{i}x}}{x}\mathrm{d}x=0.$$

因此，

$$\int_{-\infty}^{+\infty}\frac{\sin x}{x}\mathrm{d}x=\pi\mathrm{i}.$$

注意到前面的举例主要以半圆为辅助线，但在实际问题中，为了易于解决问题，可以选择便于计算的路径，如三角形路径、矩形路径或扇形路径等．

例 5.27　已知泊松积分

$$\int_0^{+\infty}\mathrm{e}^{-t^2}\mathrm{d}t=\frac{\sqrt{\pi}}{2},$$

计算$\int_0^{+\infty}\cos x^2\mathrm{d}x$及$\int_0^{+\infty}\sin x^2\mathrm{d}x$．

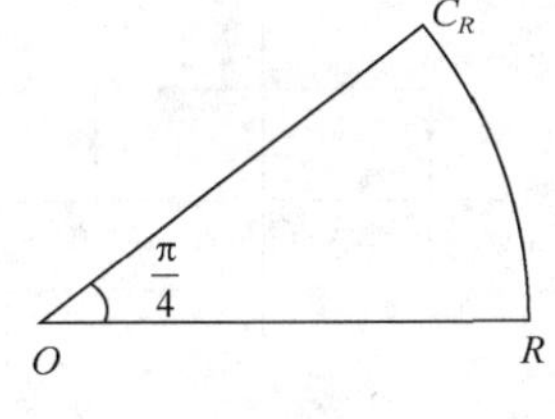

图 5.5

解 构造由线段 $z=x\,(0\leqslant x\leqslant R)$ 、圆弧 $C_R: z=R\mathrm{e}^{\mathrm{i}\varphi}$ $\left(0\leqslant\varphi\leqslant\frac{\pi}{4}\right)$ 及 $z=x\mathrm{e}^{\mathrm{i}\frac{\pi}{4}}\,(0\leqslant x\leqslant R)$ 构成的简单辅助线 C，如图5.5所示，函数 e^{-z^2} 在 C 及 C 所围内部区域处处解析，于是 $\int_C \mathrm{e}^{-z^2}\mathrm{d}z=0$，而积分

$$\int_C \mathrm{e}^{-z^2}\mathrm{d}z=\int_0^R \mathrm{e}^{-x^2}\mathrm{d}x+\int_{C_R}\mathrm{e}^{-z^2}\mathrm{d}z+\int_R^0 \mathrm{e}^{-x^2\mathrm{e}^{\mathrm{i}\frac{\pi}{2}}}\mathrm{e}^{\mathrm{i}\frac{\pi}{4}}\mathrm{d}x\,,$$

其中，

$$\begin{aligned}
\left|\int_{C_R}\mathrm{e}^{-z^2}\mathrm{d}z\right| &= \left|\int_0^{\frac{\pi}{4}}\mathrm{e}^{-R^2(\cos2\varphi+\mathrm{i}\sin2\varphi)}\mathrm{i}R\mathrm{e}^{\mathrm{i}\varphi}\mathrm{d}\varphi\right| \\
&\leqslant \int_0^{\frac{\pi}{4}}\mathrm{e}^{-R^2\cos2\varphi}R\mathrm{d}\varphi \\
&= \frac{R}{2}\int_0^{\frac{\pi}{2}}\mathrm{e}^{-R^2\sin\theta}\mathrm{d}\theta \quad \left(令2\varphi=\frac{\pi}{2}-\theta\right) \\
&\leqslant \frac{R}{2}\int_0^{\frac{\pi}{2}}\mathrm{e}^{-R^2\frac{2\theta}{\pi}}\mathrm{d}\theta \\
&= -\frac{R}{2}\frac{\pi}{2R^2}\mathrm{e}^{-\frac{2\theta R^2}{\pi}}\Bigg|_0^{\frac{\pi}{2}} \\
&= \frac{\pi}{4R}\left(1-\mathrm{e}^{-R^2}\right)\to 0(R\to\infty)\,.
\end{aligned}$$

又由

$$\begin{aligned}
\int_R^0 \mathrm{e}^{-x^2\mathrm{e}^{\mathrm{i}\frac{\pi}{2}}}\mathrm{e}^{\mathrm{i}\frac{\pi}{4}}\mathrm{d}x &= \frac{\sqrt{2}+\mathrm{i}\sqrt{2}}{2}\int_R^0 \mathrm{e}^{-x^2\mathrm{i}}\mathrm{d}x \\
&= \frac{\sqrt{2}+\mathrm{i}\sqrt{2}}{2}\int_R^0 \cos x^2-\mathrm{i}\sin x^2\mathrm{d}x
\end{aligned}$$

和泊松积分

$$\int_0^{+\infty}\mathrm{e}^{-t^2}\mathrm{d}t=\frac{\sqrt{\pi}}{2}\,,$$

得到

$$\int_0^{+\infty}(\cos x^2-\mathrm{i}\sin x^2)\mathrm{d}x=\frac{\sqrt{2\pi}}{4}(1-\mathrm{i})\,,$$

于是

$$\int_0^{+\infty}\cos x^2\mathrm{d}x=\int_0^{+\infty}\sin x^2\mathrm{d}x=\frac{\sqrt{2\pi}}{4}\,.$$

例 5.28 计算 $\int_{-\infty}^{+\infty}\frac{\mathrm{e}^{\alpha x}}{1+\mathrm{e}^x}\mathrm{d}x\ \ (0<\alpha<1)$.

解 $f(z)=\frac{\mathrm{e}^{\alpha z}}{1+\mathrm{e}^z}$ 的孤立奇点为

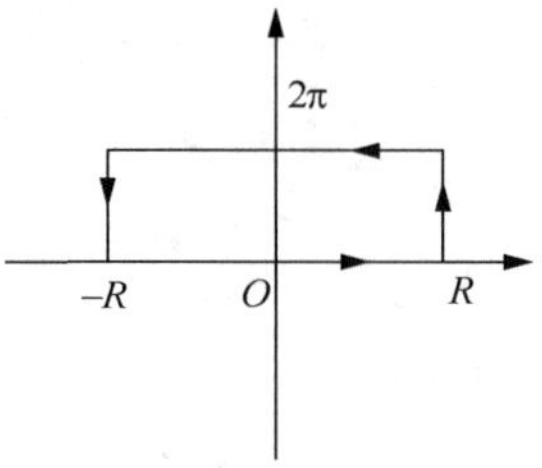

$$z=(1+2k)\pi\mathrm{i}\,,\quad k=0,\pm 1,\cdots.$$

如图 5.6 所示，对任意 R，根据留数定理，知

$$\int_{-R}^{+R}\frac{\mathrm{e}^{\alpha x}}{1+\mathrm{e}^{x}}\mathrm{d}x+\int_{0}^{2\pi}\frac{\mathrm{e}^{\alpha(R+\mathrm{i}y)}}{1+\mathrm{e}^{R+\mathrm{i}y}}\mathrm{d}y+\int_{R}^{-R}\frac{\mathrm{e}^{\alpha(x+\mathrm{i}2\pi)}}{1+\mathrm{e}^{x+\mathrm{i}2\pi}}\mathrm{d}x+\int_{2\pi}^{0}\frac{\mathrm{e}^{\alpha(-R+\mathrm{i}y)}}{1+\mathrm{e}^{-R+\mathrm{i}y}}\mathrm{d}y$$

$$=2\pi\mathrm{i}\operatorname*{Res}_{z=\pi\mathrm{i}}\frac{\mathrm{e}^{\alpha z}}{1+\mathrm{e}^{z}}=-2\pi\mathrm{i}\mathrm{e}^{\pi\mathrm{i}\alpha}\,,$$

图 5.6

又

$$\int_{-R}^{+R}\frac{\mathrm{e}^{\alpha x}}{1+\mathrm{e}^{x}}\mathrm{d}x+\int_{0}^{2\pi}\frac{\mathrm{e}^{\alpha(R+\mathrm{i}y)}}{1+\mathrm{e}^{R+\mathrm{i}y}}\mathrm{d}y+\mathrm{e}^{\mathrm{i}\alpha 2\pi}\int_{R}^{-R}\frac{\mathrm{e}^{\alpha x}}{1+\mathrm{e}^{x}}\mathrm{d}x+\int_{2\pi}^{0}\frac{\mathrm{e}^{\alpha(-R+\mathrm{i}y)}}{1+\mathrm{e}^{-R+\mathrm{i}y}}\mathrm{d}y=-2\pi\mathrm{i}\mathrm{e}^{\pi\mathrm{i}\alpha}\,,$$

而

$$\left|\int_{0}^{2\pi}\frac{\mathrm{e}^{\alpha(R+\mathrm{i}y)}}{1+\mathrm{e}^{R+\mathrm{i}y}}\mathrm{d}y\right|\leqslant\int_{0}^{2\pi}\left|\frac{\mathrm{e}^{\alpha(R+\mathrm{i}y)}}{1+\mathrm{e}^{R+\mathrm{i}y}}\right|\mathrm{d}y\leqslant\frac{2\pi\mathrm{e}^{\alpha R}}{\mathrm{e}^{R}-1}\to 0\quad(R\to\infty)\,,$$

同理可知

$$\left|\int_{2\pi}^{0}\frac{\mathrm{e}^{\alpha(-R+\mathrm{i}y)}}{1+\mathrm{e}^{-R+\mathrm{i}y}}\mathrm{d}y\right|\to 0\quad(R\to\infty)\,,$$

于是

$$(1+\mathrm{e}^{\mathrm{i}\alpha 2\pi})\int_{-\infty}^{+\infty}\frac{\mathrm{e}^{\alpha x}}{1+\mathrm{e}^{x}}\mathrm{d}x=-2\pi\mathrm{i}\,\mathrm{e}^{\pi\mathrm{i}\alpha}\,.$$

因此

$$\int_{-\infty}^{+\infty}\frac{\mathrm{e}^{\alpha x}}{1+\mathrm{e}^{x}}\mathrm{d}x=\frac{-2\pi\mathrm{i}\,\mathrm{e}^{\pi\mathrm{i}\alpha}}{1+\mathrm{e}^{\mathrm{i}\alpha 2\pi}}=\frac{2\pi\mathrm{i}}{\mathrm{e}^{\mathrm{i}\alpha\pi}-\mathrm{e}^{-\mathrm{i}\alpha\pi}}=\frac{\pi}{\sin\alpha\pi}\,.$$

例 5.29　计算 $\displaystyle\int_{0}^{+\infty}\frac{1}{1+x^{5}}\mathrm{d}x$.

解　注意到被积函数的特点，作如图 5.7 所示的封闭图形. 根据留数定理，得

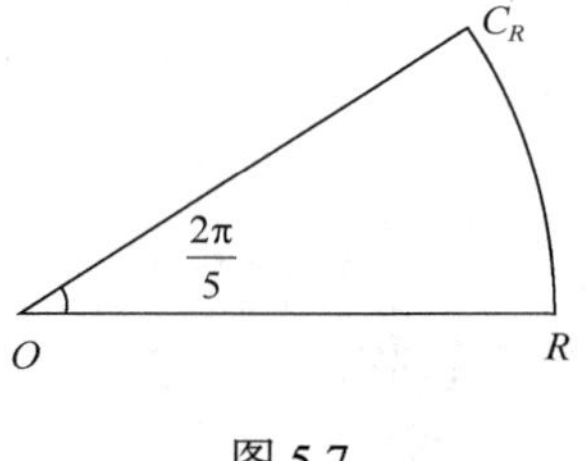

图 5.7

$$\int_{0}^{R}\frac{1}{1+x^{5}}\mathrm{d}x+\int_{0}^{\frac{2\pi}{5}}\frac{\mathrm{i}R\mathrm{e}^{\mathrm{i}\theta}}{1+R^{5}\mathrm{e}^{\mathrm{i}5\theta}}\mathrm{d}\theta+\int_{R}^{0}\frac{\mathrm{e}^{\mathrm{i}\frac{2\pi}{5}}}{1+r^{5}\mathrm{e}^{\mathrm{i}\frac{2\pi}{5}5}}\mathrm{d}r=2\pi\mathrm{i}\operatorname*{Res}_{z=\mathrm{e}^{\mathrm{i}\frac{\pi}{5}}}\frac{1}{1+z^{5}}\,,$$

而

$$\left|\int_{0}^{\frac{2\pi}{5}}\frac{\mathrm{i}R\mathrm{e}^{\mathrm{i}\theta}}{1+R^{5}\mathrm{e}^{\mathrm{i}5\theta}}\mathrm{d}\theta\right|\leqslant\int_{0}^{\frac{2\pi}{5}}\left|\frac{\mathrm{i}R\mathrm{e}^{\mathrm{i}\theta}}{1+R^{5}\mathrm{e}^{\mathrm{i}5\theta}}\right|\mathrm{d}\theta\leqslant\frac{R\dfrac{2\pi}{5}}{R^{5}-1}\to 0\quad(R\to\infty)\,,$$

$$\operatorname*{Res}_{z=\mathrm{e}^{\mathrm{i}\frac{\pi}{5}}}\frac{1}{1+z^{5}}=\left.\frac{1}{5z^{4}}\right|_{z=\mathrm{e}^{\mathrm{i}\frac{\pi}{5}}}=\frac{1}{5\mathrm{e}^{\mathrm{i}\frac{4\pi}{5}}}\,,$$

故

$$\left(1-\mathrm{e}^{\mathrm{i}\frac{2\pi}{5}}\right)\int_{0}^{+\infty}\frac{1}{1+x^{5}}\mathrm{d}x=\frac{2\pi\mathrm{i}}{5\mathrm{e}^{\mathrm{i}\frac{4\pi}{5}}}\,.$$

因此

$$\int_0^{+\infty}\frac{1}{1+x^5}\mathrm{d}x=\frac{2\pi\mathrm{i}}{5\mathrm{e}^{\mathrm{i}\frac{4\pi}{5}}\left(1-\mathrm{e}^{\mathrm{i}\frac{2\pi}{5}}\right)}=\frac{\pi\mathrm{i}}{5}\mathrm{e}^{-\mathrm{i}\frac{\pi}{5}}.$$

5.4　辐角原理与鲁歇定理

思考　代数学基本定理表明，n 次代数方程必有 n 个根. 那么这些根在复平面内是如何分布的？如何判断代数方程在区域内有几个根？

本节讨论函数的零点分布问题，辐角原理给出了判断一类函数零点个数与极点个数的方法，作为推论，鲁歇（Rouché）定理给出了零点分布的情形.

5.4.1　对数留数与辐角原理

1．对数留数

1）对数留数的定义

首先引入下面的引理：

引理 5.1　设函数 $f(z)$ 在有界区域 D 内除极点外解析，它在区域 D 的边界 C 上解析且在 C 上无零点，那么 $f(z)$ 在 D 内至多只有有限个零点和极点.

证明　设 D_1 为 D 内除去极点外的剩余部分，则 $f(z)$ 在 D_1 内解析且不恒为零（若 $f(z)\equiv 0$，则 $f(z)$ 在 D 内不可能有极点）. 下面证明 $f(z)$ 在 D_1 内只有有限个零点和极点.

反设 $f(z)$ 在 D_1 内有无穷多个互不相同的零点 $z_1,z_2,\cdots,z_n,\cdots$，因为 D 为有界区域，故 D_1 也为有界区域，进而 $\{z_n\}$ 存在极限点 $a\notin D_1$. 若 $a\in C$，则存在子列 $\{z_{nk}\}$，使得 $k\to\infty$ 时 $z_{nk}\to a$，故 $f(a)=\lim\limits_{k\to\infty}f(z_{nk})=0$，$a$ 是函数 $f(z)$ 的零点，这与边界上无零点矛盾. 若 a 为 D 内的极点，则 $z_{nk}\to a$，于是 $\lim\limits_{z\to a}f(z)=\infty$，故 $\lim\limits_{k\to\infty}f(z_{nk})=\infty$，这与 $f(z_{nk})=0$ 矛盾. 因此，$f(z)$ 在 D 内只有有限个零点.

若令 $F(z)=\dfrac{1}{f(z)}$，定义 $F(z)$ 在 $f(z)$ 的极点处的值为零，则满足引理 5.1 的条件，故 $F(z)$ 在 D 内只有有限个互不相同的零点，即 $f(z)$ 在 D 内只有有限个互不相同的极点. 证毕.

下面定义对数留数.

若函数 $f(z)$ 在正向简单闭曲线 C 上解析，且对 $\forall z\in C$，$f(z)\neq 0$，则称 $\dfrac{1}{2\pi\mathrm{i}}\displaystyle\int_C\frac{f'(z)}{f(z)}\mathrm{d}z$ 为 $f(z)$ 在 C 上的对数留数 $\left(\text{因为}\dfrac{f'(z)}{f(z)}=[\ln f(z)]'\right)$.

明显地，函数 $f(z)$ 的零点和极点都可能是 $\dfrac{f'(z)}{f(z)}$ 的孤立奇点.

引理 5.2 （1）若 a 为 $f(z)$ 的 m 阶零点，则 a 为 $\dfrac{f'(z)}{f(z)}$ 的一阶极点，且 $\operatorname*{Res}_{z=a}\left[\dfrac{f'(z)}{f(z)}\right]=m$；

（2）若 a 为 $f(z)$ 的 n 阶极点，则 a 为 $\dfrac{f'(z)}{f(z)}$ 的一阶极点，且 $\operatorname*{Res}_{z=a}\left(\dfrac{f'(z)}{f(z)}\right)=-n$.

证明 （1）因为 a 为 $f(z)$ 的 m 阶零点，故 $f(z)=(z-a)^m\phi(z)$，其中，$\phi(z)$ 在 a 的某邻域内解析，且 $\phi(a)\neq 0$，而

$$f'(z)=m(z-a)^{m-1}\phi(z)+(z-a)^m\phi'(z),$$

于是

$$\frac{f'(z)}{f(z)}=\frac{m}{z-a}+\frac{\phi'(z)}{\phi(z)},$$

$\dfrac{\phi'(z)}{\phi(z)}$ 在 a 的某邻域内也解析，故 $\dfrac{\phi'(z)}{\phi(z)}$ 在点 a 处可展开成泰勒级数．因此 a 为 $\dfrac{f'(z)}{f(z)}$ 的一阶极点，且 $\operatorname*{Res}_{z=a}\left[\dfrac{f'(z)}{f(z)}\right]=m$.

（2）因为 a 为 $f(z)$ 的 n 阶极点，故 $f(z)=\dfrac{1}{(z-a)^n}\psi(z)$，其中，$\psi(z)$ 在 a 的某邻域内解析，且 $\psi(a)\neq 0$，于是

$$\frac{f'(z)}{f(z)}=\frac{-n}{z-a}+\frac{\psi'(z)}{\psi(z)},$$

注意到 $\dfrac{\psi'(z)}{\psi(z)}$ 在 a 的某邻域内解析，故 $\dfrac{\psi'(z)}{\psi(z)}$ 在点 a 处可展开成泰勒级数．因此 a 为 $\dfrac{f'(z)}{f(z)}$ 的一阶极点，且 $\operatorname*{Res}_{z=a}\left[\dfrac{f'(z)}{f(z)}\right]=-n$. 证毕.

2）对数留数的几何意义

若函数 $f(z)$ 在正向简单闭曲线 C 上解析且不为零，那么

$$\begin{aligned}\frac{1}{2\pi\mathrm{i}}\int_C\frac{f'(z)}{f(z)}\mathrm{d}z&=\frac{1}{2\pi\mathrm{i}}\int_C\mathrm{d}[\ln f(z)]=\frac{1}{2\pi\mathrm{i}}\int_C\mathrm{d}[\ln|f(z)|+\mathrm{i}\arg f(z)]\\&=\frac{1}{2\pi\mathrm{i}}\int_C\mathrm{d}[\ln|f(z)|]+\frac{1}{2\pi}\int_C\mathrm{d}[\arg f(z)].\end{aligned}$$

因为 $\ln|f(z)|$ 是单值函数，所以当 z 从 z_0 出发绕 C 一圈到 z_0 结束时，有

$$\int_C\mathrm{d}[\ln|f(z)|]=\ln|f(z_0)|-\ln|f(z_0)|=0.$$

而当 z 从 z_0 出发沿 C 逆时针绕行一圈时，$w=f(z)$ 在 w 平面上从 $w_0=f(z_0)$ 出发绕 $w=0$ 可能逆时针绕行多圈至 w_0 结束时，$\arg f(z)$ 会发生变化．如图 5.8 所示，当 z 沿 C 从 z_0 出发到 z_0 结束时，对应的函数 $w=f(z)$ 从 w_0 出发绕行两圈至 w_0 结束，$\arg f(z)$ 变化了 4π，于是得到

$$\frac{1}{2\pi\mathrm{i}}\int_C\frac{f'(z)}{f(z)}\mathrm{d}z=\frac{\varDelta_C\arg f(z)}{2\pi},\tag{5-18}$$

其中，$\varDelta_C \arg f(z)$ 表示 z 沿曲线 C 转动一周时 $\arg f(z)$ 的改变量.

注 对数留数表示当 z 沿曲线 C 转动一周时，函数 $w=f(z)$ 绕 $w=0$ 转动的圈数.

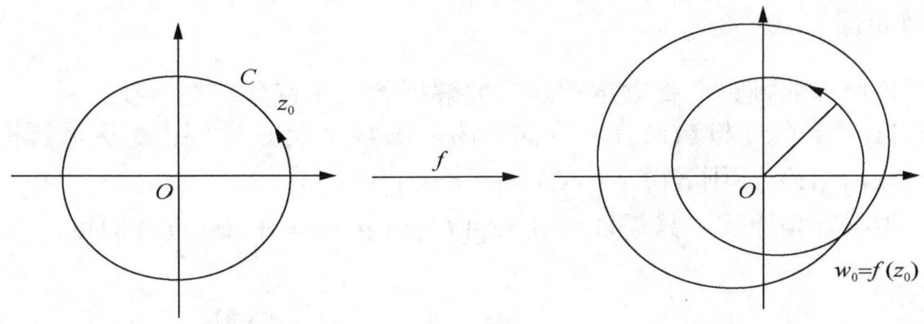

图 5.8

2. 辐角定理

结合引理 5.2 与对数留数的几何意义，得到**辐角原理**.

定理 5.10 若函数 $f(z)$ 在正向简单闭曲线 C 上解析且不为零，$f(z)$ 在 C 所围区域内只有极点，则

$$\frac{1}{2\pi \mathrm{i}}\int_C \frac{f'(z)}{f(z)}\mathrm{d}z = N(f,C)-P(f,C),$$

即

$$\frac{\varDelta_C \arg f(z)}{2\pi} = N(f,C)-P(f,C),$$

其中，$N(f,C)$ 表示 $f(z)$ 在 C 内的零点总数（m 阶零点按 m 个零点计算），$P(f,C)$ 表示 $f(z)$ 在 C 内的极点总数（n 阶极点按 n 个极点计算）.

若 $f(z)$ 在 C 内无极点，则

$$\frac{1}{2\pi \mathrm{i}}\int_C \frac{f'(z)}{f(z)}\mathrm{d}z = N(f,C) = \frac{\varDelta_C \arg f(z)}{2\pi},$$

即 $f(z)$ 在 C 内的零点个数与 z 沿曲线 C 转动一周时 $w=f(z)$ 绕 $w=0$ 转动的圈数相等.

证明 由引理 5.1 和引理 5.2 可知，$f(z)$ 的零点与极点都是 $\dfrac{f'(z)}{f(z)}$ 的一阶极点且个数都是有限的. 不妨设 $a_k\,(k=1,2,\cdots,q)$ 为 $f(z)$ 的零点，对应的阶数为 $m_k\,(k=1,2,\cdots,q)$，$b_j\,(j=1,2,\cdots,p)$ 为 $f(z)$ 的极点，对应的阶数为 $n_j\,(j=1,2,\cdots,p)$，根据留数定理，知

$$\begin{aligned}\frac{1}{2\pi \mathrm{i}}\int_C \frac{f'(z)}{f(z)}\mathrm{d}z &= \sum_{k=1}^{q}\operatorname*{Res}_{z=a_k}\left[\frac{f'(z)}{f(z)}\right]+\sum_{j=1}^{p}\operatorname*{Res}_{z=b_j}\left[\frac{f'(z)}{f(z)}\right]\\ &= \sum_{k=1}^{q} m_k + \sum_{j=1}^{p}(-n_j) = N(f,C)-P(f,C).\end{aligned}$$

又由式（5-18），可知

$$\frac{\varDelta_C \arg f(z)}{2\pi} = N(f,C)-P(f,C).$$

若 $f(z)$ 在 C 内无极点，则 $P(f,C)=0$ ，于是 $\dfrac{\varDelta_C \arg f(z)}{2\pi}=N(f,C)$. 证毕.

5.4.2 鲁歇定理

作为辐角原理的推论，鲁歇定理是研究解析函数零点分布的重要工具.

定理 5.11 若 $f(z)$ 与 $g(z)$ 在正向简单闭曲线 C 上及 C 所围内部区域解析，且在 C 上满足 $|f(z)|>|g(z)|$ ，则 $N(f+g,C)=N(f,C)$.

证明 根据辐角原理，只需证明 $\varDelta_C \arg[f(z)+g(z)]=\varDelta_C \arg f(z)$ 即可.

易得

$$\varDelta_C \arg[f(z)+g(z)]=\varDelta_C \arg\left\{f(z)\left[1+\frac{g(z)}{f(z)}\right]\right\}$$

$$=\varDelta_C \arg f(z)+\varDelta_C \arg\left[1+\frac{g(z)}{f(z)}\right].$$

下面只需证明 $\varDelta_C \arg\left[1+\dfrac{g(z)}{f(z)}\right]=0$. 注意到曲线 C 上，$|f(z)|>|g(z)|$ ，故 $|f(z)|>0$ ，

$$|f(z)+g(z)|\geqslant|f(z)|-|g(z)|>0 .$$

因为当 z 绕 C 转动一周时， $w=1+\dfrac{g(z)}{f(z)}$ 满足 $|w-1|=\left|\dfrac{g(z)}{f(z)}\right|<1$ ，w 的图形不绕 $w=0$ 转动，于是

$$\varDelta_C \arg\left[1+\frac{g(z)}{f(z)}\right]=0 .$$

因此

$$\varDelta_C \arg[f(z)+g(z)]=\varDelta_C \arg f(z) ,$$

即 $N(f+g,C)=N(f,C)$. 证毕.

注 若 $f(z)$ 与 $g(z)$ 在正向简单闭曲线 C 上及内部连续，在 C 内解析，则当曲线 C 上满足 $|f(z)|>|g(z)|$ 时，仍有结论 $N(f+g,C)=N(f,C)$.

例 5.30 试求方程 $z^8-5z^5-2z+1=0$ 在 $|z|<1$ 内根的个数.

解 令 $f(z)=-5z^5$, $g(z)=z^8-2z+1$,在 $|z|=1$ 上, $|f(z)|=5$, $|g(z)|=|z^8-2z+1|\leqslant 4$, $f(z)$ 与 $g(z)$ 在 $|z|\leqslant 1$ 上解析，由鲁歇定理，知

$$N(f+g,C)=N(f,C)=5 ,$$

故 $z^8-5z^5-2z+1=0$ 在 $|z|<1$ 内有 5 个根.

同样可以判断，方程 $z^5-7z^3+z+2=0$ 在 $|z|<1$ 内有 3 个根；方程 $z^6-6z+12=0$ 在 $|z|<1$ 内无根；方程 $z^7-5z^2+2z-1=0$ 在 $|z|<1$ 内有 2 个根.

例 5.31 证明代数学基本定理：

$$a_n z^n+a_{n-1}z^{n-1}+\cdots+a_1 z+a_0=0$$

在复平面内恰好有 n 个根.

证明 假设 $f(z)=a_nz^n$， $g(z)=a_{n-1}z^{n-1}+\cdots+a_1z+a_0$，对任意实数 R，有

$$R>\max\left\{1,\frac{|a_{n-1}|+\cdots+|a_1|+|a_0|}{|a_n|}\right\}:=K .$$

在 $|z|=R$ 上，

$$\begin{aligned}|g(z)|&=|a_{n-1}z^{n-1}+\cdots+a_1z+a_0|\\&\leqslant|a_{n-1}z^{n-1}|+\cdots+|a_1z|+|a_0|\\&\leqslant R^{n-1}(|a_{n-1}|+\cdots+|a_1|+|a_0|)\\&<R^n|a_n|=|f(z)| .\end{aligned}$$

由鲁歇定理知，$f(z)$ 与 $f(z)+g(z)$ 在 $|z|<R$ 内有相同的零点个数，而 $f(z)=a_nz^n$ 在 $|z|<R$ 内恰好有 n 个零点. 因此，方程 $a_nz^n+a_{n-1}z^{n-1}+\cdots+a_1z+a_0=0$ 在 $|z|<R$ 内恰好有 n 个根.

由 R 的任意性可得，方程 $a_nz^n+a_{n-1}z^{n-1}+\cdots+a_1z+a_0=0$ 在复平面内恰有 n 个根.

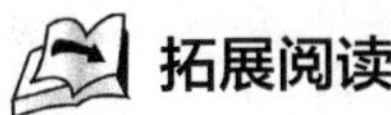 **拓展阅读**

留数的应用

复变函数理论不仅在数学物理方程中有着广泛的应用，而且在量子力学、量子统计物理学等分支中也有广泛的应用. 留数定理是处理复杂反常积分的常用方法，其关键在于构造恰当的积分路径. 下面我们举例说明留数定理在不同背景下的应用.

1. 留数定理在菲涅耳衍射中的应用

菲涅耳（Fresnel）衍射（或称近场衍射）是指在光源和障碍物间距离为有限远的情况下发生的衍射. 菲涅耳衍射可由小孔、狭缝等产生. 在菲涅耳衍射的研究过程中，光场中某点的振动可以表示为

$$E=C\int\frac{K(\theta)A(Q)}{r}\mathrm{e}^{\mathrm{i}(kr-wt)}\,\mathrm{d}s ,$$

该式就是菲涅耳衍射公式，直接计算该积分太复杂，通过傍轴近似及化简，可以将问题转化为菲涅耳积分 $\int_0^{+\infty}\sin x^2\mathrm{d}x$ 及 $\int_0^{+\infty}\cos x^2\mathrm{d}x$ 的计算（见例 5.27），构造积分路径并运用留数定理得到菲涅耳积分

$$\int_0^{+\infty}\cos x^2\mathrm{d}x=\int_0^{+\infty}\sin x^2\mathrm{d}x=\frac{\sqrt{2\pi}}{4} .$$

2. 留数定理在导热问题中的应用

在一维无源导热问题中，每个点任意时刻的温度可以用定解问题表述:

$$\begin{cases} u_t(x,t) = a^2 u_{tt}(x,t), \ -\infty < x < +\infty \\ u(x,0) = \varphi(x) \end{cases}.$$

为了求解该问题，首先对方程运用傅里叶变换，再运用傅里叶逆变换得到原定解问题的解，但在运算傅里叶逆变换过程中需要求解积分 $\frac{1}{\sqrt{2\pi}}\int_{-\infty}^{+\infty} e^{-a^2k^2t} e^{ikt} dk$.

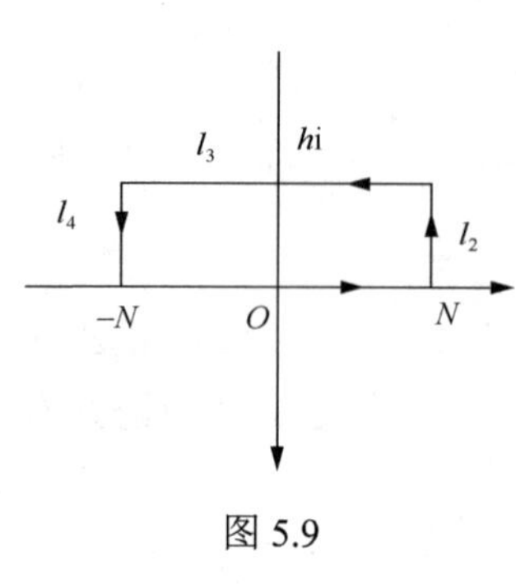

图 5.9

为了求解原函数对应的积分，构造辅助封闭曲线，如图 5.9 所示，根据留数定理，得

$$\int_{-N}^{N} e^{-ax^2+ibx} dx + \int_{l_2} e^{-az^2+ibz} dz + \int_{l_3} e^{-az^2+ibz} dz + \int_{l_4} e^{-az^2+ibz} dz = 0 .$$

而

$$\int_{l_2} e^{-az^2+ibz} dz \to 0, \quad \int_{l_4} e^{-az^2+ibz} dz \to 0 \quad (N \to \infty),$$

关于 l_3 上的积分，当 $x = \frac{1}{2}$ 时，取 $h = \frac{b}{2a}$，根据第二类欧拉积分公式，得到

$$\int_{l_3} e^{-az^2+ibz} dz \to -\sqrt{\frac{\pi}{a}} e^{-\frac{b^2}{4a}} \quad (N \to \infty).$$

于是

$$\int_{-\infty}^{+\infty} e^{-ax^2+ibx} dx = \sqrt{\frac{\pi}{a}} e^{-\frac{b^2}{4a}} .$$

3. 留数定理在电学问题中的应用

在同一平面内有一根无限长载流直导线和圆形载流导线，半径为 R，电流强度分别为 I_1, I_2，直线与圆心的距离为 a（$a > R$），求作用在圆电流上的磁力 $\boldsymbol{F}$.

根据安培定律与毕奥-萨伐尔公式，载流圆线圈所受的磁场力

$$\boldsymbol{F} = F_x \boldsymbol{i} + F_y \boldsymbol{j},$$

其中，F_x, F_y 分别为 $\boldsymbol{F}$ 在两坐标轴上的分量，而

$$F_x = \frac{\mu_0 I_1 I_2 R}{2\pi}\int_0^{2\pi} \frac{\cos\theta}{a + R\cos\theta} d\theta,$$

$$F_y = \frac{\mu_0 I_1 I_2 R}{2\pi}\int_0^{2\pi} \frac{\sin\theta}{a + R\cos\theta} d\theta,$$

易知 $F_y = 0$，故 $\boldsymbol{F} = F_x \boldsymbol{i}$.

令 $z = e^{i\theta}$，$\theta \in [0, 2\pi]$，则

$$\cos\theta = \frac{z + \frac{1}{z}}{2}, \quad \sin\theta = \frac{z - \frac{1}{z}}{2i}, \quad d\theta = \frac{1}{iz} dz .$$

于是

$$\int_0^{2\pi}\frac{\cos\theta}{a+R\cos\theta}\mathrm{d}\theta=\int_{|z|=1}\frac{\frac{z+\frac{1}{z}}{2}}{a+R\frac{z+\frac{1}{z}}{2}}\frac{1}{\mathrm{i}z}\mathrm{d}z$$

$$=\int_{|z|=1}\frac{z^2+1}{2az+Rz^2+R}\frac{1}{\mathrm{i}z}\mathrm{d}z$$

$$=\frac{1}{R\mathrm{i}}\int_{|z|=1}\frac{z^2+1}{z(z-z_1)(z-z_2)}\mathrm{d}z,$$

而

$$\operatorname*{Res}_{z=0}\left[\frac{z^2+1}{z(z-z_1)(z-z_2)}\right]=\left.\frac{z^2+1}{(z-z_1)(z-z_2)}\right|_{z=0}=1,$$

$$\operatorname*{Res}_{z=z_1}\left[\frac{z^2+1}{z(z-z_1)(z-z_2)}\right]=\left.\frac{z^2+1}{z(z-z_2)}\right|_{z=z_1}=\frac{-a}{\sqrt{a^2-R^2}},$$

其中，$z_1=\dfrac{-a+\sqrt{a^2-R^2}}{R}$，$z_2=\dfrac{-a-\sqrt{a^2-R^2}}{R}$．于是

$$\int_0^{2\pi}\frac{\cos\theta}{a+R\cos\theta}\mathrm{d}\theta=\frac{1}{R\mathrm{i}}\int_{|z|=1}\frac{z^2+1}{z(z-z_1)(z-z_2)}\mathrm{d}z$$

$$=\frac{2\pi}{R}[\operatorname*{Res}_{z=0}f(z)+\operatorname*{Res}_{z=z_1}f(z)]=\frac{2\pi}{R}\left(1+\frac{-a}{\sqrt{a^2-R^2}}\right).$$

因此，

$$\boldsymbol{F}=F_x\boldsymbol{i}=\mu_0I_1I_2\left(1+\frac{-a}{\sqrt{a^2-R^2}}\right)\boldsymbol{i}.$$

本 章 小 结

本章首先对函数的孤立奇点进行分类，然后给出有限孤立奇点与无穷远点留数的定义与计算方法，接着根据留数定理得到辐角原理，并进一步得到判断解析函数零点分布的重要工具——鲁歇定理．

1．孤立奇点 a 的分类

（1）借助洛朗级数展开式，根据负幂项的多少分类：

① 若展开式中无负幂项，则 a 为函数的可去奇点；

② 若展开式中有有限个负幂项，且分母最高次项为 $C_{-m}\dfrac{1}{(z-a)^m}$，则 a 为函数的 m 阶极点；

③ 若展开式中有无穷多负幂项，则 a 为函数的本性奇点.

（2）根据极限值分类：

① $\lim\limits_{z\to a} f(z)=C \Rightarrow a$ 为 $f(z)$ 的可去奇点；

② $\lim\limits_{z\to a} f(z)=\infty \Rightarrow a$ 为 $f(z)$ 的极点；

③ $\lim\limits_{z\to a} f(z)$ 不等于 C 也不为$\infty \Rightarrow a$ 为 $f(z)$ 的本性奇点.

2. *判断极点阶的方法*

（1）a 为 $f(z)$ 的 m 阶极点$\Leftrightarrow f(z)=\dfrac{1}{(z-a)^m}\phi(z)$，$\phi(z)$ 在 a 的邻域内解析且 $\phi(a)\neq 0$；

（2）将函数展开成洛朗级数

$$f(z)=C_{-m}\frac{1}{(z-a)^m}+\cdots+C_{-1}\frac{1}{z-a}+C_0+C_1(z-a)+\cdots,$$

在有限负幂项中找分母的最高幂次 m；

（3）a 为 $f(z)$ 的 m 阶极点$\Leftrightarrow$ a 为$\dfrac{1}{f(z)}$的 m 阶零点.

3. *判断零点的方法*

（1）将函数展开成泰勒级数，若

$$f(z)=c_m(z-a)^m+c_{m+1}(z-a)^{m+1}+\cdots,$$

则 a 为 $f(z)$ 的 m 阶零点；

（2）若 $f(a)=f'(a)=f''(a)=\cdots=f^{(m-1)}(a)=0$，$f^{(m)}(a)\neq 0$，则 a 为 $f(z)$ 的 m 阶零点，m 为零点的阶；

（3）a 为 $f(z)$ 的 m 阶零点的充要条件为 $f(z)=(z-a)^m\psi(z)$，其中，$\psi(z)$ 在 $|z-a|<\delta$ 内解析且 $\psi(a)\neq 0$.

4. *无穷远点的分类*

对孤立奇点 $z=\infty$，令 $t=\dfrac{1}{z}$，则 $z=\infty$ 的情形可以转化为 $t=0$ 的情形，于是得到无穷远点的分类.

（1）借助洛朗级数展开式，根据正幂项的多少进行分类：

① 若展开式中无正幂项，则 $z=\infty$ 是 $f(z)$ 的可去奇点；

② 若展开式中有有限个正幂项，则 $z=\infty$ 是 $f(z)$ 的 m 阶极点，阶 m 是最高正幂项的次数；

③ 若展开式中有无穷多个正幂项，则 $z=\infty$ 是 $f(z)$ 的本性奇点.

（2）根据极限值分类：

① $\lim\limits_{z\to\infty} f(z)=C \Rightarrow z=\infty$ 为 $f(z)$ 的可去奇点；

② $\lim\limits_{z\to\infty} f(z)=\infty \Rightarrow z=\infty$ 为 $f(z)$ 的极点；

③ $\lim\limits_{z\to\infty} f(z)$ 不等于 C 也不为 $\infty \Rightarrow z=\infty$ 为 $f(z)$ 的本性奇点.

（3）将 $z=\infty$ 情形转化为 $t=0$ 情形进行判断 $\left(令\ t=\dfrac{1}{z}\right)$：

① 若 $t=0$ 是 $f\left(\dfrac{1}{t}\right)$ 的可去奇点，则 $z=\infty$ 是 $f(z)$ 的可去奇点；

② 若 $t=0$ 是 $f\left(\dfrac{1}{t}\right)$ 的 m 阶极点，则 $z=\infty$ 是 $f(z)$ 的 m 阶极点；

③ 若 $t=0$ 是 $f\left(\dfrac{1}{t}\right)$ 的本性奇点，则 $z=\infty$ 是 $f(z)$ 的本性奇点.

5. 留数的定义及计算方法

1）函数在孤立奇点 a 处的留数

设函数 $f(z)$ 在圆环 $0<|z-a|<R$ 内解析，C 为圆环内任意正向简单闭曲线，则称 $\dfrac{1}{2\pi i}\int_C f(z)dz$ 为 $f(z)$ 在点 a 处的留数，记作 $\operatorname*{Res}\limits_{z=a} f(z)$，即 $\operatorname*{Res}\limits_{z=a} f(z)=\dfrac{1}{2\pi i}\int_C f(z)dz$.

根据 $\dfrac{1}{2\pi i}\int_C f(z)dz=c_{-1}$，将函数展开成洛朗级数，从而得到计算留数的方法.

（1）若 a 为 $f(z)$ 的可去奇点，则 $\operatorname*{Res}\limits_{z=a} f(z)=0$.

（2）若 a 为 $f(z)$ 的本性奇点，则将函数展开找 c_{-1} .

（3）若 a 为 $f(z)$ 的一阶极点：

① 若 $f(z)=\dfrac{1}{z-a}\phi(z)$，其中，$\phi(z)$ 在 $|z-a|<\delta$ 内解析且 $\phi(a)\neq 0$，则 $\operatorname*{Res}\limits_{z=a} f(z)=\phi(a)$；

② $\operatorname*{Res}\limits_{z=a} f(z)=\lim\limits_{z\to a}(z-a)f(z)$；

③ 若 $f(z)=\dfrac{P(z)}{Q(z)}$，$P(z),Q(z)$ 在 a 的邻域内解析，$P(a)\neq 0$，$Q(a)=0$，$Q'(a)\neq 0$，则

$$\operatorname*{Res}_{z=a} f(z)=\frac{P(a)}{Q'(a)}.$$

（4）当 a 为 $f(z)$ 的 $m\ (m\geqslant 2)$ 阶极点时：

① 若 $f(z)=\dfrac{1}{(z-a)^m}\phi(z)$，其中，$\phi(z)$ 在 $|z-a|<\delta$ 内解析且 $\phi(a)\neq 0$，则

$$\operatorname*{Res}_{z=a} f(z)=\frac{\phi^{(m-1)}(a)}{(m-1)!}.$$

② $\operatorname*{Res}\limits_{z=a} f(z)=\dfrac{1}{(m-1)!}\lim\limits_{z\to a}[(z-a)^m f(z)]^{(m-1)}$.

2）函数在无穷远点的留数

（1）定义：若函数 $f(z)$ 在 $0 \leqslant R < |z| < +\infty$ 内解析，C 为环内任一正向简单闭曲线，则称 $\frac{1}{2\pi i}\int_{C^-} f(z)dz$ 为函数 $f(z)$ 在“∞”处的留数，记作 $\operatorname*{Res}_{z=\infty} f(z)$，即

$$\operatorname*{Res}_{z=\infty} f(z) = \frac{1}{2\pi i}\int_{C^-} f(z)dz .$$

（2）无穷远点留数的计算方法：

① $\operatorname*{Res}_{z=\infty} f(z) = -\operatorname*{Res}_{z=0}\left[f\left(\frac{1}{z}\right)\frac{1}{z^2}\right]$；

② 将函数在圆环内展开成洛朗级数，找 $c_{-1}\frac{1}{z-a}$ 项，则 $\operatorname*{Res}_{z=\infty} f(z) = -c_{-1}$；

③ 若函数 $f(z)$ 在扩充复平面内除有限个孤立奇点 $a_1, a_2, \cdots, a_n, \infty$ 外解析，则

$$\operatorname*{Res}_{z=a_1} f(z) + \operatorname*{Res}_{z=a_2} f(z) + \cdots + \operatorname*{Res}_{z=a_n} f(z) + \operatorname*{Res}_{z=\infty} f(z) = 0 .$$

6. 留数定理及应用

留数定理：设函数 $f(z)$ 在曲线 C 所围内部除有限多个奇点 $a_1, a_2, \cdots, a_n$ 外解析，且在曲线 C 及除去有限多个奇点 $a_1, a_2, \cdots, a_n$ 外的区域内部连续，其中，C 为正向简单闭曲线，则

$$\int_C f(z)dz = 2\pi i[\operatorname*{Res}_{z=a_1} f(z) + \operatorname*{Res}_{z=a_2} f(z) + \cdots + \operatorname*{Res}_{z=a_n} f(z)] .$$

注　（1）第 3 章的柯西积分公式及高阶求导公式都是留数定理中积分的特殊情形，留数定理给出了求积分的新方法.

（2）留数定理在某些实积分的计算中会起到重要的作用，用常规方法难以解决的实积分如 $\int_0^{2\pi} R(\cos x, \sin x)dx$、$\int_{-\infty}^{+\infty}\frac{P(x)}{Q(x)}dx$ 及 $\int_{-\infty}^{+\infty}\frac{P(x)}{Q(x)}e^{imx}dx$ 等都可以用留数定理求解，求解的关键在于构造合理的积分路径.

7. 辐角原理及鲁歇定理

运用留数定理计算 $\frac{1}{2\pi i}\int_C \frac{f'(z)}{f(z)}dz$（对数留数），得到

$$\frac{1}{2\pi i}\int_C \frac{f'(z)}{f(z)}dz = N(f,C) - P(f,C)$$（零点个数与极点个数的差），

根据对数留数的几何意义，可知

$$\frac{1}{2\pi i}\int_C \frac{f'(z)}{f(z)}dz = \frac{\varDelta_C \arg f(z)}{2\pi} .$$

1）辐角原理

若函数 $f(z)$ 在正向简单闭曲线 C 上解析且不为零，在 C 所围区域内部只有极点，则

$$\frac{1}{2\pi i}\int_C \frac{f'(z)}{f(z)}dz = N(f,C) - P(f,C) ,$$

即

$$\frac{\Delta_C \arg f(z)}{2\pi} = N(f,C) - P(f,C),$$

其中，$N(f,C)$ 表示 $f(z)$ 在 C 内的零点总数（m 阶零点按 m 个零点计算）；$P(f,C)$ 表示 $f(z)$ 在 C 内的极点总数（n 阶极点按 n 个极点计算）.

若 $f(z)$ 在 C 内无极点，则

$$\frac{1}{2\pi \mathrm{i}}\int_C \frac{f'(z)}{f(z)}\mathrm{d}z = N(f,C) = \frac{\Delta_C \arg f(z)}{2\pi},$$

即零点个数与 $w = f(z)$ 绕 $w = 0$ 转动的圈数相同.

辐角原理表明，零点个数与极点个数的差与 z 沿曲线 C 转动一周时函数 $w = f(z)$ 绕 $w = 0$ 转动的圈数相等.

2）鲁歇定理

作为辐角原理的推论，鲁歇定理是研究解析函数零点分布的重要工具.

鲁歇定理：若 $f(z)$ 与 $g(z)$ 在正向简单闭曲线 C 及内部解析，且在 C 上满足 $|f(z)| > |g(z)|$，则 $N(f+g,C) = N(f,C)$.

【数学家那些事儿】

柯西（1789—1857）是位法国数学家，在分析学与数学物理方面卓有贡献，单复变函数论是他首创性的最重要的工作.

1802—1810 年期间是柯西的学习生涯，毕业之后他前往瑟堡从事海港建设. 在从事运河或港口工程等烦冗劳动的同时，他努力研读拉普拉斯的《天体力学》与拉格朗日的《解析函数论》. 根据拉格朗日的建议，他进行了多面体的研究，并于 1811—1812 年向科学院提交了两篇论文，主要讨论了以下问题:

（1）证明了凸正多面体只有五种（面数分别是 4,6,8,12,20），星形正多面体只有四种（面数是 12 的有三种，面数是 20 的有一种）;

（2）得到了欧拉关于多面体的顶点、面和棱的个数关系式的另一证明并加以推广;

（3）证明了各面固定的多面体必然是固定的，从此可导出从未证明过的欧几里得的一个定理.

这两篇论文在数学界产生了极大的影响. 柯西在瑟堡由于工作劳累而生病，于 1812 年回到巴黎. 在休养和担任工程师期间，他继续潜心研究数学，特别是代换理论，证明了一百多年未解决的问题: 费马关于多边形数的猜测，即任何正整数是个角形数的和; 用复变函数的积分计算实积分（这是复变函数论中柯西积分定理的出发点）; 研究液体表面波的传播问题等，并于 1815 年荣获法国科学院数学大奖. 柯西在担任巴黎大学力学教授时期建立了微积分的基础极限理论，阐明了极限理论; 研究了连续介质力学，建立了弹性理论的基础; 研究了复平面上的积分及留数计算，并应用于数学物理中的偏微分方程研究等.

柯西一生写了 789 篇数学论文. 他的著作《分析教程》《无穷小分析教程概述》《微积分在几何中的应用》为微积分奠定了基础，促进了数学的发展，成为数学教程的典

范. 牛顿和莱布尼茨发明微积分（即无穷小分析，简称分析）后，这门学科的理论基础还是模糊的. 为了进一步建立严格的理论，柯西成功地建立了极限论，如收敛的概念、连续函数的意义，以及无穷级数的收敛条件等，为分析学奠定了坚实的基础，是这一领域的先驱者.

习题 5

1．指出扩充复平面上函数的孤立奇点属于哪种类型，若是极点，指出极点的阶.

（1）$\dfrac{1}{(z-1)(z+2)}$，$z=1$，$z=-2$，$z=\infty$；　（2）$\dfrac{1}{z^2+1}$，$z=\pm\mathrm{i}$，$z=\infty$；

（3）$\mathrm{e}^{\frac{1}{z-1}}$，$z=1$，$z=\infty$；　（4）$\sin\dfrac{1}{z}$，$z=0$，$z=\infty$；

（5）$\dfrac{1}{(z^2+1)(1+\mathrm{e}^{\pi z})}$，$z=(1+2k)\mathrm{i}(k=0,\pm1,\pm2,\cdots)$；

（6）$\dfrac{\mathrm{e}^z\sin z}{z^2}$，$z=0$，$z=\infty$；　（7）$\mathrm{e}^{\frac{z}{1-z}}$，$z=1$，$z=\infty$；

（8）$\dfrac{\ln(z+2)}{z}$，$z=0$，$z=\infty$.

2．指出下列函数零点的阶.

（1）$z^2\mathrm{e}^{z^2}$；　（2）$5\sin z^3+z^3(z^6-6)$；

（3）$z\cos z^2$；　（4）$\sin(z-1)$.

3．设 a 为 $f(z)$ 的至少 n 阶零点，又是 $g(z)$ 的 m $(n<m)$ 阶零点，证明：

$$\lim_{z\to a}\frac{f(z)}{g(z)}=\frac{f^{(n)}(a)}{g^{(n)}(a)}.$$

4．已知 a 为 $f(z)$ 的 n 阶零点，又是 $g(z)$ 的 m 阶零点，则判断 a 是下列函数的几阶零点 $(n<m)$.

（1）$f(z)+g(z)$；　（2）$f(z)\cdot g(z)$；　（3）$\dfrac{g(z)}{f(z)}$.

5．求下列函数在有限孤立奇点处的留数.

（1）$\dfrac{1-\mathrm{e}^{2z}}{z^4}$；　（2）$\dfrac{2z}{z^2+3}$；　（3）$\mathrm{e}^{\frac{1}{z^2}}$；

（4）$z^2\sin\dfrac{1}{z}$；　（5）$\dfrac{\sin z-z}{z^3}$；　（6）$\dfrac{z+1}{z^2+z-2}$.

6．求函数在无穷远点处的留数.

（1）$\sin\dfrac{1}{z}$；　（2）$\dfrac{1}{(z-2)(z+3)}$；　（3）$\mathrm{e}^{\frac{1}{z-1}}$；

（4）$\dfrac{e^z}{z^2-1}$；　　（5）$\dfrac{1+z^3}{(z^2+2)^2}$；　　（6）$\dfrac{e^{2z}}{(z-1)^2}$．

7．用留数定理计算下列积分．

（1）$\displaystyle\int_{|z-1|=\frac{1}{3}}\frac{1}{(z-1)(z-2)^3}dz$；　　（2）$\displaystyle\int_{|z|=3}\tan\pi z dz$；

（3）$\displaystyle\int_{|z|=\frac{1}{2}}\frac{1}{z(z^4+4)}dz$；　　（4）$\displaystyle\int_{|z|=1}\frac{\sin z}{z^3}dz$；

（5）$\displaystyle\int_{|z|=2}\frac{\sin z^3}{1-\cos z}dz$；　　（6）$\displaystyle\int_{|z|=6}\frac{z^{15}}{(z^2+6)(z^4+1)^3}dz$；

（7）$\displaystyle\int_{|z|=1}\frac{e^z\sin z}{z^2}dz$；　　（8）$\displaystyle\int_{|z|=1}\frac{z-\sin z}{2z^4}dz$；

（9）$\displaystyle\int_{\left|z-\frac{3}{2}\right|=1}\frac{z(\sin z+2)}{\sin z}dz$；　　（10）$\displaystyle\int_{|z|=2}\frac{e^{2z}}{(z-1)^2}dz$．

8．计算下列积分．

（1）$\displaystyle\int_0^{2\pi}\frac{1}{2+\cos\theta}d\theta$；　　（2）$\displaystyle\int_{-\pi}^{\pi}\frac{1}{5+3\sin\theta}d\theta$；

（3）$\displaystyle\int_0^{+\infty}\frac{x^2}{1+x^4}dx$；　　（4）$\displaystyle\int_{-\infty}^{+\infty}\frac{1}{x^4+10x^2+9}dx$；

（5）$\displaystyle\int_{-\infty}^{+\infty}\frac{1}{(1+x^2)^2}dx$；　　（6）$\displaystyle\int_0^{\pi}\frac{\cos 2\theta}{1-2a\cos\theta+a^2}d\theta\ (a^2<1)$；

（7）$\displaystyle\int_{-\infty}^{+\infty}\frac{\cos x}{x^4+4x+5}dx$；　　（8）$\displaystyle\int_{-\infty}^{+\infty}\frac{x\sin x}{1+x^2}dx$；

（9）$\displaystyle\int_{-\infty}^{+\infty}\frac{1}{x^2+2x+2}dx$．

9．证明：方程 $e^z=az^n\ (a>e)$ 在 $|z|<1$ 内有 n 个根．

10．判断方程 $z^8+5z^5-2z+1=0$ 在 $|z|<1$ 内的根的个数．

读书无疑者，须教有疑，有疑者，却要无疑，到这里方是长进.

——朱熹

第6章　共形映射

➢　共形映射的起源

早在 1825 年，高斯就解决了从一个平面到另一个平面的共形变换的一般性问题（该问题源于绘制地图）. 虽然高斯没有用复变函数理论推导，但得到了共形映射是由任何一个解析函数 $f(z)$ 建立的结果.

1847 年，数学家柯西在巴黎科学院院刊上发表了关于单复变量解析函数的论文，黎曼洞察到这一新的数学理论，于是开始潜心研究柯西的论文，并深入思考提出了他在这个专题上的新见解，1851 年，黎曼完成了博士论文《单复变量函数的一般理论的基础》，在论文的结尾处给出了函数论在共形变换中的几个应用. 黎曼知道解析函数建立了从 z 平面到 w 平面的共形变换，但他更加关注的是如何将此结论推广到黎曼面，这在共形变换理论中开辟了新篇章.

黎曼在博士论文的结尾给出了这样的定理：两个给定的单连通平面区域（包括黎曼面上的单连通区域）可以一对一地，并且保形地相互映射. 某一曲面的一个内点和一个边界点可以对应到另一个曲面上的任意选取的一个内点和边界点，整个映射便由此确定了. 该定理实际上给出了这样的基本结论——黎曼映射定理：给定任何一个单连通区域 D，它的边界不止一个点，又给定了这个区域内的一点 A 及在这点的一个方向 T，那么存在一个函数 $w=f(z)$，在 D 内解析并保形地一对一地把 D 映射到 w 平面上圆心在原点、半径为 1 的圆内. 在这个映射下，A 变到原点，T 变到实轴正方向.

黎曼运用狄利克雷原理证明了黎曼映射定理，由于该原理当时已被发现有瑕疵，所以数学家们开始努力寻求新的证明方法. 1870 年，施瓦茨（Schwarz）证明了可以将一个单连通平面区域共形映射到一个圆. 但遗憾的是，该结论不能处理多叶的单连通区域问题.

黎曼映射定理是复变函数几何理论的基础，根据该定理，单连通区域内的解析函数常常可以化到单位圆内去研究. 虽然黎曼映射定理的证明尚未最后解决，却得到了共形映射的一些特殊结果，比如，如何把 z 平面上的多边形及其内部共形映射到 w 平面的上半平面等.

前几章从解析函数的判定、积分、级数及留数等方面研究了解析函数，本章从几何的角度讨论解析函数. 通过解析函数导数的辐角和模的几何意义，引出共形映射，进而介绍简单的共形映射——分式线性映射和初等函数的性质. 共形映射可将复杂的区域转化为简单易研究的区域，这在实际问题的研究中起着非常重要的作用.

6.1 分式线性映射

分式线性映射是比较简单的共形映射，通过对保角性、保圆性与保对称性的研究，分式线性映射可以将一个区域转化成另一个区域，尤其边界是圆弧或直线的区域可以相互转化，这为实际问题的解决提供了有力的工具.

6.1.1 共形映射的定义及性质

根据导数的几何意义，我们得到解析函数的重要性质.

定理 6.1 若解析函数 $w=f(z)$ 在区域 D 内有定义，对 $\forall z_0\in D$， $f'(z_0)\neq 0$，则

（1）过 z_0 的两条曲线的夹角与对应像曲线在 w_0 处的夹角大小相等，方向相同——保角性;

（2）曲线 C 上过 z_0 的弧段与像曲线 Γ 上过 w_0 对应弧段的长近似成比例，比例值 $|f'(z_0)|$ 与曲线 C 的形状、方向无关——保伸缩率.

基于保角性与保伸缩率不变性，我们得到共形映射的定义.

定义 6.1 若映射在某点具有保角性和伸缩率不变性，则称映射在该点是共形映射；若映射在区域 D 内的每点都是共形映射，则称该映射在区域 D 内是共形映射.

显然，定理 6.1 中的解析函数是共形映射.

根据共形映射的定义，有

（1）若 $|z-z_0|=r$，则 $w=f(z)$ 仍表示圆：$|w-w_0|\approx|f'(z_0)|r$；

（2）若在 z_0 的小邻域内有三角形，则 $w=f(z)$ 仍表示三角形，其对应边近似成比例，如图 6.1 所示.

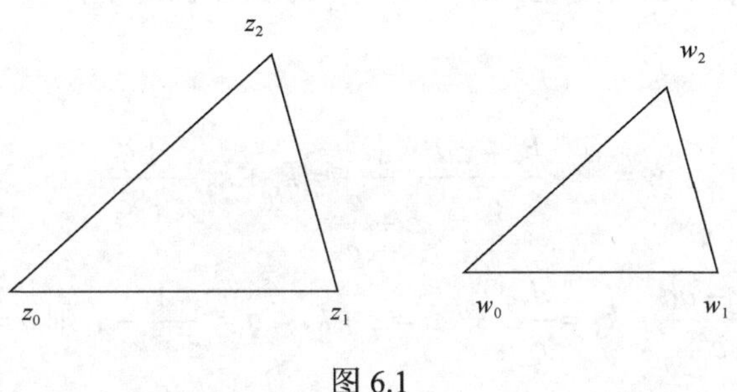

图 6.1

6.1.2 分式线性映射的定义及性质

思考

（1）什么是分式线性映射？分式线性映射有哪些特性？

（2）为什么要讨论分式线性映射，有什么作用？

（3）怎样确定分式线性映射？

观察映射 $w=az+b$ $(a,b$ 为复常数)，它具有平移、旋转和伸缩的性质．平移性显

然，不再赘述，下面分析旋转、伸缩的性质.

令 $\alpha \neq 0$ ，$z = r\mathrm{e}^{\mathrm{i}\theta}$ ，$\alpha = \rho\mathrm{e}^{\mathrm{i}\phi}$ ，则 $\alpha z = r\rho\mathrm{e}^{\mathrm{i}(\theta+\phi)}$ ，若 $\rho > 1$ ，则将 $|z| = r$ 伸长 ρ 倍；若 $0 < \rho < 1$ ，则将 $|z| = r$ 缩短 ρ 倍；若 $\phi > 0$ ，则将 θ 逆时针旋转 ϕ 角度；若 $\phi < 0$ ，则将 θ 顺时针旋转 ϕ 角度，故 αz 表示对复数 z 的伸缩与旋转.

定义 6.2　若函数 $w = \dfrac{az+b}{cz+d}$（a,b,c,d 为复常数）且 $ad - bc \neq 0$ ，由该函数确定的映射称为分式线性映射．若 $c = 0$ ，则分式线性映射便具有 $w = az + b$ 的形式，称该形式为整式线性映射.

定义 6.2 中的 $ad - bc \neq 0$ 是不可缺少的，因为当 $ad - bc = 0$ 时，有

$$\frac{\mathrm{d}w}{\mathrm{d}z} = \frac{ad - bc}{(cz+d)^2} = 0 ,$$

即 $w = C$ ，也就是函数 $f(z)$ 将除去点 $z = -\dfrac{d}{c}$ 外的复平面映射成一个点，而我们需要研究更一般的情形.

若 $w = \dfrac{az+b}{cz+d}$ 是分式线性映射，则逆映射

$$z = \frac{-dw+b}{cw-a} \quad (ad - bc \neq 0)$$

明显也是分式线性映射．为了讨论分式线性映射的几何性质，将其分解成具有平移、伸缩旋转及反演的映射，并研究这三个特殊映射的共性.

当 $c = 0$ 时 $w = \dfrac{a}{d}z + \dfrac{b}{d}$ ，即

$$w = \alpha z + \beta , \quad \alpha = \frac{a}{d}, \quad \beta = \frac{b}{d} ,$$

令 $\xi = \alpha z$ ，则 $w = \xi + \beta$ ，也就是说，$w = \alpha z + \beta$ 可以分解为平移 $(\xi + \beta)$ 与伸缩旋转 (αz) 映射.

当 $c \neq 0$ 时，有

$$w = \frac{a}{c} + \frac{bc - ad}{c^2}\frac{1}{z + \dfrac{d}{c}} = k_1 + k_2\frac{1}{z + k_3} ,$$

其中，$k_1 = \dfrac{a}{c}$，$k_2 = \dfrac{bc - ad}{c^2}$，$k_3 = \dfrac{d}{c}$．令 $p = z + k_3$ ，$q = \dfrac{1}{z + k_3}$ ，则 $q = \dfrac{1}{p}$，$w = k_1 + k_2 q$ ，故 $c \neq 0$ 时，w 可以分解为平移、伸缩旋转及反演映射 $q = \dfrac{1}{p}$ 三种形式.

综上所述，分式线性映射可以分解成如下三种形式：

（1）平移映射 $w = z + b$ ；

（2）伸缩旋转映射 $w = kz$ ；

（3）反演映射 $w = \dfrac{1}{z}$.

下面，讨论这三种简单映射的性质.

1. 保角性

因为$(z+b)'=1$，$(kz)'=k\ (k\neq 0)$，所以映射（1）、（2）在复平面解析且导数不为零，映射（3）在除去$z=0$外解析且$\left(\dfrac{1}{z}\right)'=-\dfrac{1}{z^2}\neq 0$，故（1）～（3）都是共形映射，具有保角性. 在扩充的复平面内，规定：映射$w=\dfrac{1}{z}$将$z=\infty$映射成$w=0$，映射$z=\dfrac{1}{w}$当$w=\infty$时对应$z=0$．于是，扩充的复平面内在无穷远处相交的两曲线的交角与两曲线在$w=\dfrac{1}{z}$映射下像曲线在原点的交角一致．因此，在扩充复平面内，（1）～（3）都是一一映射，均具有保角性.

2. 保圆性

在复平面上，映射（1）、（2）都将圆或直线映射成圆或直线，若将直线看作半径为无穷大的圆，则映射（1）、（2）都将圆映射成圆，这种特性称为保圆性.

下面讨论映射（3）是否具有保圆性.

设$z=x+\mathrm{i}y$，则

$$w=\frac{1}{z}=\frac{x}{x^2+y^2}+\mathrm{i}\frac{-y}{x^2+y^2}=u+\mathrm{i}v,$$

于是

$$u=\frac{x}{x^2+y^2},\qquad v=\frac{-y}{x^2+y^2},$$

或者

$$x=\frac{u}{u^2+v^2},\qquad y=\frac{-v}{u^2+v^2}.$$

因此，映射$w=\dfrac{1}{z}$将方程

$$A(x^2+y^2)+Bx+Cy+D=0$$

变成方程

$$D(u^2+v^2)+Bu-Cv+A=0.$$

若$A=D=0$，则$w=\dfrac{1}{z}$将直线映射成直线；若$A\neq 0$，$D\neq 0$，则$w=\dfrac{1}{z}$将圆映射成圆；若$A=0$，$D\neq 0$，则$w=\dfrac{1}{z}$将直线映射成圆；若$A\neq 0$，$D=0$，则$w=\dfrac{1}{z}$将圆映射成直线. 若把直线看作半径为无穷大的圆，则$w=\dfrac{1}{z}$可以把圆映射成圆，即$w=\dfrac{1}{z}$具有保圆性.

分式线性映射是由（1）～（3）三种映射复合而成的，并且这三种映射在扩充的复平面内都是1-1映射．于是，分式线性映射是共形映射，具有下列性质：

性质 1 分式线性映射在扩充的复平面内具有保角性.

性质 2 分式线性映射将扩充的 z 平面内的圆映射成扩充的 w 平面内的圆，即分式线性映射具有保圆性.

性质 3 分式线性映射在扩充的复平面内是一一映射.

由分析可知，若给定的圆或直线上的点没有被映射成无穷远点，则圆或直线便被映射成半径有限的圆；否则，圆或直线被映射成直线.

3. 保对称性

下面，为了证明分式线性映射具有保对称性，首先定义点关于圆的对称性.

定义 6.3 已知圆 C: $|z-z_0|=R$，若以 z_0 为起点的射线上的两点 z_1,z_2 满足

$$|z_0z_1|\cdot|z_0z_2|=R^2,$$

则称 z_1 与 z_2 关于圆 C 对称，如图 6.2 所示.

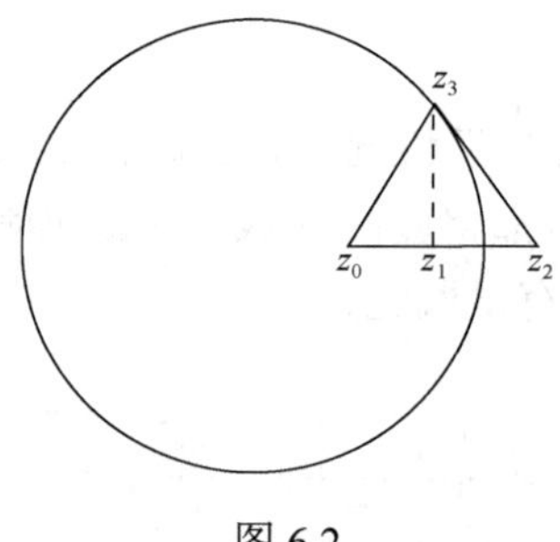

图 6.2

由对称点的定义可知，

$$z_1 \text{ 与 } z_2 \text{ 关于圆 } C \text{ 对称} \Leftrightarrow z_2-z_0=\frac{R^2}{\overline{z_1-z_0}}.$$

易知 z 与 $\dfrac{1}{\overline{z}}$ 关于 $|z|=1$ 对称.

z_1 与 z_2 关于圆 C 对称的几何意义：在圆上任取一点 z_3，作 z_2z_3 与圆 C 相切，z_3 为切点，过 z_3 作 z_3z_1 垂直于 z_0z_2，垂足为 z_1，则 $\triangle z_0z_1z_3$ 与 $\triangle z_0z_3z_2$ 相似，于是

$$|z_0z_1|\cdot|z_0z_2|=R^2=|z_0z_3|^2.$$

规定：圆心与无穷远点关于圆对称.

下面给出圆的对称点和圆的正交性的关系.

定理 6.2 z_1 与 z_2 关于圆 C 对称的充要条件为圆 C 与过 z_1,z_2 的任意圆 C_k 正交.

证明 **必要性** 设 C: $|z-z_0|=R$，过圆 C_k 外一点 z_0 作圆的切线段 z_0z_3，如图 6.3 所示，切点为 z_3，由切割线定理，得

$$|z_0z_3|^2=|z_0z_1|\cdot|z_0z_2|.$$

z_1 与 z_2 关于圆 C 对称，故

$$|z_0z_1|\cdot|z_0z_2|=R^2,$$

于是 $|z_0z_3|=R$，即 z_3 在圆 C 上. 又由对称点的几何意义，可知 z_2z_3 是圆 C 的切线段，

过 z_3 的两圆切线互相垂直，故圆 C 与 C_k 正交.

充分性　圆 C 与过 z_1, z_2 的任意圆 C_k 正交，若 C_k 是过 z_1, z_2 的一条直线，则必过圆 C 的圆心 z_0. 于是，z_0, z_1, z_2 在同一直线上. 因为 C 与 C_k 正交于点 z_3，所以

$$|z_0z_3|^2 = |z_0z_1| \cdot |z_0z_2|,$$

而 $|z_0z_3| = R$. 于是

$$|z_0z_1| \cdot |z_0z_2| = R^2,$$

即 z_1 与 z_2 关于圆 C 对称.

图 6.3

根据定理 6.2，得到分式线性映射的对称性结论.

性质 4　若 z_1, z_2 是关于圆 C 的对称点，则它们在分式线性映射下的像 w_1, w_2 关于圆 Γ 也是对称的.

证明　因为 z_1, z_2 关于圆 C 对称，根据定理 6.2，圆 C 与过 z_1, z_2 的任意圆 C_k 正交，由分式线性映射的保角性与保圆性可知，对应的像圆 Γ 与像圆 Γ_k 也是正交的. 于是，z_1, z_2 对应的像点 w_1, w_2 关于圆 C 的像圆 Γ 也是对称的.

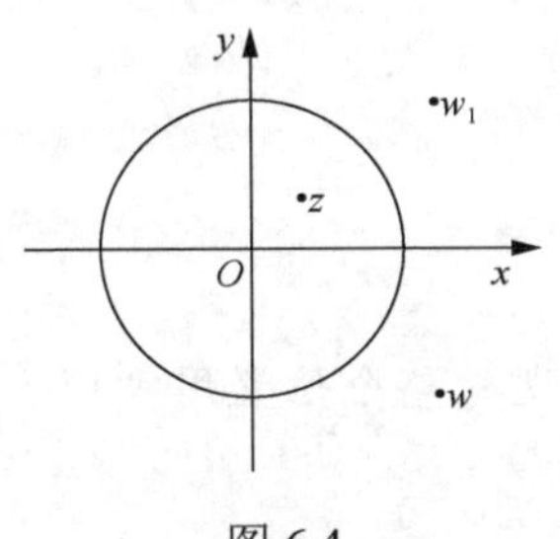

图 6.4

为了后文理解方便，先来讨论映射 $w = \dfrac{1}{z}$ 的对称点问题.

令 $w_1 = \dfrac{1}{\overline{z}}$，则 $w = \overline{w_1}$. 于是 $z\overline{w} = 1$，即 z 与 w_1 关于圆 $|z| = 1$ 对称，而 w_1 与 w 关于 x 轴对称，从而得到 z 关于映射 $w = \dfrac{1}{z}$ 的对称点 w，如图 6.4 所示.

6.1.3　分式线性映射的确定

1. 分式线性映射的计算

前面研究了分式线性映射的重要性质，那么，如何确定分式线性映射呢？注意到

$$w = \frac{az+b}{cz+d} \tag{6-1}$$

中的四个常数 a,b,c,d 中必有不为零的数，若用不为零的数去除式（6-1），则式（6-1）可以用三个自由常数表示.

定理 6.3　在扩充的 z 平面上任取三个不同点 z_1, z_2, z_3，在扩充的 w 平面上任取三个不同点 w_1, w_2, w_3，则存在唯一的分式线性映射，且

$$\frac{w-w_1}{w-w_2} : \frac{w_3-w_1}{w_3-w_2} = \frac{z-z_1}{z-z_2} : \frac{z_3-z_1}{z_3-z_2}. \tag{6-2}$$

证明　若 z_1, z_2, z_3 均为有限点，代入 $w = \dfrac{az+b}{cz+d}$ 中，得到

$$w_k = \frac{az_k+b}{cz_k+d},\ k = 1,2,3.$$

于是

$$w-w_1=\frac{(z-z_1)(ad-bc)}{(cz+d)(cz_1+d)},$$

$$w-w_2=\frac{(z-z_2)(ad-bc)}{(cz+d)(cz_2+d)},$$

$$w_3-w_1=\frac{(z_3-z_1)(ad-bc)}{(cz_3+d)(cz_1+d)},$$

$$w_3-w_2=\frac{(z_3-z_2)(ad-bc)}{(cz_3+d)(cz_2+d)}.$$

因此，式（6-2）就是所确定的分式线性映射，注意到计算过程中映射都是1-1映射，故分式线性映射是唯一的.

若 z_1,z_2,z_3 及 w_1,w_2,w_3 中有一个为无穷远点，不妨设 $z_1=\infty$，则取有限点 z_1'，有

$$\frac{w-w_1}{w-w_2}:\frac{w_3-w_1}{w_3-w_2}=\frac{z-z_1'}{z-z_2}:\frac{z_3-z_1'}{z_3-z_2}.$$

令 $z_1'\to\infty$，有

$$\frac{w-w_1}{w-w_2}:\frac{w_3-w_1}{w_3-w_2}=\lim_{z_1'\to\infty}\frac{z-z_1'}{z-z_2}:\frac{z_3-z_1'}{z_3-z_2}=\frac{z_3-z_2}{z-z_2}.$$

证毕.

注　在实际计算过程中，若某一项为无穷远点，则把该项出现的整个位置用“1”代替. 例如，当 $w_2=\infty$ 时，

$$\frac{w-w_1}{1}:\frac{w_3-w_1}{1}=\frac{z-z_1}{z-z_2}:\frac{z_3-z_1}{z_3-z_2};$$

当 $z_3=\infty$ 时，

$$\frac{w-w_1}{w-w_2}:\frac{w_3-w_1}{w_3-w_2}=\frac{z-z_1}{z-z_2}:\frac{1}{1}.$$

例 6.1　已知 $z_1=-1$，$z_2=0$，$z_3=1$ 对应 $w_1=\mathrm{i}$，$w_2=-1$，$w_3=-\mathrm{i}$，试求把 $z_i\,(i=1,2,3)$ 映射成 $w_i\ (i=1,2,3)$ 的分式线性映射.

解　由式（6-2），可知

$$\frac{w-\mathrm{i}}{w+1}:\frac{-\mathrm{i}-\mathrm{i}}{-\mathrm{i}+1}=\frac{z+1}{z-0}:\frac{1+1}{1-0},$$

解得 $w=\dfrac{1+\mathrm{i}z}{\mathrm{i}z-1}$，该式把单位圆映射成单位圆.

例 6.2　已知 $z_1=-1$，$z_2=0$，$z_3=1$ 对应 $w_1=-1$，$w_2=-\mathrm{i}$，$w_3=1$，试求把 $z_i\,(i=1,2,3)$ 映射成 $w_i\ (i=1,2,3)$ 的分式线性映射，并指出该映射把 z 平面的实轴映射成什么图形.

解　由式（6-2），可知

$$\frac{w+1}{w+\mathrm{i}}:\frac{1+1}{1+\mathrm{i}}=\frac{z+1}{z-0}:\frac{1+1}{1-0},$$

化简，得 $w=\dfrac{z-\mathrm{i}}{1-\mathrm{i}z}$. 因为分式线性映射具有保圆性，所以 $w=\dfrac{z-\mathrm{i}}{1-\mathrm{i}z}$ 把半径为无穷大的圆映射成圆，注意到该直线经过 $-1\to 0\to 1$. 于是圆过 $-1\to -\mathrm{i}\to 1$，即该映射把实轴映射成 w 平面上的单位圆.

例 6.3 求把 $z_1=1$，$z_2=\mathrm{i}$，$z_3=-\mathrm{i}$ 分别映射成 $w_1=0, w_2=1, w_3=\infty$ 的分式线性映射.

解 对应的分式线性映射满足

$$\frac{w-0}{w-1}:\frac{1}{1}=\frac{z-1}{z-\mathrm{i}}:\frac{-\mathrm{i}-1}{-\mathrm{i}-\mathrm{i}},$$

化简，得 $w=\mathrm{i}\dfrac{1-z}{1+z}$ 为所求的分式线性映射.

2. 分式线性映射对应区域的确定

（1）分式线性映射把圆映射成圆.

因为分式线性映射具有保圆性，可把半径为有限的圆或直线映射成圆. 故只需在圆 C 和圆 Γ 上分别任取三点，代入式（6-2），即可得到确定的分式线性映射.

（2）已知分式线性映射把圆映射成圆，那么把圆内的区域映射到圆内还是圆外？这里介绍三种确定区域的方法：

① 在圆 C 内任取一点 z_0，通过分式线性映射后，若对应点 w_0 落在圆 Γ 内，则映射把圆内区域映射到圆内；若 w_0 落在 Γ 外，则映射把圆内区域映射到圆外.

② 在圆 C 上任取三点 $z_i\ (i=1,2,3)$，当 z 沿着 $z_1\to z_2\to z_3$ 方向绕行时区域在左侧（右侧），对应的 w 沿 $w_1\to w_2\to w_3$ 绕行时区域仍在左侧（右侧），则映射把圆内区域仍映射到圆内，否则把圆内区域映射到圆外.

③ 根据分式线性映射的保角性，在圆 C 上取定一点 z_1，在过 z_1 的半径方向上取点 z，则对应于 z_1 的像 w_1 在 Γ 上. 若对应于 z_1z 的像仍在圆 Γ 内，则映射把圆内区域映射到圆内，否则把圆内区域映射到圆外，如图 6.5 所示.

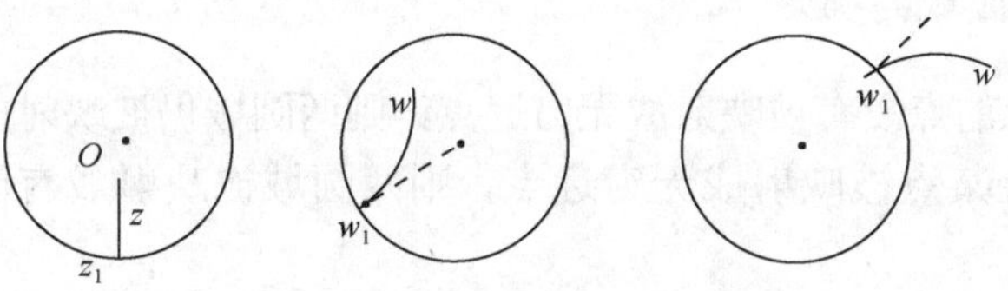

图 6.5

注 不可能出现把圆 C 内图形一部分映射到圆 Γ 内，另一部分映射到圆 Γ 外的情况. 如图 6.6 所示，在圆 C 内取直线段 z_1z_2，若映射后 $\overset{\frown}{w_1w_2}$ 一部分在 Γ 内，另一部分在 Γ 外，则 $\overset{\frown}{w_1w_2}$ 与 Γ 必有交点 P，因为分式线性映射把边界点映射成边界点，所以 P 对应的原像必在圆 C 上，但 $\overset{\frown}{w_1w_2}$ 对应的原像却是 C 内的直线段 z_1z_2 上的点，这与分式线性映射是一一对应的结论相矛盾.

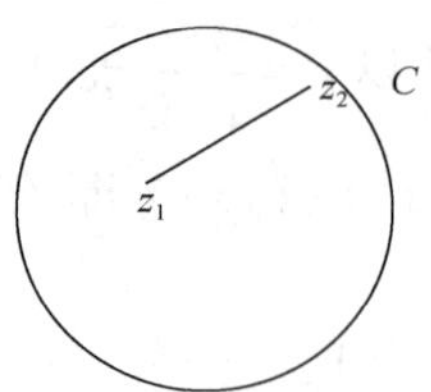

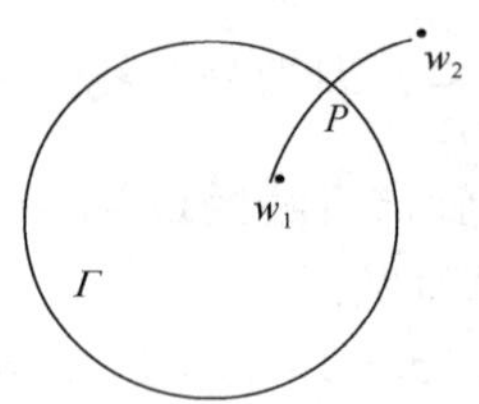

图 6.6

例 6.4 已知分式线性映射将 $z_1=-1$，$z_2=0$，$z_3=1$ 分别映射成 $w_1=1$，$w_2=\mathrm{i}$，$w_3=-1$，则该映射将单位圆域 $|z|<1$ 映射成什么图形？

解 因为

$$\frac{w-1}{w-\mathrm{i}}:\frac{-1-1}{-1-\mathrm{i}}=\frac{z+1}{z-0}:\frac{1+1}{1-0},$$

化简，得 $w=\dfrac{z-\mathrm{i}}{\mathrm{i}z-1}$，当 $z=\mathrm{i}$ 时 $w=0$，故在 $C:|z|=1$ 上依次取 $1,\mathrm{i},-1$，则对应 w 平面上点 $-1,0,1$，于是该映射将 $|z|=1$ 映射成 w 平面上的实轴．当 z 沿 $1\to\mathrm{i}\to-1$ 方向绕行时区域 $|z|<1$ 在左侧，故 w 平面上沿 $-1\to0\to1$ 绕行时区域在直线的上侧，如图 6.7 所示．

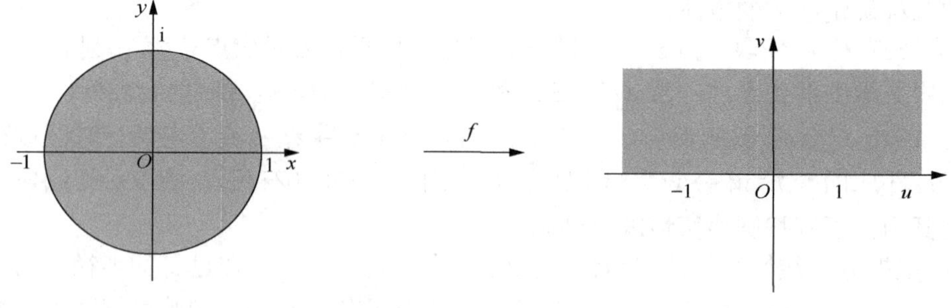

图 6.7

3. 两圆域对应区域的确定

（1）若两圆周上的点没有被映射成无穷远点，则两圆域仍被映射成半径有限的两圆域；

（2）若两圆周上某点被映射成无穷远点，则两圆域被映射成有限圆周与直线所构成的区域；

（3）若两圆 C_1,C_2 相交于两点，其中一个交点被映射成无穷远点，则 C_1,C_2 相交所构成的区域被映射成角形域，如图 6.8 所示．

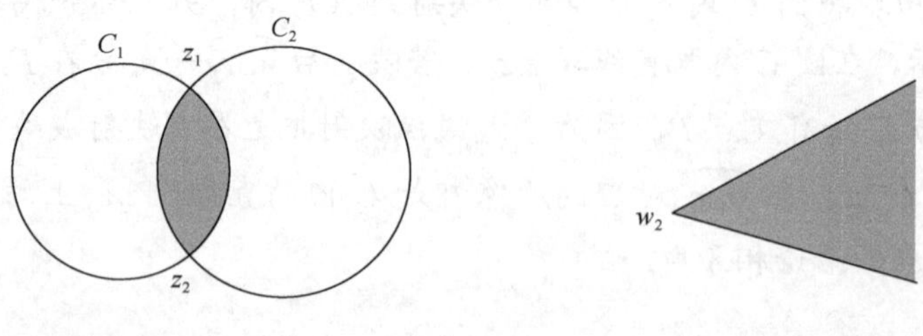

图 6.8

例 6.5　试求映射 $w=\dfrac{z-\mathrm{i}}{z+\mathrm{i}}$ 将圆 $C_1:|z-1|=\sqrt{2}$ 与圆 $C_2:|z+1|=\sqrt{2}$ 的交集部分映射成什么区域.

解　如图 6.9 所示，易知 C_1,C_2 相交于 $\mathrm{i},-\mathrm{i}$．当 $z=\mathrm{i}$ 时 $w=0$，当 $z=-\mathrm{i}$ 时 $w=\infty$，于是 $w=\dfrac{z-\mathrm{i}}{z+\mathrm{i}}$ 将两圆的交集部分映射成 w 平面上顶点在原点的角形域．注意到过 i 的两圆的切线互相垂直，故映射后的像的角形域夹角为 $\dfrac{\pi}{2}$．为了确定角形域的具体位置，取 C_2 上的点 $z_1=\sqrt{2}-1$，则

$$w_1=\frac{\sqrt{2}-1-\mathrm{i}}{\sqrt{2}-1+\mathrm{i}}=\frac{(1-\sqrt{2})-\mathrm{i}(\sqrt{2}-1)}{2-\sqrt{2}},$$

在第三象限的角平分线 Γ_2 上．在 C_1 上取 $z_2=1-\sqrt{2}$，则

$$w_2=\frac{1-\sqrt{2}-\mathrm{i}}{1-\sqrt{2}+\mathrm{i}}=\frac{(1-\sqrt{2})-\mathrm{i}(1-\sqrt{2})}{2-\sqrt{2}},$$

在第二象限的角平分线 Γ_1 上，故映射将区域边界 C_1 映射成 Γ_1，将区域边界 C_2 映射成 Γ_2，Γ_1 与 Γ_2 构成的图形是顶点在原点、夹角为 $\dfrac{\pi}{2}$ 的角形域.

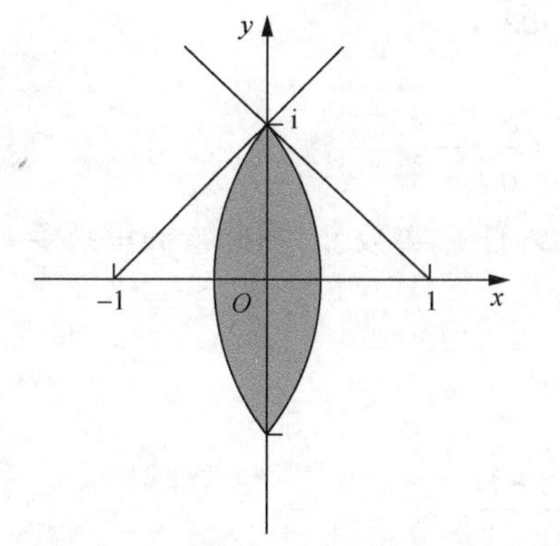

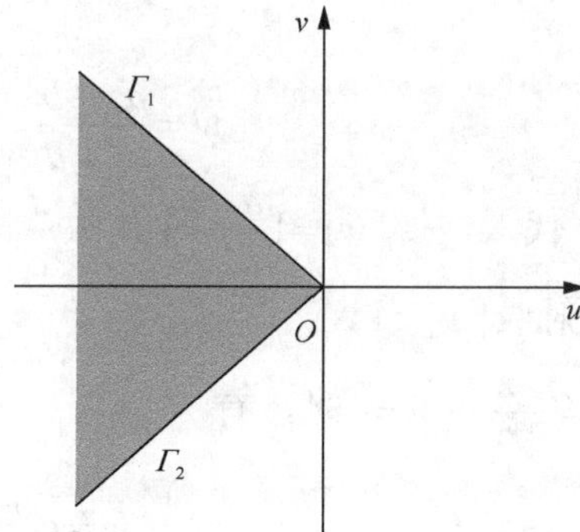

图 6.9

6.1.4　几类重要的分式线性映射

1. 将上半平面 $\mathrm{Im}\,z>0$ 映射成上半平面 $\mathrm{Im}\,w>0$ 的映射

例 6.6　求把 $\mathrm{Im}\,z>0$ 映射成 $\mathrm{Im}\,w>0$ 的映射，且满足 $z=0$ 时 $w=0$，$z=\mathrm{i}$ 时 $w=1+\mathrm{i}$.

解　设分式线性映射 $w=\dfrac{az+b}{cz+d}$，因为 $w(0)=0$，故 $b=0$；又 $w(\mathrm{i})=\dfrac{a\mathrm{i}}{c\mathrm{i}+d}=1+\mathrm{i}$，则 $c=d=\dfrac{a}{2}$，于是，$w=\dfrac{az}{\dfrac{a}{2}z+\dfrac{a}{2}}=\dfrac{2z}{z+1}$，这里 $a=2$，$b=0$，$c=d=1$.

2. 将上半平面 $\mathrm{Im}\,z>0$ 映射成 $|w|<1$ 的映射

方法一：根据分式线性映射的保圆性，必把实轴映射成 $|w|=1$．在实轴上取 $-1,0,1$，对应于 $|w|=1$ 的三点 $1,\mathrm{i},-1$，则根据式（6-2），得到

$$\frac{w-1}{w-\mathrm{i}}:\frac{-2}{-1-\mathrm{i}}=\frac{z+1}{z-0}:\frac{1+1}{1-0},$$

化简，得

$$w=\frac{z-\mathrm{i}}{\mathrm{i}z-1}.$$

该映射将 $-1,0,1$ 映射成 $1,\mathrm{i},-1$，将实轴映射成圆周 $|w|=1$．若另给两组不同的值，可得到不同的分式线性映射．

方法二：注意到分式线性映射把 $\mathrm{Im}\,z=0$ 映射成 $|w|=1$，则必把上半平面内的某点 $z=\lambda$ 映射成 $|w|<1$ 内的圆心 $w=0$，而 $w=0$ 与 $w=\infty$ 关于 $|w|=1$ 对称，根据对称性，必有 $\bar{\lambda}$ 与 λ 关于 $\mathrm{Im}\,z=0$ 对称，使得 $z=\bar{\lambda}$ 被映射成 $w=\infty$．

将 $\bar{\lambda}$ 和 λ 代入 $w=\dfrac{az+b}{cz+d}$，有

$$a\lambda+b=0,\quad c\bar{\lambda}+d=0,$$

即

$$b=-a\lambda,\quad d=-c\bar{\lambda},$$

于是

$$w=\frac{az+b}{cz+d}=\frac{az-\lambda a}{cz-c\bar{\lambda}}=\frac{a}{c}\frac{z-\lambda}{z-\bar{\lambda}},$$

取 $z=0$，代入，得 $|w|=|\dfrac{a}{c}|=1$，故 $\dfrac{a}{c}=\mathrm{e}^{\mathrm{i}\theta}$（$\theta$ 为任意实数）．因此，$w=\mathrm{e}^{\mathrm{i}\theta}\dfrac{z-\lambda}{z-\bar{\lambda}}$ 将上半平面映射成 $|w|<1$．

当 $\theta=-\dfrac{\pi}{2}$，$\lambda=\mathrm{i}$ 时，有

$$w=\mathrm{e}^{\mathrm{i}\theta}\frac{z-\lambda}{z-\bar{\lambda}}=\frac{z-\mathrm{i}}{\mathrm{i}z-1}.$$

例 6.7　若分式线性映射 $w=f(z)$ 将上半平面 $\mathrm{Im}\,z>0$ 映射成 $|w|<R$，并且满足 $f(\mathrm{i})=0$，$f'(\mathrm{i})=1$，试求该映射．

解　令 $g(z)=\dfrac{f(z)}{R}$，则 $|w|=|f(z)|<R$ 转化为 $|g(z)|<1$，$g(\mathrm{i})=0$，$g'(\mathrm{i})=\dfrac{1}{R}$．于是根据上半平面映射成单位圆周的分式线性映射，$g(z)=\mathrm{e}^{\mathrm{i}\theta}\dfrac{z-\lambda}{z-\bar{\lambda}}$，结合 $g(\mathrm{i})=0$，得到 $\lambda=\mathrm{i}$，即

$$g(z)=\mathrm{e}^{\mathrm{i}\theta}\frac{z-\mathrm{i}}{z-\bar{\mathrm{i}}}=\mathrm{e}^{\mathrm{i}\theta}\frac{z-\mathrm{i}}{z+\mathrm{i}}.$$

又因为 $g'(\mathrm{i})=\dfrac{1}{R}$，所以 $\mathrm{e}^{\mathrm{i}\theta}\dfrac{1}{2\mathrm{i}}=\dfrac{1}{R}$，得到 $\theta=\dfrac{\pi}{2}$，$R=2$．因此

$$f(z)=2g(z)=2\mathrm{e}^{\mathrm{i}\frac{\pi}{2}}\frac{z-\mathrm{i}}{z+\mathrm{i}}=\frac{2(\mathrm{i}z+1)}{z+\mathrm{i}}.$$

3. 将$|z|<1$映射成$|w|<1$的映射

设分式线性映射为$w=\dfrac{az+b}{cz+d}$，根据保圆性，该映射将$|z|=1$映射成$|w|=1$，将$|z|<1$内某点λ映射成$w=0$，而λ与$\dfrac{1}{\overline{\lambda}}$关于$|z|=1$对称，故$\dfrac{1}{\overline{\lambda}}$必被映射成$w=\infty$．于是

$$a\lambda+b=0,\quad c\frac{1}{\overline{\lambda}}+d=0,$$

也即

$$b=-a\lambda,\quad d=-c\frac{1}{\overline{\lambda}},$$

代入公式，得

$$w=\frac{az-\lambda a}{cz-c\dfrac{1}{\overline{\lambda}}}=\frac{a}{c}\frac{z-\lambda}{z-\dfrac{1}{\overline{\lambda}}}=\frac{a\overline{\lambda}}{c}\frac{z-\lambda}{\overline{\lambda}z-1}.$$

而$z=1$时的像必在$|w|=1$上，故

$$|w|=\left|\frac{a\overline{\lambda}}{c}\frac{1-\lambda}{\overline{\lambda}-1}\right|=\left|\frac{a\overline{\lambda}}{c}\right|=1.$$

于是$\dfrac{a\overline{\lambda}}{c}=\mathrm{e}^{\mathrm{i}\theta}$（$\theta$为任意实数）．因此

$$w=\mathrm{e}^{\mathrm{i}\theta}\frac{z-\lambda}{\overline{\lambda}z-1}.\tag{6-3}$$

例 6.8　求把单位圆域映射成单位圆域且满足$f\left(\dfrac{\mathrm{i}}{2}\right)=0$, $\arg f'\left(\dfrac{\mathrm{i}}{2}\right)=\dfrac{\pi}{2}$的映射$w=f(z)$.

解　根据式（6-3），知$f\left(\dfrac{\mathrm{i}}{2}\right)=0$，得到$\lambda=\dfrac{\mathrm{i}}{2}$，于是

$$w=\mathrm{e}^{\mathrm{i}\theta}\frac{z-\dfrac{\mathrm{i}}{2}}{-\dfrac{\mathrm{i}}{2}z-1}=-\mathrm{e}^{\mathrm{i}\theta}\frac{2z-\mathrm{i}}{\mathrm{i}z+2},$$

又

$$f'\left(\frac{\mathrm{i}}{2}\right)=-\frac{4}{3}\mathrm{e}^{\mathrm{i}\theta}=\frac{4}{3}\mathrm{e}^{\mathrm{i}(\theta+\pi)},$$

而$\arg f'\left(\dfrac{\mathrm{i}}{2}\right)=\dfrac{\pi}{2}$，从而得到$\theta=-\dfrac{\pi}{2}$．于是

$$w=-\mathrm{e}^{\mathrm{i}\left(-\frac{\pi}{2}\right)}\frac{2z-\mathrm{i}}{\mathrm{i}z+2}=\frac{2\mathrm{i}z+1}{\mathrm{i}z+2}.$$

例 6.9　试求把单位圆域$|z|\leqslant 1$映射成单位圆域$|w|\leqslant 1$的分式线性映射$w=f(z)$且满足$f\left(\dfrac{1}{2}\right)=\dfrac{\mathrm{i}}{2}$, $f'\left(\dfrac{1}{2}\right)>0$.

解　（1）先求把$|z|\leqslant 1$映射成$|t|\leqslant 1$的映射$t=g(z)$，满足$g\left(\frac{1}{2}\right)=0$，$g'\left(\frac{1}{2}\right)>0$．

根据式（6-3），知$\lambda=\frac{1}{2}$．于是$g(z)=\mathrm{e}^{\mathrm{i}\theta}\dfrac{z-\frac{1}{2}}{\frac{1}{2}z-1}$，而

$$g'\left(\frac{1}{2}\right)=\mathrm{e}^{\mathrm{i}\theta}\frac{1}{\frac{1}{2}z-1}\bigg|_{z=\frac{1}{2}}=\frac{3}{4}\mathrm{e}^{\mathrm{i}(\theta+\pi)}>0,$$

故$\theta=\pi$．于是

$$g(z)=\mathrm{e}^{\mathrm{i}\pi}\frac{z-\frac{1}{2}}{\frac{1}{2}z-1}=\frac{2z-1}{2-z}.$$

（2）再求把$|w|\leqslant 1$映射成$|t|\leqslant 1$的映射$t=\phi(w)$，满足$\phi\left(\frac{\mathrm{i}}{2}\right)=0$且$\phi'\left(\frac{\mathrm{i}}{2}\right)>0$．

根据式（6-3），知$\lambda=\frac{\mathrm{i}}{2}$，于是$\phi(w)=\mathrm{e}^{\mathrm{i}\theta}\dfrac{w-\frac{\mathrm{i}}{2}}{-\frac{\mathrm{i}}{2}w-1}$，而

$$\phi'\left(\frac{\mathrm{i}}{2}\right)=-\frac{4}{3}\mathrm{e}^{\mathrm{i}\theta}=\frac{4}{3}\mathrm{e}^{\mathrm{i}(\theta+\pi)}>0,$$

故$\theta=\pi$．因此

$$t=\phi(w)=\mathrm{e}^{\mathrm{i}\pi}\frac{w-\frac{\mathrm{i}}{2}}{-\frac{\mathrm{i}}{2}w-1}=\frac{2w-\mathrm{i}}{2+\mathrm{i}w}.$$

（3）求出把$|z|\leqslant 1$映射成$|w|\leqslant 1$的映射，满足$f\left(\frac{1}{2}\right)=\frac{\mathrm{i}}{2},f'\left(\frac{1}{2}\right)>0$．

因为分式线性映射是1-1映射，故$w=\phi^{-1}(t)$也将$|t|\leqslant 1$映射成$|w|\leqslant 1$．于是$w=f(z)=\phi^{-1}[g(z)]$将$|z|\leqslant 1$映射成$|w|\leqslant 1$，且满足

$$f\left(\frac{1}{2}\right)=\phi^{-1}\left[g\left(\frac{1}{2}\right)\right]=\phi^{-1}(0)=\frac{\mathrm{i}}{2},$$

$$f'\left(\frac{1}{2}\right)=[\phi^{-1}(0)]'\cdot g'\left(\frac{1}{2}\right)=\frac{1}{\phi'\left(\frac{\mathrm{i}}{2}\right)}g'\left(\frac{1}{2}\right)>0,$$

故$w=f(z)=\phi^{-1}[g(z)]$就是所求映射．因为$\phi(w)=g(z)$，即$\dfrac{2w-\mathrm{i}}{2+\mathrm{i}w}=\dfrac{2z-1}{2-z}$，所以

$$w=\frac{2(\mathrm{i}-1)+(4-\mathrm{i})z}{(4+\mathrm{i})-2(1+\mathrm{i})z}.$$

6.2　初等函数所确定的映射

本节首先讨论指数函数与对数函数、幂函数与根式函数所确定映射的特点，然后结合分式线性映射的性质，建立两类图形间的联系，从而确定复合映射.

6.2.1　指数函数与对数函数所确定的映射

首先讨论指数函数 $w=\mathrm{e}^z$，令 $w=r\mathrm{e}^{\mathrm{i}\theta}$，$z=x+\mathrm{i}y$，则 $r\mathrm{e}^{\mathrm{i}\theta}=\mathrm{e}^{x+\mathrm{i}y}$，得到 $\mathrm{e}^x=r$，$y=\theta$. 注意到 $w=\mathrm{e}^z$ 是以 $2\pi\mathrm{i}$ 为基本周期的周期函数，故只考虑 $0<y<2\pi$ 的情形. 因为 e^z 在平面内处处解析且 $(\mathrm{e}^z)'\neq 0$，因此，指数函数 e^z 具有保角性.

当 $y=y_0$ 时，$w=\mathrm{e}^z$ 将直线 $y=y_0$ 映射成 w 平面上一条倾角为 $\theta=y_0$ 的射线，如图 6.10 所示.

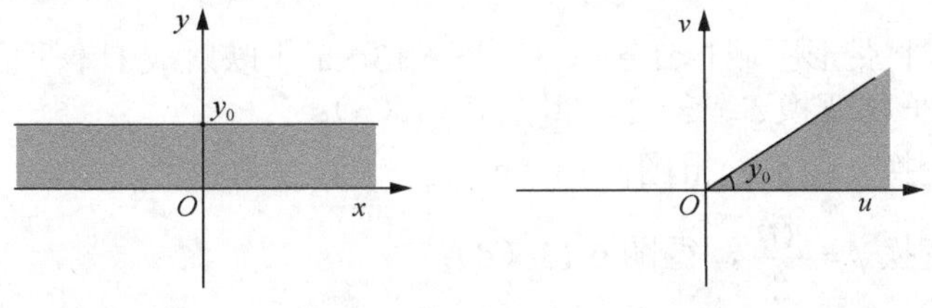

图 6.10

当 $y=0$ 时，$w=\mathrm{e}^z$ 将 x 轴映射成 u 轴.

当 $0<y<y_0\leqslant 2\pi$ 时，$w=\mathrm{e}^z$ 将宽为 y_0 的带形区域映射成顶点在 $w=0$ 的角形区域，夹角 $0<\theta<y_0$.

当 $0<y<2\pi$ 时，$w=\mathrm{e}^z$ 将宽为 2π 的带形区域映射成除去 u 轴正半轴的角形区域，将 $y=0$ 映射成 u 轴正半轴上方，将 $y=2\pi$ 映射成 u 轴正半轴的下方.

当 $x=x_0$，$0<y<2\pi$ 时，$r=\mathrm{e}^{x_0}$，$0<\theta<2\pi$，指数函数将线段映射成除去 $u=\mathrm{e}^{x_0}$ 的圆周 $|w|=r$，如图 6.11 所示.

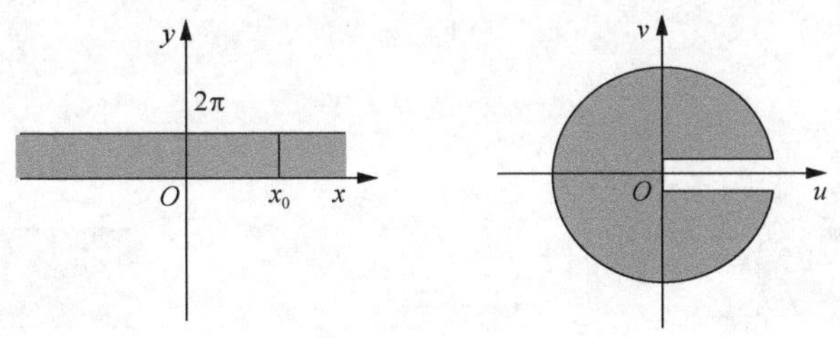

图 6.11

综上，指数函数把带形区域映射成角形区域，在 $0<y<2\pi$ 限制下，指数函数是一一映射，把宽为 2π 的带形区域与整个平面除去 u 轴正半轴的角形区域一一对应. 而对数函数 $z=\ln w$ 是指数函数 $w=\mathrm{e}^z$ 的反函数，从图形可知对数函数将角形区域映射成带形区域，将平面上除去 u 轴正半轴的角形区域映射成宽为 2π 的带形区域.

注 考虑带形区域与角形区域的转化就用指数函数或对数函数.

例 6.10 试求将 $0<\mathrm{Im}\,z<\pi$ 映射成 $|w|<1$ 的映射.

解 因为指数函数 $t=\mathrm{e}^z$ 将带形区域 $0<\mathrm{Im}\,z<\pi$ 映射成上半平面的角形区域，而分式线性映射 $w=\dfrac{t-\mathrm{i}}{t+\mathrm{i}}$ 将上半平面映射成单位圆域 $|w|<1$，于是，复合映射 $w=\dfrac{\mathrm{e}^z-\mathrm{i}}{\mathrm{e}^z+\mathrm{i}}$ 可将 $0<\mathrm{Im}\,z<\pi$ 映射成 $|w|<1$，如图 6.12 所示.

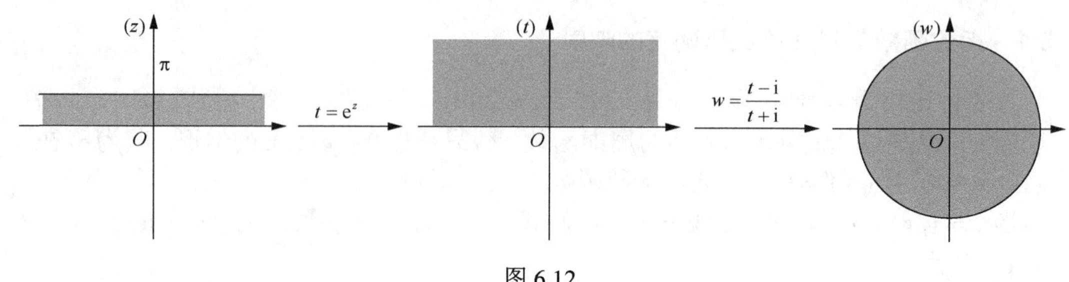

图 6.12

例 6.11 试求将带形区域 $1<\mathrm{Re}\,z<3$［图 6.13（a）］映射成上半平面 $\mathrm{Im}\,w>0$ 的映射.

解 （1）做平移变换 $\zeta=z-1$，得图 6.13（b）;

（2）做旋转变换 $\eta=\mathrm{i}\zeta$，得图 6.13（c）;

（3）做伸缩变换 $\phi=\dfrac{\pi\eta}{2}$，得图 6.13（d）;

（4）做指数变换 $w=\mathrm{e}^{\phi}$，得图 6.13（e）.

于是，得到了所求的复合映射 $w=\mathrm{e}^{\frac{\pi\mathrm{i}}{2}(z-1)}$.

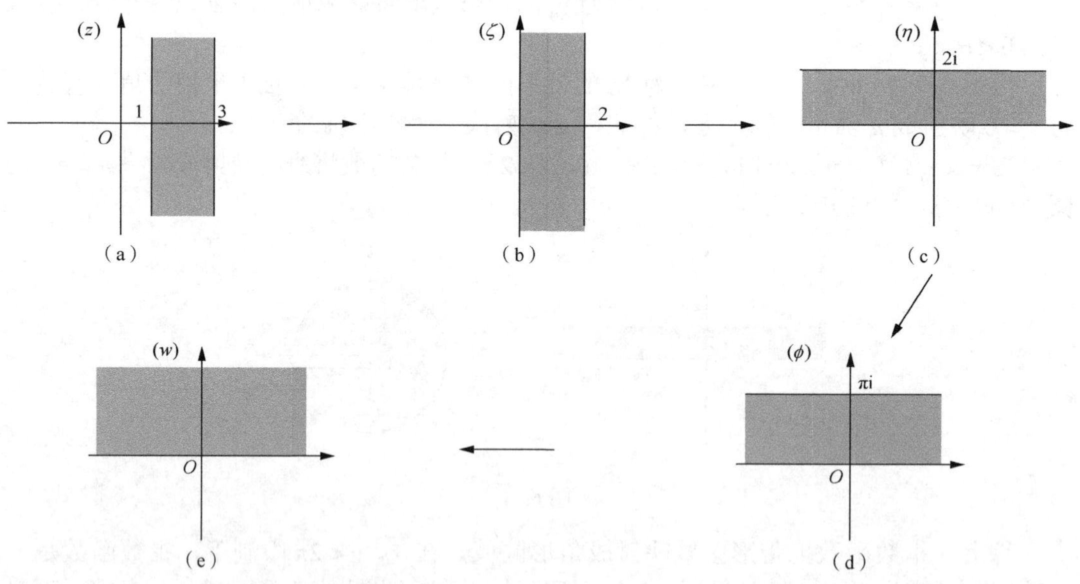

图 6.13

6.2.2　幂函数与根式函数所确定的映射

对于幂函数 $w=z^n\,(n\geqslant 2)$，因为 $(z^n)'=nz^{n-1}\neq 0\,(z\neq 0)$，$z^n$ 在整个平面内处处解析，故 z^n 在除去 $z=0$ 外是共形映射.

令 $w=\rho e^{i\phi}$，$z=re^{i\theta}$，则 $\rho e^{i\phi}=r^n e^{in\theta}$．于是 $\rho=r^n$，$\phi=n\theta$．

当 $\theta=\theta_0$ 时，$w=z^n$ 将角度为 θ_0 的射线映射成角度为 $n\theta_0$ 的射线.

当 $0<\theta<\theta_0$ 时，$w=z^n$ 将夹角为 θ_0 的角形区域映射成夹角为 $n\theta_0$ 的角形区域，如图 6.14 所示.

当 $0<\theta<\dfrac{2\pi}{n}$ 时，$w=z^n$ 将夹角为 $\dfrac{2\pi}{n}$ 的角形区域映射成 w 平面除去正实轴的角形区域，如图 6.15 所示.

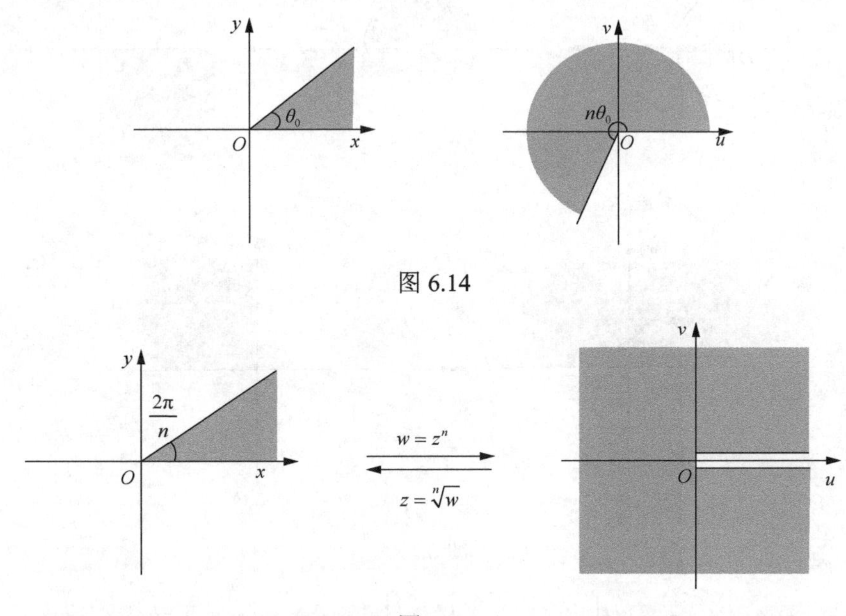

图 6.14

图 6.15

于是，幂函数 $w=z^n$ 是角度的旋转和长度的伸缩，它是将角形区域映射成角形区域的映射，而 $w=z^n$ 的反函数 $z=\sqrt[n]{w}$ 有 n 个不同的分支，即

$$z_k=\sqrt[n]{|w|}\left(\cos\frac{\phi+2k\pi}{n}+i\sin\frac{\phi+2k\pi}{n}\right),$$

其中，$k=0,1,2,\cdots,n-1$．幂函数 $w=z^n$ 与 $k=0$ 时对应的分支的根式函数 $z=\sqrt[n]{w}$ 构成一一对应的关系，根式函数也是将角形区域映射成角形区域，将对应的角度缩小 n 倍.

例 6.12　试求将沿 x 轴 $0\leqslant x\leqslant 1$ 割开的单位圆域 $|z|<1$ ［图 6.16（a）］映射成上半平面 $\mathrm{Im}\,w>0$ 的映射.

解　（1）做变换 $\zeta=\sqrt{2}$（取 $k=0$ 时对应的分支），将夹角为 2π 的角形区域缩小成夹角为 π 的角形区域，如图 6.16（b）所示；

（2）做变换 $\eta=\dfrac{\zeta+1}{\zeta-1}$，将上半单位圆周映射成角形区域，如图 6.16（c）所示；

（3）做旋转变换 $t=\mathrm{e}^{\mathrm{i}\pi}\eta$，逆时针旋转 π 得到第一象限的角形区域，如图 6.16（d）所示；

（4）做变换 $w=t^2$，将第一象限角形区域转换成上半平面的角形区域，如图 6.16（e）所示.

于是复合上述步骤得到映射.

$$w=\left(\mathrm{e}^{\mathrm{i}\pi}\frac{\sqrt{z}+1}{\sqrt{z}-1}\right)^2=\left(\frac{\sqrt{z}+1}{\sqrt{z}-1}\right)^2.$$

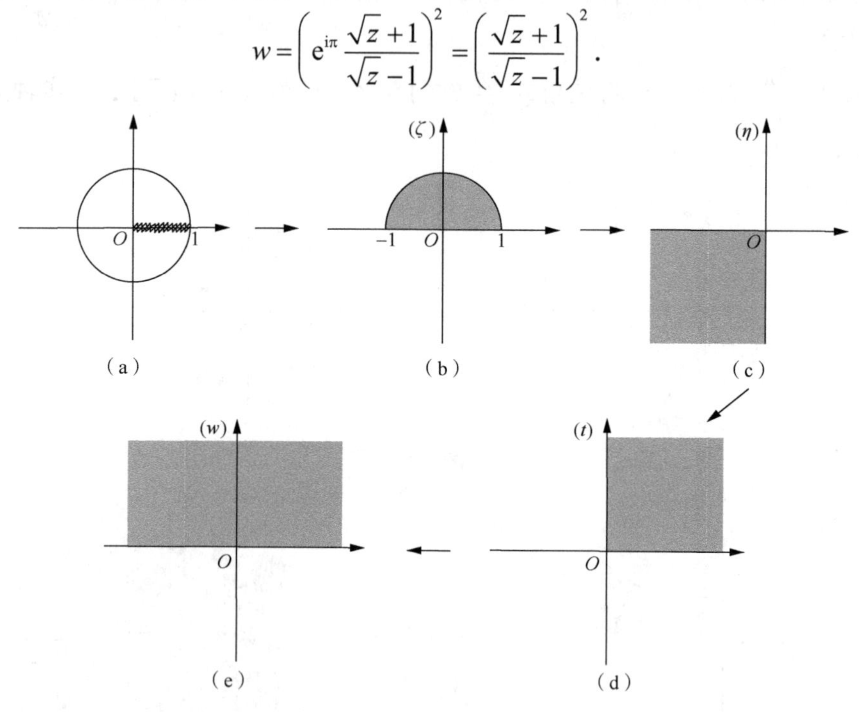

图 6.16

例 6.13 映射 $w=f(z)$ 把 $\left|z-\dfrac{\mathrm{i}}{2}\right|<1$ 与 $\left|z+\dfrac{\mathrm{i}}{2}\right|<1$ 的公共部分［图 6.17（a）］保形映射到上半平面 $\operatorname{Im} w>0$，求该映射.

解 （1）做分式线性变换 $\zeta=\dfrac{z+\dfrac{\sqrt{3}}{2}}{z-\dfrac{\sqrt{3}}{2}}$，将公共部分映射成角形区域，夹角与两圆交点处切线夹角一致，如图 6.17（b）所示；

（2）做旋转变换 $\eta=\zeta\mathrm{e}^{-\frac{2}{3}\pi\mathrm{i}}$，映射后角形区域如图 6.17（c）所示；

（3）做变换 $w=\eta^{\frac{3}{2}}$，将角形区域映射成上半平面的角形区域，如图 6.17（d）所示.

于是，复合上面步骤得到映射：

$$w=\left(\frac{z+\frac{\sqrt{3}}{2}}{z-\frac{\sqrt{3}}{2}}\mathrm{e}^{-\frac{2}{3}\pi\mathrm{i}}\right)^{\frac{3}{2}}=\mathrm{e}^{-\pi\mathrm{i}}\left(\frac{2z+\sqrt{3}}{2z-\sqrt{3}}\right)^{\frac{3}{2}}.$$

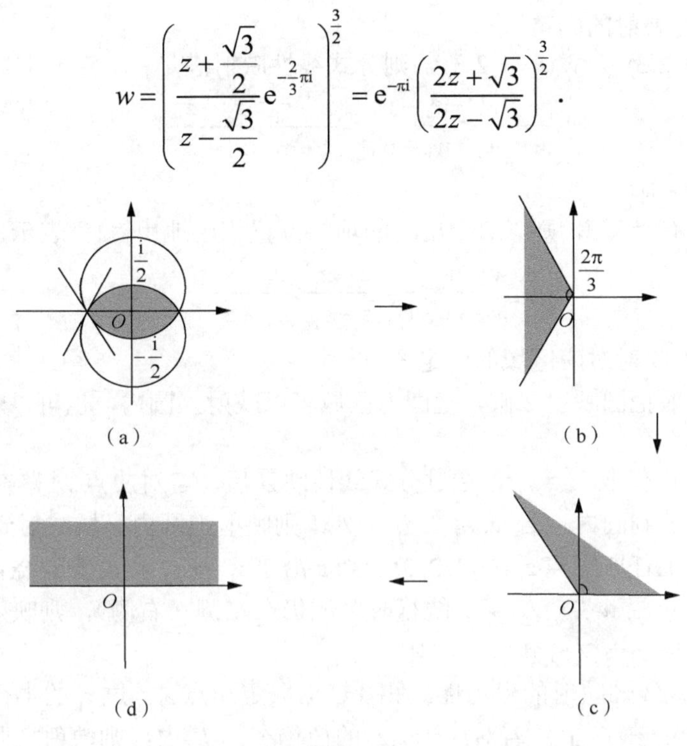

图 6.17

本 章 小 结

本章从几何的角度研究解析函数，首先讨论共形映射，该映射具有保角性和保伸缩率不变性，作为共形映射的一种特殊映射——分式线性映射，它具有保角性、保圆性和保对称性的特点，是处理边界曲线是圆弧或直线的重要工具. 初等函数中的对数函数、指数函数、幂函数和根式函数也是共形映射.

1. 共形映射——具有保角性和伸缩率不变性的映射

若 $f(z)$ 在 D 内解析，对 $\forall z_0\in D$， $f'(z_0)\neq 0$，则 $f(z)$ 所确定的映射是共形映射.

2. 分式线性映射—— $w=\dfrac{az+b}{cz+d}$（a,b,c,d 为复常数）且 $ad-bc\neq 0$

1）分式线性映射的性质

（1）保角性；

（2）保圆性：将圆或直线映射成圆或直线；

（3）保对称性：若 z_1,z_2 关于圆 C 对称，则像点 w_1,w_2 关于像圆 $\varGamma$ 对称.

2）分式线性映射的确定

取定 $z_i\ (i=1,2,3)$ 及 $w_i\ (i=1,2,3)$，则分式线性映射满足

$$\frac{w-w_1}{w-w_2}:\frac{w_3-w_1}{w_3-w_2}=\frac{z-z_1}{z-z_2}:\frac{z_3-z_1}{z_3-z_2},$$

这样确定的映射不唯一.

若取定的点有“∞”，则“∞”出现的项的位置相应地用“1”表示，如 $w_3=\infty$，则

$$\frac{w-w_1}{w-w_2}:\frac{1}{1}=\frac{z-z_1}{z-z_2}:\frac{z_3-z_1}{z_3-z_2}.$$

3）分式线性映射对应区域的确定

分式线性映射把圆映射成圆，把圆内区域可以映射入圆内，也可以映射到圆外，判断方法如下：

（1）在圆 C 内任取一点 z_0，通过分式线性映射后，若对应点 w_0 落在圆 Γ 内，则映射把圆内区域映射到圆内；若 w_0 落在圆 Γ 外，则映射把圆内区域映射到圆外.

（2）在圆 C 上任取三点 $z_i\ (i=1,2,3)$，当 z 沿着 $z_1\to z_2\to z_3$ 方向绕行时区域在左侧（右侧），对应地 w 沿 $w_1\to w_2\to w_3$ 绕行时区域仍在左侧（右侧），则映射把圆内区域映射到圆内，否则把圆内区域映射到圆外.

（3）根据分式线性映射的保角性，在圆 C 上取定一点 z_1，过 z_1 的半径方向上取点 z，则对应于 z_1 的像 w_1 在 Γ 上. 若对应于 z_1z 的像仍在圆 Γ 内，则映射把圆内区域映射到圆内，否则把圆内区域映射到圆外.

4）分式线性映射的应用

在应用中将上半平面映射到单位圆内，以及将单位圆内映射到单位圆内的分式线性映射是基本的，很多问题都需结合这两种映射完成.

3. 初等函数的共形映射

（1）指数函数 $w=\mathrm{e}^z$ 确定的映射：将带形区域映射成角形区域；

（2）对数函数 $w=\ln z$ 确定的映射：将角形区域映射成带形区域；

（3）幂函数 $w=z^n\ (n\geqslant 2)$ 确定的映射：将夹角为 θ 的角形区域映射成夹角为 $n\theta$ 角形区域；

（4）根式函数 $w=\sqrt[n]{z}\ (n\geqslant 2)$ 确定的映射：将夹角为 θ 的角形区域映射为夹角为 $\dfrac{\theta}{n}$ 的角形区域.

在实际问题的应用中，通常将分式线性映射与上面的初等函数所确定的映射复合作用得到结论.

【数学家那些事儿】

黎曼（1826—1866）是德国著名的数学家. 黎曼出生在德国乡下的一个牧师之家，从小就在数学方面表现出过人之处. 他 6 岁时开始学习算术，不仅能解决所有留给他

的数学问题，而且经常提一些问题来捉弄他的兄弟姐妹. 10 岁时，他跟一位职业教师学习高级算术和几何，很快便超过了老师，对一些问题常常能给出更好的答案. 14 岁时，他到汉诺威市上中学，由于经济拮据，他总是靠步行奔波于汉诺威市与乡间小村庄之间，当然他更没钱去买参考书. 幸运的是，中学校长及时地发现了他的数学才能，考虑到他经济上的困难，校长特许黎曼可以从自己私人藏书室里借阅数学书籍. 利用校长的藏书，黎曼抓紧时间自学了大数学家欧拉的著作，由此掌握了微积分及其分支. 黎曼不仅从欧拉的著作中学到了数学知识，还学到了欧拉研究数学的技巧.

19 岁时，黎曼进入哥廷根大学学习，除读哲学和神学这两门课程外，他也去听数学、物理学课程，其间学习了方程论和定积分、最小二乘法及地磁学的数学讲座，对数学专业产生了难以割舍的兴趣. 1847 年，为了师从更多的大师，黎曼转学到柏林大学，跟随大数学家雅可比（Jacobi）、狄利克雷、施泰纳（J.Steiner）和艾森斯坦学习了高等力学、高等代数、数论、分析学、现代几何及椭圆函数论. 1847 年秋，巴黎科学院院刊上面载有数学家柯西新发表的关于单复变量解析函数的论文，黎曼洞察到这是一种新的数学理论，于是潜心研究柯西的论文并酝酿出他在这个专题上的新见解，为 4 年后撰写博士论文《单复变量函数的一般理论的基础》奠定了基础.

1851 年，黎曼将其博士论文呈交给大数学家高斯审阅. 高斯在看了论文之后兴奋不已，对黎曼的论文做出了高度评价，这对高斯来说是少有的. 高斯评价到："黎曼先生交来的论文提供了令人信服的证据，证明作者对该文所论述的这一问题做了全面深入的研究，说明作者具有创造性的、活跃的、真正的数学头脑，具有灿烂丰富的创造力." 1852 年初，黎曼凭借优异的学术表现取得了博士学位，并留在了哥廷根大学. 1854 年 6 月 10 日，黎曼以《关于构成几何基础的假设》一文做了就职演讲. 高斯听完之后大为惊异，感到这个年轻人将这一难题处理得非常好，赞不绝口. 黎曼的这篇论文被人们认为是 19 世纪数学史上的杰作之一. 1855—1859 年的 5 年中，黎曼对阿贝尔积分和阿贝尔函数的研究开创了现代代数几何；他首次用复解析函数研究数论问题，开创了现代意义的解析数论；他对超几何级数的研究推动了数学物理和微分方程理论的发展. 黎曼在数学界的学术声望迅速提高，受到许多世界著名的数学家的赞扬，获得了一个科学家可能得到的最高荣誉. 1859 年，黎曼 33 岁时狄利克雷去世，黎曼被任命为哥廷根大学正教授，成为继狄利克雷之后高斯所在职位的第二个继任者.

长期清贫的生活、过度的操劳、勤奋的研究，使得黎曼身体虚弱、精力衰竭. 黎曼在 1862 年婚后不到一个月就开始患胸膜炎和肺结核，其后四年的大部分时间都在意大利治病疗养，1866 年 7 月，黎曼那颗纯洁、高尚的心停止了跳动，他过早地离开了人世，也离开了数学，享年仅 40 岁.

黎曼是世界数学史上具有独创精神的数学家之一，其著作不多，但却异常深刻，极富于对概念的创造与想象. 黎曼在其短暂的一生中为数学的众多领域做了许多奠基性、创造性的工作，为世界数学建立了丰功伟绩.

习题 6

1．映射 $w=\mathrm{i}z$ 将以 $z_1=\mathrm{i}$，$z_2=-1$，$z_3=1$ 为顶点的三角形映射成什么图形？

2．映射 $w=z^2$ 将 $|z|\leqslant 2$ 映射成什么图形？

3．若映射 $w=f(z)$ 满足 $f(\mathrm{i})=0$，$f'(-1)=1$，求将上半平面 $\mathrm{Im}\,z>0$ 映射成单位圆域 $|w|<1$ 的映射 $f(z)$．

4．若映射 $w=f(z)$ 满足 $f(\mathrm{i})=0$，$\arg f'(\mathrm{i})=0$，求将上半平面 $\mathrm{Im}\,z>0$ 映射成单位圆域 $|w|<1$ 的映射 $f(z)$．

5．函数 $w=z^2$ 将上半圆周 $|z|<R$，$\mathrm{Im}\,z>0$ 映射成什么图形？

6．下面各映射将对应区域映射成什么图形？

（1）$w=\mathrm{i}z+\mathrm{i}$，$\mathrm{Re}\,z>0$；（2）$w=(1+\mathrm{i})z$，$\mathrm{Im}\,z>0$；

（3）$w=\dfrac{1}{z}$，$0<\mathrm{Im}\,z<\dfrac{1}{2}$；（4）$w=\dfrac{1}{z}$，$\mathrm{Re}\,z>0$，$\mathrm{Im}\,z>0$．

7．求把 $z_1=-1$，$z_2=0$，$z_3=1$ 映射成 $w_1=\mathrm{i}$，$w_2=1$，$w_3=2\mathrm{i}$ 的分式线性映射．

8．设映射 $w=f(z)$ 将 $\mathrm{Re}\,z>0$ 映射成 $|w|<1$，求该共形映射．

9．求把 z 平面上 $0<\arg z<\dfrac{\pi}{2}$ 映射成 w 平面上 $\mathrm{Im}\,w>0$，且把 $z_1=\mathrm{i}\sqrt{2}$，$z_2=0$，$z_3=1$ 分别映射成 $w_1=0$，$w_2=\infty$，$w_3=-1$ 的共形映射．

10．求将 $|z|<R$ 映射成 $|w|<1$ 的所有分式线性映射．

参考答案

习题1

1．（1）$|3+2i|=\sqrt{13}$， $\arg(3+2i)=\arctan\dfrac{2}{3}$；

（2）$\left|\dfrac{1}{3+2i}\right|=\dfrac{\sqrt{13}}{13}$， $\arg\left(\dfrac{1}{3+2i}\right)=-\arctan\dfrac{2}{3}$；

（3）$|i^8-4i^{21}+i|=\sqrt{10}$， $\arg(i^8-4i^{21}+i)=-\arctan 3$；

（4）$|-3+3i|=3\sqrt{2}$， $\arg(-3+3i)=\dfrac{3\pi}{4}$；

（5）$|-1-3i|=\sqrt{10}$， $\arg(-1-3i)=\arctan 3-\pi$．

2． $a=1$， $b=11$．

3．（1）$-1=\cos\pi+i\sin\pi=e^{\pi i}$；

（2）$1-i\sqrt{3}=2\left(\cos\dfrac{\pi}{3}+i\sin\dfrac{\pi}{3}\right)=2e^{\frac{\pi}{3}i}$；

（3）$2i=2\left(\cos\dfrac{\pi}{2}+i\sin\dfrac{\pi}{2}\right)=2e^{\frac{\pi}{2}i}$；

（4）$1-\cos\phi+i\sin\phi=2\sin\dfrac{\phi}{2}\left[\cos\left(\dfrac{\pi}{2}-\dfrac{\phi}{2}\right)+i\sin\left(\dfrac{\pi}{2}-\dfrac{\phi}{2}\right)\right]=2\sin\dfrac{\phi}{2}e^{\left(\frac{\pi}{2}-\frac{\phi}{2}\right)i}$；

（5）$\cos\dfrac{\pi}{2}+i\sin\dfrac{\pi}{2}=i=e^{\frac{\pi}{2}i}$；

（6）$3\left(\cos\dfrac{\pi}{4}+i\sin\dfrac{\pi}{4}\right)=\dfrac{3\sqrt{2}}{2}+\dfrac{3\sqrt{2}}{2}i=3e^{\frac{\pi}{4}i}$；

（7）$3e^{\frac{3\pi}{4}i}=3\left(\cos\dfrac{3\pi}{4}+i\sin\dfrac{3\pi}{4}\right)=-\dfrac{3\sqrt{2}}{2}+\dfrac{3\sqrt{2}}{2}i$．

4．（1）$\mathrm{Re}(i^{10})=-1$， $\mathrm{Im}(i^{10})=0$；

（2）$\mathrm{Re}(\sqrt{3}-i)^5=-16\sqrt{3}$， $\mathrm{Im}(\sqrt{3}-i)^5=-16$；

（3）$\mathrm{Re}(1+i)^6=0$， $\mathrm{Im}(1+i)^6=-8$．

5．（1）$\dfrac{\sqrt{3}}{2}+\dfrac{1}{2}i, i, -\dfrac{\sqrt{3}}{2}+\dfrac{1}{2}i, -\dfrac{\sqrt{3}}{2}-\dfrac{1}{2}i, -i, \dfrac{\sqrt{3}}{2}-\dfrac{1}{2}i$；

（2）$3\left(\dfrac{\sqrt{3}}{2}-\dfrac{1}{2}i\right), 3i, 3\left(-\dfrac{\sqrt{3}}{2}-\dfrac{1}{2}i\right)$；　　（3）$1,-1$．

6．$n = 4k(k = 0, \pm 1, \pm 2, \cdots)$．

7．略．

8．$1 + \mathrm{i}\sqrt{3}, -2, 1 - \mathrm{i}\sqrt{3}$．

9．（1）$\operatorname{Im} z < 3$，即 $y < 3$ 表示 $y = 3$ 以下的半平面；

（2）由 $|z-1| \leqslant |z+1|$，知 $x \geqslant 0$，即右半平面（含边界）；

（3）不包含边界的上半平面；

（4）以 $\frac{1}{2}$ 为顶点，$y = 0$ 及 $y = x - \frac{1}{2}$ 为边界的角形区域，不含边界．

10．（1）在直线 $y = -\tan x$ 的上方，是无界单连通区域；

（2）以 $z_0 = \mathrm{i}$ 为圆心，2 为半径的圆外（含圆周），及以 3 为半径的圆内（含圆周）的有界多连通闭区域；

（3）焦点在 $z = 1$ 和 $z = -2$，长半轴为 $\frac{5}{2}$ 的椭圆内部，为有界单连通闭区域；

（4）$(z-1)(\overline{z}-1) < 4(z+1)(\overline{z}+1)$，即 $3z\overline{z} + 5z + 5\overline{z} + 3 > 0$ 或 $\left(x + \frac{5}{3}\right)^2 + y^2 > \frac{16}{9}$，表示以 $\left(-\frac{5}{3}, 0\right)$ 为圆心，$\frac{4}{3}$ 为半径的圆外，是无界单连通区域；

（5）以 $z_0 = -2$ 为圆心，3 为半径的圆内，是有界单连通闭区域；

（6）$x \geqslant 2$ 的右半平面，是无界单连通区域；

（7）$2 < y < 3$ 带形区域，是无界单连通区域；

（8）连接 i 与 –i 的中垂线，不是区域．

11～13．略．

14．$a = -2$，$b = 3$．

15．（1）直线 $y = x$；　（2）$y = \frac{1}{x}$；

（3）$y = \frac{1}{x}$ 的第一象限内的反函数；　（4）椭圆 $\frac{x^2}{a^2} + \frac{y^2}{b^2} = 1$．

习题 2

1．（1）圆周 $u^2 + v^2 = \frac{1}{4}$；　（2）圆周 $\left(u - \frac{1}{2}\right)^2 + v^2 = \frac{1}{4}$；

（3）直线 $u = \frac{1}{2}$；　（4）直线 $v = -u$．

2．（1）$w_1 = -\mathrm{i}$，$w_2 = -2 - 2\mathrm{i}$，$w_3 = -8\mathrm{i}$；

（2）$0 < \arg w < 2\pi$．

3．（1）2i；　（2）1；　（3）1．

4～6．略．

7．提示：在 y 轴任取定一点 y_0，变量 z 从 y 轴正半轴左右两侧趋于 y_0 时讨论极限的存在性．

8．（1）在直线 $x=-\dfrac{1}{2}$ 上可导，在整个复平面内处处不解析；

（2）在整个复平面内处处不可导，不解析；

（3）在 $z=0$ 处可导，在整个复平面内处处不解析；

（4）在 $z=0$ 处可导，在整个复平面内处处不解析．

9．提示：求函数可导的范围．

10．提示：验证函数是否满足 C-R 方程．

11．（1）在 $z=0$ 处可导，在整个复平面内处处不解析；

（2）在整个复平面内处处不可导，处处不解析；

（3）在整个复平面内除 $z=1$ 外处处可导，处处解析；

（4）在整个复平面内除 $z=-1$ 及 $z=\dfrac{1\pm \mathrm{i}\sqrt{3}}{2}$ 外处处可导，处处解析．

12．略．

13．$m=1$，$l=n=-3$．

14．（1）e^{1-3x}；（2）$\mathrm{e}^{x^2-y^2}$；（3）$\mathrm{e}^{\frac{x}{x^2+y^2}}\cos\dfrac{y}{x^2+y^2}$．

15．（1）$\mathrm{ch}\,2\sin 3+\mathrm{i}\,\mathrm{sh}\,2\cos 3$；

（2）$\ln\sqrt{2}+\mathrm{i}\left(-\dfrac{3\pi}{4}+2k\pi\right)$，$k=0,\pm 1,\pm 2,\cdots$；

（3）$\mathrm{e}^{-\left(2k+\frac{1}{4}\right)\pi}\left(\cos\dfrac{\ln 2}{2}+\mathrm{i}\sin\dfrac{\ln 2}{2}\right)$，$k=0,\pm 1,\pm 2,\cdots$；

（4）$\dfrac{\mathrm{e}^{\mathrm{i}}+\mathrm{e}^{-\mathrm{i}}}{2}$．

16．（1）×；（2）√；（3）×．

17～19．略．

20．（1）$\ln 2+\mathrm{i}\left(\dfrac{\pi}{3}+2k\pi\right)$，$k=0,\pm 1,\pm 2,\cdots$；

（2）$-\dfrac{\pi}{4}+k\pi$，$k=0,\pm 1,\pm 2,\cdots$；

（3）$(2k+1)\pi\mathrm{i}$，$k=0,\pm 1,\pm 2,\cdots$；

（4）$-\dfrac{\pi}{4}+k\pi$，$k=0,\pm 1,\pm 2,\cdots$；

（5）$k\pi\mathrm{i}$，$k=0,\pm 1,\pm 2,\cdots$；

（6）e^3．

21.（1）$-\mathrm{sh}1$；（2）$\dfrac{\sqrt{2}}{2}$；（3）$\dfrac{13}{5}$.

习题 3

1.（1）$\dfrac{(1+\mathrm{i})^3}{3}$；　（2）$\dfrac{(1+\mathrm{i})^3}{3}$；　（3）$-\dfrac{2}{3}+\dfrac{2}{3}\mathrm{i}$.

2.（1）$1+\dfrac{\mathrm{i}}{2}$；　（2）$-\pi R^2$；　（3）$-\dfrac{\pi}{2}$.

3.（1）$4\pi\mathrm{i}$；　（2）$8\pi\mathrm{i}$.

4.（1）$-\dfrac{1}{6}+\dfrac{5\mathrm{i}}{6}$；　（2）$-\dfrac{1}{6}+\dfrac{5\mathrm{i}}{6}$.

5. 略.

6. 答案全是 0.

7.（1）$-\dfrac{1}{2}+\mathrm{i}\left(2-\dfrac{2}{\mathrm{e}}\right)$；　（2）$\dfrac{1}{2}(\mathrm{e}^{4\mathrm{i}}-1)$；　（3）$\dfrac{1}{4}(6\sin 6+\cos 6-1)$；

（4）$\left(\pi-\dfrac{1}{2}\mathrm{sh}\,2\pi\right)\mathrm{i}$；　（5）$1-\cos 1+\mathrm{i}(\sin 1-1)$；

（6）$\sin 1-\cos 1$.

8.（1）$14\pi\mathrm{i}$；　（2）$2\pi\mathrm{i}$；　（3）$(\mathrm{e}+\mathrm{e}^{-1})\pi\mathrm{i}$；

（4）当 0 与 1 在 C 外部时积分值为 0，当 0 与 1 在 C 内部时积分值为 $(2-\mathrm{e})\pi\mathrm{i}$，当 0 在 C 内部、1 在 C 外部时积分值为 $2\pi\mathrm{i}$，当 0 在 C 外部、1 在 C 内部时积分值为 $-\pi\mathrm{e}\mathrm{i}$.

（5）$\pi\mathrm{e}^{-1}\mathrm{i}$；　（6）0.

9. 积分值为 0.

10. 略.

11. $2\pi(13\mathrm{i}-6)$. 提示：先求出 $f(z)$ 的表达式.

12、13. 略.

14. 当 a 与 $-a$ 在 C 内部时积分值为 $2\pi\mathrm{i}$，当 a 与 $-a$ 在 C 外部时积分值为 0，当 a 与 $-a$ 有一个在 C 内部时积分值为 $\pi\mathrm{i}$.

15.（1）0；　（2）$\dfrac{\pi\mathrm{i}}{12}$；　（3）0；　（4）$2\pi\mathrm{i}\mathrm{e}^2$；　（5）$\dfrac{\pi}{\mathrm{e}}$；　（6）0.

16. $v(x,y)=x^3-3xy^2+C$.

17. $v(x,y)=\mathrm{e}^x\sin y+C$.

18. $f(z)=\dfrac{-x}{x^2+y^2}+\dfrac{1}{2}+\mathrm{i}\dfrac{y}{x^2+y^2}=\dfrac{1}{2}-\dfrac{1}{z}$.

19. 不解析.

20．是，原因略．

21．$v(x,y)=C_1z^2+C_2$．提示：令$t=x^2-y^2$，先求出$u(x,y)$的表达式，再求$v(x,y)$．

习题 4

1．（1）收敛；（2）收敛；（3）收敛；（4）发散．

2．（1）条件收敛；（2）绝对收敛；（3）条件收敛；（4）发散．

3．（1）$R=\mathrm{e}$；（2）$R=1$；（3）$R=+\infty$；（4）$R=1$．

4．否．

5．收敛．

6．（1）$1-\frac{z^4}{2!}+\frac{z^8}{4!}-\cdots$，$|z|<+\infty$；

（2）$z^2+z^4+\frac{z^6}{3}+\cdots$，$|z|<+\infty$；

（3）$\sin\frac{1}{1-z}=\sin\left(1+\frac{z}{1-z}\right)=\sin1\cos\frac{z}{1-z}+\cos1\sin\frac{z}{1-z}$

$$=\sin1+\cos1\,z+\left(\cos1-\frac{1}{2}\sin1\right)z^2+\left(\frac{5}{6}\cos1-\sin1\right)z^3+\cdots,\ |z|<1;$$

（4）$1-z^3+z^6-z^9+\cdots$，$|z|<1$；

（5）$1-2z^2+3z^4-4z^6+\cdots$，$|z|<1$；

（6）$z+\frac{1}{3}z^3+\frac{1}{2!5}z^5+\frac{1}{3!7}z^7+\cdots$，$|z|<+\infty$；

（7）$-\frac{1}{3}\sum_{n=0}^{+\infty}\left[1+\frac{(-1)^n}{2^{n+1}}\right]z^n$，$|z|<1$；

（8）$\frac{1}{4}z-\frac{1}{4^2}z^2+\frac{1}{4^3}z^3-\frac{1}{4^4}z^4+\cdots$，$|z|<4$．

7．（1）$\sum_{n=1}^{+\infty}\frac{(-1)^{n-1}}{2^n}(z-1)^n$，$|z-1|<2$；

（2）$\sum_{n=1}^{+\infty}\frac{(-1)^{n+1}n}{3^{n+1}}(z-3)^{n-1}$，$|z-3|<3$；

（3）$\sum_{n=0}^{+\infty}\frac{(-1)^{n+1}}{(2n+1)!}(z-\pi)^{2n+1}$，$|z-\pi|<+\infty$；

（4）$\frac{1}{6}-\frac{1}{72}(z-2)-\frac{5}{864}(z-2)^2+\frac{47}{10368}(z-2)^3+\cdots$，$|z-2|<3$；

（5）$\sum_{n=0}^{+\infty}2^n(z-1)^n$，$|z-1|<1$；

（6） $\cos 2-\sin 2(z-2)-\frac{1}{2!}\cos 2(z-2)^2+\frac{1}{3!}\sin 2(z-2)^3+\frac{1}{4!}\cos 2(z-2)^4+\cdots$,
$|z-2|<+\infty$.

8.（1） $\sum_{n=-1}^{+\infty}(n+2)z^n$； $\sum_{n=-2}^{+\infty}(-1)^n(z-1)^n$；$\sum_{n=0}^{+\infty}(-1)^n(z-1)^{n-2}$；$\sum_{n=0}^{+\infty}n z^{n-2}$.

（2） $1-\frac{1}{2!}\frac{1}{(z-1)^2}+\frac{1}{4!}\frac{1}{(z-1)^4}-\frac{1}{6!}\frac{1}{(z-1)^6}+\cdots$.

（3） $\sin 1\sum_{n=0}^{+\infty}(-1)^n\frac{1}{(2n)!}\frac{1}{(z-1)^{2n}}+\cos 1\sum_{n=0}^{+\infty}(-1)^n\frac{1}{(2n+1)!}\frac{1}{(z-1)^{2n+1}}$.

（4） $\frac{1}{z^2}+\sum_{n=0}^{+\infty}2(-1)^{n+1}z^{n-2}$，$0<|z|<1$；

$\frac{1}{z^2}+\sum_{n=0}^{+\infty}2(-1)^{n+1}z^{-n-3}$，$1<|z|<+\infty$；

$\sum_{n=0}^{\infty}n(z+1)^{n-1}-2\sum_{n=0}^{\infty}n(z+1)^{n-2}$，$0<|z+1|<1$；

$\sum_{n=0}^{\infty}n(z+1)^{-n-2}-2\sum_{n=0}^{\infty}n(z+1)^{-n-3}$，$1<|z+1|<+\infty$.

（5） $-\sum_{n=0}^{+\infty}(z-2)^{n-1}$； $\sum_{n=0}^{+\infty}(z-2)^{-n-2}$； $-\sum_{n=0}^{+\infty}\left(\frac{z^n}{3^{n-1}}+\frac{2^n}{z^{n+1}}\right)$.

（6） $\sum_{n=0}^{+\infty}\frac{(-1)^n}{(2\mathrm{i})^{n+1}}(z-\mathrm{i})^{n-1}$； $\sum_{n=0}^{+\infty}\frac{(-2\mathrm{i})^n}{(z-\mathrm{i})^{n-2}}$； $-\sum_{n=0}^{+\infty}\frac{1}{(2\mathrm{i})^{n+1}}(z+\mathrm{i})^{n-1}$； $\sum_{n=0}^{+\infty}\frac{(2\mathrm{i})^n}{(z+\mathrm{i})^{n+2}}$.

9．在 $|z|<\frac{1}{2}$ 内展开成泰勒级数 $\frac{1}{5}\sum_{n=0}^{+\infty}(-2)^{n+1}z^n-\frac{1}{5}\sum_{n=0}^{+\infty}\frac{z^n}{2^{n+1}}$；在 $z=2$ 对应的圆环 $0<|z-2|<\frac{5}{2}$ 内展开成洛朗级数 $\frac{1}{5}\frac{1}{z-2}+\sum_{n=0}^{+\infty}(-2)^{n+1}\frac{(z-2)^n}{5^n}$.

10．$z=0$ 是 $z=\frac{1}{k\pi+\frac{\pi}{2}}$ $(k=0,\pm1,\pm2,\cdots)$ 的当 $k\to\infty$ 时的极限，是非孤立奇点，因此不存在圆环，不能展开成洛朗级数.

习题 5

1.（1） $z=1$ 与 $z=-2$ 是一阶极点，$z=\infty$ 是可去奇点；

（2） $z=\pm\mathrm{i}$ 是一阶极点，$z=\infty$ 是可去奇点；

（3） $z=1$ 是本性奇点，$z=\infty$ 是可去奇点；

（4） $z=0$ 是本性奇点，$z=\infty$ 是可去奇点；

（5） 所有有限奇点都是可去奇点，$z=\infty$ 不是孤立奇点，不分类；

（6）$z=0$ 是一阶极点；$z=\infty$ 是本性奇点．

（7）$z=1$ 是本性奇点，$z=\infty$ 是可去奇点；

（8）$z=0$ 是可去奇点，$z=\infty$ 是本性奇点．

2．（1）$z=0$ 是二阶零点；（2）$z=0$ 是 15 阶零点；

（3）$z=0$ 是一阶零点；（4）$z=1+k\pi\ (k=0,\pm1,\pm2,\cdots)$ 是一阶零点．

3．略．

4．（1）m 阶；（2）$m+n$ 阶；（3）$m-n$ 阶．

5．（1）$\operatorname*{Res}_{z=0} f(z)=-\dfrac{4}{3}$；（2）$\operatorname*{Res}_{z=\mathrm{i}\sqrt{3}} f(z)=1$，$\operatorname*{Res}_{z=-\mathrm{i}\sqrt{3}} f(z)=1$；

（3）$\operatorname*{Res}_{z=0} f(z)=0$；（4）$\operatorname*{Res}_{z=0} f(z)=-\dfrac{1}{6}$；（5）$\operatorname*{Res}_{z=0} f(z)=0$；

（6）$\operatorname*{Res}_{z=1} f(z)=\dfrac{2}{3}$，$\operatorname*{Res}_{z=-2} f(z)=\dfrac{1}{3}$．

6．（1）-1；（2）0；（3）-1；（4）$\dfrac{1}{2\mathrm{e}}-\dfrac{\mathrm{e}}{2}$；

（5）2；（6）$-2\mathrm{e}^2$．

7．（1）$-2\pi\mathrm{i}$；（2）$-12\mathrm{i}$；（3）$2\pi\mathrm{i}$；（4）0；（5）0；

（6）1；（7）0；（8）$\dfrac{\pi\mathrm{i}}{6}$；（9）$4\pi^2\mathrm{i}$；

（10）$4\pi\mathrm{e}^2\mathrm{i}$．

8．（1）$\dfrac{2\pi}{\sqrt{a^2-1}}$；（2）$\dfrac{\pi}{2}$；（3）$\dfrac{\sqrt{2}}{4}\pi$；（4）$\dfrac{\pi}{12}$；（5）$\dfrac{\pi}{2}$；

（6）$\dfrac{\pi a^2}{1-a^2}$；（7）$\pi\dfrac{1}{\mathrm{e}}\cos 2$；（8）$\dfrac{\pi}{\mathrm{e}}$；（9）$\pi$．

9．略．

10．5 个根．提示：$f(z)=5z^5+1$，$g(z)=z^8+5z^5-2z+1$．

习题 6

1．以 $w_1=-1$，$w_2=-\mathrm{i}$，$w_3=\mathrm{i}$ 为顶点的三角形．

2．圆域 $|w|\leqslant 4$．

3．$w=-\mathrm{i}\dfrac{z-\mathrm{i}}{z+\mathrm{i}}$．

4．$w=\mathrm{i}\dfrac{z-\mathrm{i}}{z+\mathrm{i}}$．

5．圆心在原点，半径为 R^2 且沿由 0 到 R^2 的半径有割痕的圆域．

6．（1）$\operatorname{Im} w>1$；（2）$\operatorname{Im} w>\operatorname{Re} w$；

(3) $|w+\mathrm{i}|>1$ 且 $\operatorname{Im} w<0$；　　(4) $\left|w-\frac{1}{2}\right|<\frac{1}{2}$ 且 $\operatorname{Im} w<0$.

7. 略.

8. $w=\mathrm{e}^{\mathrm{i}\phi}\frac{z-a}{z+a}$.

9. $w=-\frac{z^2+2}{3z^2}$.

10. $w=\mathrm{e}^{\mathrm{i}\phi}\frac{z-Ra}{R-\bar{a}z}$, $|a|<1$.

参考文献

盖云英，包革军，2007．复变函数与积分变换[M]．2 版．北京：科学出版社．

顾迈南，1998．华罗庚传[M]．上海：复旦大学出版社．

郭洪芝，滕桂兰，1996．复变函数[M]．天津：天津大学出版社．

李汉龙，缪淑贤，2011．复变函数[M]．北京：国防工业出版社．

梁宗巨，王青建，孙宏安，2004．世界数学通史[M]．沈阳：辽宁教育出版社．

林长胜，2004．复变函数[M]．成都：四川大学出版社．

莫里斯・克莱因，2014．古今数学思想[M]．上海：上海科学技术出版社．

沈世豪，2021．陈景润传[M]．厦门：厦门大学出版社．

石辛民，翁智，2012．复变函数及其应用[M]．北京：清华大学出版社．

西安交通大学高等数学教研室，2023．工程数学：复变函数[M]．5 版．北京：高等教育出版社．

余家荣，2000．复变函数[M]．3 版．北京：高等教育出版社．

张光远，1991．近现代数学发展概论[M]．重庆：重庆出版社．

钟玉泉，2013．复变函数论[M]．4 版．北京：高等教育出版社．